高等职业教育电力系统自动化技术专业新形态一体化教材

发电厂变电所电气设备

主　编　乌　兰　张卫彬
副主编　李丹洋　徐国芃　胡建栋　王晓杰
参　编　徐丽丽　其力木格　包秀兰　康　明
　　　　卫　翔

北京理工大学出版社
BEIJING INSTITUTE OF TECHNOLOGY PRESS

内容简介

本书由锡林郭勒职业学院与中国神华胜利发电厂合作开发，依据现场工作情景任务，立足于高职电力技术类发电厂变电所电气设备及运行课程教学的需要，突出学生岗位职业能力培养的项目化、岗课赛证融通教材。全书依据岗位工作任务，分为电力系统的认知、电力变压器的运行与维护、户外高压配电装置的运行与维护、户内配电装置的运行与维护、电气主接线的运行与倒闸操作5个项目，由发电厂、变电所的认知，中性点的运行方式，电弧的燃烧与熄灭等24个任务组成。

本书适合作为高职院校电力系统自动化技术、发电厂及电力系统等电力技术类专业相关课程的教学用书，也可作为相关工程技术人员培训和自学的参考书。

图书在版编目(CIP)数据

发电厂变电所电气设备 / 乌兰，张卫彬主编. -- 北京 : 北京理工大学出版社，2024.1

ISBN 978－7－5763－3480－7

Ⅰ. ①发… Ⅱ. ①乌… ②张… Ⅲ. ①发电厂－电气设备－高等职业教育－教材 ②变电所－电气设备－高等职业教育－教材 Ⅳ. ①TM62 ②TM63

中国国家版本馆 CIP 数据核字(2024)第 036766 号

责任编辑： 王玲玲　　**文案编辑：** 王玲玲
责任校对： 刘亚男　　**责任印制：** 施胜娟

出版发行 / 北京理工大学出版社有限责任公司
社　　址 / 北京市丰台区四合庄路 6 号
邮　　编 / 100070
电　　话 / (010) 68914026（教材售后服务热线）
　　　　　(010) 68944437（课件资源服务热线）
网　　址 / http://www.bitpress.com.cn

版 印 次 / 2024 年 1 月第 1 版第 1 次印刷
印　　刷 / 河北盛世彩捷印刷有限公司
开　　本 / 787 mm×1092 mm　1/16
印　　张 / 22.75
字　　数 / 506 千字
定　　价 / 69.50 元

前言

教育部先后印发的《国家职业教育改革实施方案》《职业院校教材管理办法》《“十四五”职业教育规划教材建设实施方案》等文件，明确提出建设一大批校企合作开发的国家规划教材，倡导使用项目化教材并配套开发信息化资源。为落实立德树人、教书育人的根本任务，在市场调研和专家论证的基础上，根据课程特点和需要，在2017年《发电厂、变电所电气设备运行与维护》的基础上新编《发电厂变电所电气设备》教材，对接电力系统电气设备运行与维护岗位职业标准、精品在线开放课程标准、“变配电运维”职业技能等级标准、“新型电力系统技术与应用”全国技能大赛的竞赛标准等，同时，从开发主体的多元化、教材学习内容的体系化、资源的多维化等方面进行思考，打造岗课赛证融通的新型活页式、工作手册式特色教材。

本书编写理念与内容设计如下：

（一）教材编写目标——贯彻文件，打造精品教材

贯彻落实习近平总书记关于职业教育工作的重要指示，全面贯彻党的教育方针，落实立德树人根本任务，推动《国家职业教育改革实施方案》（职教20条）、《关于推动现代职业教育高质量发展的意见》的实施，弘扬劳动光荣、技能宝贵、创造伟大的时代风尚；将专业精神、职业精神、工匠精神融入教材内容；遵循技术技能人才成长规律，体现“以学生为中心”“学中做、做中学”的教育理念，打造培根铸魂、启智增慧、适应时代要求的职业教育精品教材。

（二）教材编写理念——融入思政，支撑教学改革

教材全面落实立德树人根本任务，融入课程思政内容，注重专业精神、职业精神、工匠精神的培养，积极对接我国能源发展战略，以人才供给侧和产业需求侧的全要素融合为理念，培养支撑战略性新能源新型电力系统建设的高素质复合型、创新型、发展型技术技能人才。把握职业教育的类型特征和“做中学、做中教”的特点；突出高职电力类专业特点和学情新变化，按照项目引导、任务驱动教学方法编写，教材支撑课堂教学改革和人才培养改革。

（三）教材设计思路——紧扣标准，知识、能力、素养并重

本书内容贯彻国家专业教学标准，对接岗位职业标准、变配电运维等1+X证书考核标准及新型电力系统开发与应用技能竞赛标准，以新型电力系统典型岗位群的核心技术技能为设计基础，以企业真实工作过程任务为载体，融入新技术、新业态和新模式，学生在完成任务过程中，掌握基本知识、训练基本技能，培养学生的社会主义核心价值观、职业素质和工匠精神。

（四）教材内容设计——项目驱动，符合学生认知规律

与中国神华胜利发电厂等企业合作，共同确立学习内容、设计学习项目，有效融入思政内容。根据课程目标选择编写内容，明确教学目标，拟定教学项目。本书将知识点和技能点分解到 5 个学习项目 24 个任务中，本着实践—认识—再实践—再认识—拓展提高的顺序，采用教、学、做一体化教学模式。本书内容相对完整，框架清晰，按照项目引导、任务驱动教学方法编写。教材内容编排合理，层次分明，符合学生认知特点。教材以岗位工作应用为目的，以解决实际电气设备运行与维护为主线，内容由浅入深，由易到难，循序渐进，达到提升学生综合技术应用能力的目的。

本书由锡林郭勒职业学院乌兰、中国神华胜利发电厂张卫彬担任主编，锡林郭勒职业学院李丹洋、徐国芃、胡建栋、王晓杰担任副主编，中国神华胜利发电厂卫翔及锡林郭勒职业学院徐丽丽、其力木格、包秀兰、康明等教师参与编写。由于编者水平有限，书中难免存在不妥之处，恳请读者批评指正，读者意见反馈邮箱：270583077@qq.com。本书内容如不慎侵权，请来信告知。

目录

项目一

电力系统的认知

项目介绍

由于“电力系统的认知”面向电力系统企业、发电厂电气设备运行与维护的综合职业能力岗位，因此，本项目分成 3 个子任务，包括发电厂、变电所的认知，中性点的运行方式，电弧的燃烧与熄灭。通过实施不同的任务，掌握电力系统、电力网的基本概念和组成，发电厂的基本概念、基本类型、工作原理，以及电力系统中性点各种运行方式的工作特点、应用范围。并且能够根据组成来区分电力系统和电力网，具备各类型发电的原理分析能力，具备电力系统中性点各种运行方式的判断分析能力，养成中国电力人不畏风险、舍己为公、分秒必争、攻坚克难的爱国奉献精神，爱岗敬业、守正创新的工匠精神，具有国家情怀，坚守职业道德和工匠精神。

知识图谱

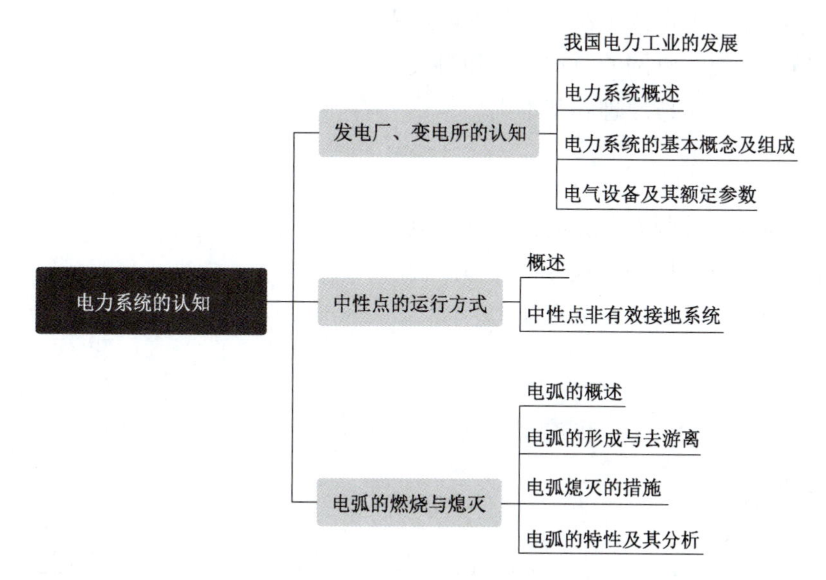

学习要求

- 通过本项目的学习，学生可以了解火力、水利、核能、风力、光伏等发电的流程；

掌握变电所的作用和类型；掌握中性点的运行方式和适用范围；掌握电弧的形成过程及电弧的去游离过程。根据课程拓展阅读等学习，增强学生的民族自豪感，树立学生的“双碳”意识。

- 通过对中性点的运行方式、三种不同中性点运行方式的比较及适用范围的学习，能分析中性点不接地电力系统、中性点经消弧线圈接地电力系统、中性点直接接地电力系统正常运行及发生单相接地故障时的现象，按照 1 + X 证书“变配电运维”中相应的消弧线圈的巡视的要求完成任务，养成规范严谨的职业素养。
- 利用课前资源（微课、事故案例、规范标准等）进行课前自主学习、课中分组任务能够按规范完成汇报，培养信息利用和信息创新的进阶信息素养。
- 使用实训设备时，需要按照 1 + X 证书“变配电运维”的职业素养考核要求，佩戴绝缘手套、安全帽等绝缘设备，养成良好的安全意识。

任务一 发电厂、变电所的认知

学习目标

知识目标：

- 了解目前我国电力系统发展情况。
- 掌握电力系统的重要组成部分。
- 掌握发电厂的基本概念和基本类型。
- 掌握各类型发电厂的工作原理和发电过程。
- 掌握电力系统、电网的基本概念和组成。
- 掌握变电站的工作原理和基本类型。

技能目标：

- 能根据组成部件判断区分电力系统和电力网。
- 具备各类型发电厂的原理分析能力。
- 具备各类变电站的特点分析能力。

素养目标：

- 培养勇于创新的精神、民族自豪感、社会责任感。

任务要求

本任务主要介绍我国电力系统发展情况、发电厂的类型，分析发电厂的工作流程，介绍发电厂的作用及内容。本任务的学习要求如下：

（1）分析不同类型发电厂的工作原理及发电过程。

（2）分析各类变电站的特点。

（3）明确发电厂变电站的电气设备及基本额定参数

实训设备

（1）SLBDZ－1 型变电站综合自动化实训系统。

（2）SL－XGN66－12 成套高压开关柜。

（3）伯努利仿真软件。

知识准备

一、我国电力工业的发展

（一）我国电力工业的发展简况

1882 年 7 月 26 日，上海电气公司在上海成立，安装了一台以蒸汽机带动的直流发电机，并正式发电，从电厂到外滩沿街架线，供给照明用电，这是我国的第一座火电厂。这与世界上第一座火电厂——法国巴黎火车站电厂的建成相距仅 7 年，与美国的第一座火电厂——旧金山实验电厂建成相距 3 年，与英国的第一座火电厂——伦敦霍尔蓬电厂同年建成，说明当年我国电力建设和世界强国差距并不大。

我国处于工业化、城镇化、信息化、农业现代化发展中期阶段，人均 GDP、能源、电能消费量还不到发达国家的一半，还需继续快速发展。十八大提出了 2020 年实现小康，国内生产总值和人均收入翻一番，2050 年达到发达国家水平的宏伟目标和经济、政治、文化、社会、生态环境五个方面全面发展的任务，为今后发展明确了目标和方向。我国 2060 年碳中和目标政策相较于欧、美从碳达峰到碳中和的 50～70 年过渡期，我国碳中和目标隐含的过渡时长仅为 30 年，这就意味着更陡峭的节能减排路径，实现难度较大。因此，在 2035 年远景目标中，多次涉及碳排放、电力基础设施建设、新能源开发利用、竞争性市场化改革等方面内容。

电力投资继续增加，2022 年全年新增发电装机容量 9 000 万千瓦左右，水电新增约 2 000 万千瓦左右，溪洛渡、锦屏一级、阿海、龙开口等一批大型水电站将建成投产；稳步推进核电建设，将有辽宁红沿河、福建宁德、广东阳江、浙江方家山等一批国产按新标准建设的核电建成投产，容量约 500 万～600 万千瓦，质量达世界先进水平；风电新增并网装机容量 1 500 万～1 800 万千瓦，光伏发电新增约 800 万～1 000 万千瓦；新增清洁能源发电装机将达5 000 万千瓦左右，占新增容量的一半以上。我国发电装机容量结构逐步向清洁低碳、高效方向发展。白鹤滩、两河口等大型水电项目将开工建设，并根据用电增长需要在缺电地区新开工一批火电项目，天然气发电项目增多。

“十四五”期间，我国电网面临的主要矛盾已发生改变，新能源大体量发展，带来新能源高比例渗透和大幅波动的特征。新基建的提出，将对电力产业形态产生很大冲击，但也给“十四五”乃至 2035 年我国电力系统发展带来契机，预计 2025 年新能源装机将达到国内的 33%、2030 年占比达到 43%。

（1）清洁非化石能源发电加快发展，比重大幅提高。

2020 年发电装机容量 7.925 亿千瓦，占 39.6%；发电量 23 110 亿千瓦时，占 29.2%。

2050 年装机容量 24.3 亿千瓦，占 63.9%，发电量 6.78 万亿千瓦时，占 50.2%。

常规水电 2020 年装机 3.6 亿千瓦，发电量 1.26 万亿千瓦时，全国经济可开发容量利用率达 80% 以上，2050 年装机 5 亿千瓦，水电资源已全部开发利用。配合电网运行需要，抽水蓄能电站发展加快，比重增加，2050 年达 2.1 亿千瓦，占比 5.5%。

风电开发根据我国资源分布特点，分散开发与集中建设大型基地并举，优先建设靠近用电中心的地区风电。因我国风电资源 80% 集中在北方，在北方将建成几个大型千万千瓦级风电基地并配套建设一批输送风电的长距离大容量特高压、超高压交直流输电工程。2020 年风电装机 2 亿千瓦，2050 年 8 亿千瓦。

太阳能发电快速发展，以与建筑结合的光伏发电为主，将占 80% 左右，加强电力规划和科技攻关，合理开发利用西部荒漠地区太阳能发电，重点建成几个大型太阳能发电基地和配套电网输电工程。要继续努力降低成本，增强竞争力。2020 年太阳能发电装机 1 亿千瓦，2050 年 6 亿千瓦。

核电在现有基础上继续安全高效发展，近期以第三代核电机组为主，大力研究开发安全、经济性能更好的第四代核电核块堆。初步设想 2020 年装机 7 000 万千瓦，2050 年 3 亿千瓦。

因地制宜开发利用生物能、地热、海洋能等可再生能源，但规模不大。

（2）优化发展气电，逐步减少火电比重。

随着天然气供应量增加，建设了一批天然气发电厂，增加气电比重，以减少能耗和温室气体排放，增大火电调峰能力。火电是目前我国主要电源，发电量占 80% 左右。自 2020 年起十年因用电量增长需要仍有较大发展。争取 2030 年后不再增加火电发电量。着重做好火电节能减排工作。2020 年火电装机 12.075 亿千瓦，发电量 5.62 万亿千瓦时，2050 年装机 13.7 亿千瓦，占比降到 36.1%，发电量 6.76 万亿千瓦时，占比降到 49.8%。其中，天然气发电2020 年装机 8 000 万千瓦，发电量 3 200 亿千瓦时，2050 年装机 2.2 亿千瓦，占比 5.8%，发电量 9 000 亿千瓦时，占比增至 6.8%。

（3）电网电源协调发展。

六大电网规模扩大，各级电压电网增强。2050 年华北、华东、华中、南方电网装机容量将超过 6 亿千瓦，相当于目前欧洲大陆电网水平，1 000 kV 高压交流将逐步成为骨干网架，西北电网装机达 4 亿 ~ 5 亿千瓦，东北电网 3 亿千瓦左右。建成一批大型水电、风电、太阳能发电基地的跨区远距离特高压超高压交直流输电工程，西电东送、北电南送和电网间交换容量增强，大力提高电网智能化水平，建成世界一流智能电网。

为国民经济各部门和人民生活供给充足、可靠、优质、廉价的电能，是电力系统的基本任务。节能减排，“一特四大”，实现高度自动化，西电东送，南北互供，发展联合电力系统，是我国电力工业的发展方向，也是一项全局性的庞大系统工程。要实现这一目标，还有很多事要做。

（二）特高压发展前景

特高压具有远距离、大容量、低损耗、少占地的综合优势。将大型能源基地和用电地区置于特高压电网覆盖范围内，能实现地区间电力资源的有效配置，取得保障电力供应、提高清洁能源利用率、提升电网安全水平等多重功效，推动能源互联网的构建。特高压的投资可以带动设备制造企业恢复生产、走出疫情影响；拉动基建投资、托底实体经济。

据中研产业研究院《2022—2027 年中国特高压行业发展分析与前景展望研究报告》分析，在碳达峰、碳中和背景下，加强网架建设，尤其是特高压建设，可有效解决我国高比例可再生能源并网、跨省跨区大范围调配的难题。交直流特高压输电工程作为构建新型电力系统的重要措施，将成为“十四五”电网重点投资方向。

（1）政策支持特高压行业发展。

特高压是我国清洁能源发展的重要载体，建设特高压有利于我国能源资源的优化配置，有利于提高我国的能源供应安全。建设特高压是带动电工制造业技术升级的重要机遇，是研究和掌握重大装备制造核心技术的依托工程，对于增强我国科技自主创新能力、占领世界电力科技制高点具有重大意义。建设特高压有利于我国煤炭产区的资源优势转化为经济优势，促进区域合理分工，缩小区域差距，为煤炭产区经济发展提供了机遇。对此，国家异常重视特高压产业发展，出台了一系列政策。

（2）特高压跨区输电能力提升。

国家电网公司是中国特高压建设的主力军。据国家电网数据统计，2016—2020 年国家电网特高压跨区跨省输送电量逐渐增长，增长幅度有所加大，2020 年国家电网特高压跨区跨省输送电量达 20 764. 13 亿千瓦时。持续优化电网发展布局，加大特高压和配套电网建设力度，大力推进新能源供给消纳体系建设。国家电网发布的《“碳达峰、碳中和”行动方案》提出：到 2025 年，公司经营区跨省跨区输电能力达到 3. 0 亿千瓦，输送清洁能源占比达到 50%，如图 1－1－1 所示。

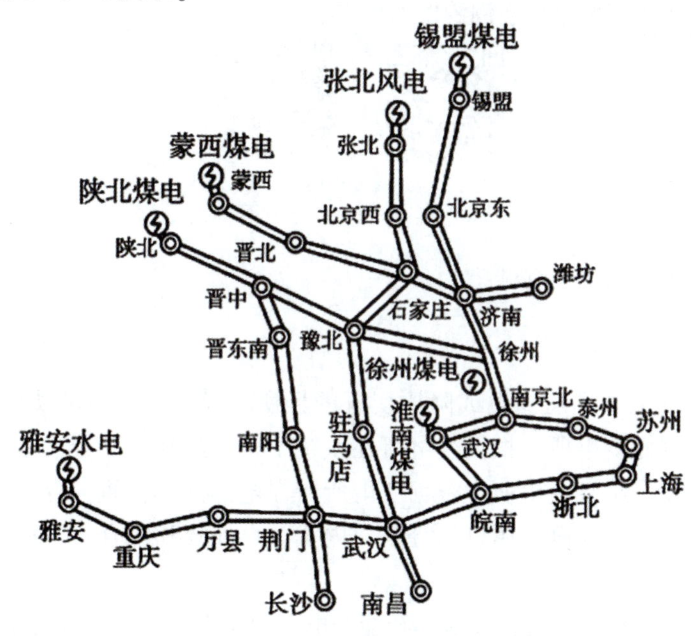

图 1－1－1　华北电网示意图

二、电力系统概述

电力系统是电能生产和消费系统，是由发电厂、电力网和电能用户组成的一个发电、输电、变配电和用电的整体。

它的功能是将自然界的一次能源通过发电动力装置转化为电能，再经变电、输电、配电将电能供应到各用户。由于电能的生产、输送、分配和消费是在同一时间内完成的，而交流电又不能直接存储，所以各环节必须连接成一个整体。

（一）发电厂

发电厂的作用是将自然界的各种能量（煤、石油、天然气、水、地热、潮汐、风、太阳、原子能等）转换为二次能源（电能）的工厂。电能与其他形式的能源相比，其特点有以下几个。

凝汽式火力发电厂生产过程

（1）可以大规模生产和远距离输送。

（2）方便转换且易于控制。

（3）损耗小。

（4）效率高。

（5）在使用时没有污染，噪声小。

电力系统概述

按一次能源的不同，发电厂可分为火力发电厂、水力发电厂、核能发电厂、风力发电厂、地热发电厂、太阳能发电厂、潮汐发电厂等。

发电厂的类型

思考：发电厂的基本类型有哪些？

（二）变配电所

变配电所，是指用来升压变电或降压变电的场所。根据变压器的功能，分为升压变电所和降压变电所。根据变电所在系统中所处的地位，分为枢纽变电所、中间变电所、终端变电所。根据变电所所在电力网的位置，分为区域变电所、地方变电所。变电所还可以分为户内式、户外式和组合式三种基本类型。

智能变电站

近些年，随着智能电网的加速发展，智能变电站的建设得到了明显的提速。在此，对数字化变电站、智能变电站、直流输电换流站作简单介绍。

变电所的类型

思考：火力发电厂、水力发电厂、核电厂和风力发电厂发电时的能量转换是怎样的？

（三）用户

1. 用户的分类

在电工或电子行业中，根据负载的阻抗特性的差异，可以将电力用户（负载）分为纯电阻性负载、感性负载及容性负载三类。

（1）纯电阻性负载：直流电路中纯电阻性负载的电压、电流的关系符合欧姆定律；交流电路中纯电阻性负载的电压与电流无相位差。

通俗地讲，仅是通过电阻类的元件进行工作的纯阻性负载称为阻性负载。如白炽灯、电炉、电烙铁、吹风机等。

（2）感性负载：一般把带电感参数的负载，即符合在相位上电压超前电流的负载称为感性负载。

感性负载电流落后电压，它们之间有一个相位差，这个角度就是功率因素角 φ，感性负载越大，电流落后电压的角度也就越大，角度越大，它的余弦（功率因素 $\cos\varphi$）就越小，所以感性负载越大，功率因素越低。一般规定感性负载对应的功率因数为正值。

通俗地讲，即应用电磁感应原理制作的大功率电器产品，如电动机、变压器、电风扇、日光灯、冰箱、空调等。

（3）容性负载：一般把类似电容的负载，即符合在相位上电压滞后电流特性的负载称为容性负载。

充放电时，电压不能突变。一般规定容性负载对应的功率因数为负值。

2. P、Q、S 是什么

（1）有功功率：在交流电路中，凡是消耗在电阻元件上，功率不可逆转换的那部分功率（如转变为热能、光能或机械能），就称为有功功率。

$$P = UI\cos\varphi \quad (\mathrm{W},\ \mathrm{kW})$$

（2）无功功率：在电路中，电感元件建立磁场、电容元件建立电场消耗的功率称为无功功率，这个功率随交流电的周期，与电源不断地进行能量转换，而并不消耗能量。

$$Q = UI\sin\varphi \quad (\mathrm{var},\ \mathrm{kvar})$$

（3）视在功率：交流电源所能提供的总功率，称为视在功率，在数值上即是电压与电流的乘积。它既不是 P，也不是 Q。通常以视在功率表示变压器等设备的容量。

$$S = UI \quad (\mathrm{VA},\ \mathrm{kVA})$$

三、电力系统的基本概念及组成

（一）基本概念

1. 一次设备

发、输、变、配、用电的主系统上所使用的电气设备，如发电机、变压器和断路器等，称为一次设备。包括以下设备。

（1）生产和转换电能的设备。

（2）接通或断开电路的开关电器。

（3）限制故障电流和防御过电压的保护电器。

（4）载流导体。

（5）互感器，包括电压互感器和电流互感器。

（6）无功补偿设备。

（7）接地装置。

2. 二次设备

对一次设备进行控制、保护、监察和测量的电气设备，称为二次设备。包括以下设备。

（1）测量表计，如电压表、电流表、频率表、功率表和电能表等，用于测量电路中的电气参数。

（2）继电保护、自动装置及远动装置。

（3）直流电源设备，包括直流发电机组、蓄电池组和整流装置等。

（4）操作电器、信号设备及控制电缆。

3. 电气主接线

发电厂和变电所中的一次设备（发电机、变压器、母线、断路器、隔离开关、线路等），按照一定规律连接、绘制而成的电路，称为电气主接线，也称电气一次接线、一次系统或一次电路。

由二次设备所连成的电路称为二次电路，或称二次接线。

如图 1－1－2 所示为具有两种电压等级的大容量发电厂电气主接线图。

4. 配电装置

配电装置是根据电气主接线的要求，由开关电器、保护和测量电器、母线和必要的辅助设备组建而成，用于接收和分配电能的装置，它是发电厂和变电所电气主接线功能的实现装置。

配电装置按电气设备装设地点不同，可分为屋内配电装置和屋外配电装置。

在图 1－1－2 中，由断路器 QF_1 和 QF_2、隔离开关 QS_1 ~ QS_4、母线 W_1 ~ W_3、电抗器和 L_2、馈线 WL_1 和 WL_2 等构成的配电装置布置在屋内，称为屋内配电装置，又称厂用 10 kV 配电装置；而由断路器 QF_3 ~ QF_5、相应的隔离开关、母线 W_4 和 W_5、出线 WL_3 和 WL_4 等构成的配电装置，称为屋外配电装置，又称高压配电装置。

（二）电能质量

电能质量即电力系统中电能的质量。理想的电能应该是完美对称的正弦波。一些因素会

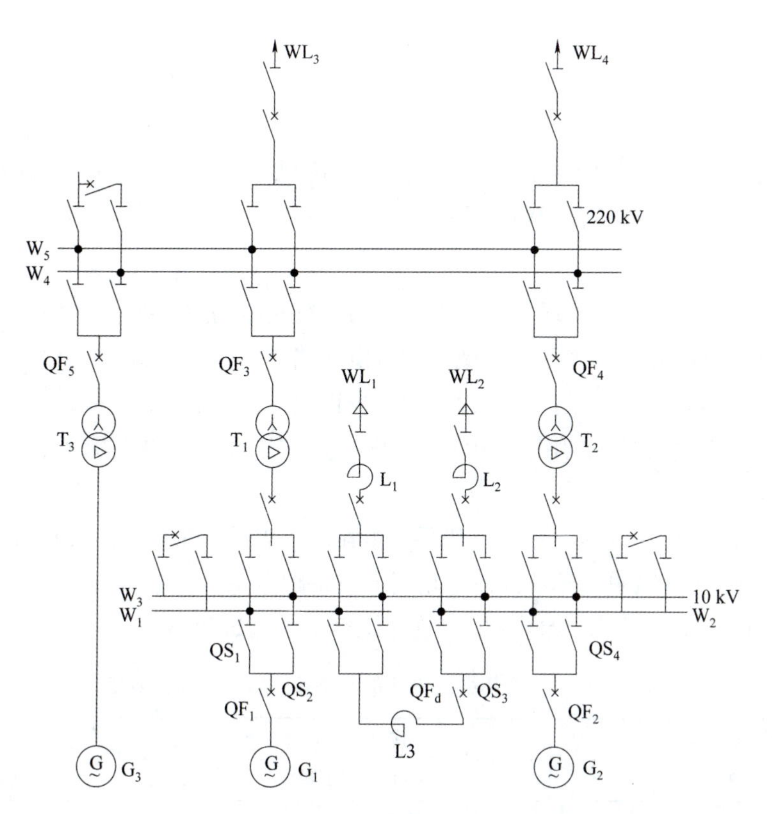

图 1-1-2　大容量发电厂电气主接线图

使波形偏离对称正弦，由此便产生了电能质量问题。电能质量问题可以定义为导致用户电力设备故障或误操作的电压、电流、频率的静态偏差和动态扰动。其表现为：电压、频率有效值的变化；电压波动和闪变、电压暂降、短时中断和三相电压不平衡、谐波；暂态和瞬态过电压以及这些参数变化的幅度。

注意： 本标准不平衡度为在电力系统正常运行的最小方式下，最大的生产（运行）周期中负荷所引起的电压不平衡度的实测值。低压系统是指标称电压不大于 1 kV 的供电系统。

（三）电力网系统

1. 定义

电力网系统，是电力系统中各级电压的电力线路及其连接的变电所的总称。

2. 作用

电力网系统完成电能的输送、分配。

3. 分类

（1）低压电网：电压为 1 kV 以下的电网。

（2）中压电网：电压为 1～10 kV 的电网。

（3）高压电网：电压为 10～330 kV 的电网。

（4）超高压电网：电压为330～1 000 kV的电网。

（5）特高压电网（我国规定）：交流1 000 kV及以上的电网。

（6）直流±800 kV及以上的电网。

我国的电网常用电压等级区分从低到高为（单位是kV）：0.22，0.4，0.69，1，3，6，10，35，66，110，220，500，1 000，…

4. 电压等级的选择

（1）220 kV及以上电压等级：用于大型电力系统输电的主干线。

（2）110 kV电压等级：多用于区域电网输电线路。

（3）35～110 kV电压等级：用于为大型用户供电。

（4）6～10 kV电压等级：用于为中小用户供电，从技术经济指标来看，最好采用10 kV供电。

（5）220/380 V电压等级：用于低压系统的配电，其中，380 V主要用于对三相动力设备配电，220 V用于对照明设备及其他单相用电设备配电。

表1－1－1所示为常用各级电压的经济输送容量与输送距离。

表1－1－1　常用各级电压的经济输送容量与输送距离

线路电压/kV	输送功率	输送距离/km
0.38	100 kW以下	0.6
3	100～1 000 kW	1～3
6	100～1 200 kW	4～15
10	200～2 000 kW	6～20
35	2 000～10 000 kW	20～50
110	10 000～50 000 kW	50～150
220	100 000～500 000 kW	100～300
500	1 000～1 500 MW	150～850
750	800～2 200 MW	500～1 200

（四）动力系统

电力系统及带动发电机转动的动力装置构成的整体称为动力系统。

动力系统、电力系统、电力网三者的联系与区别如图1－1－3所示。

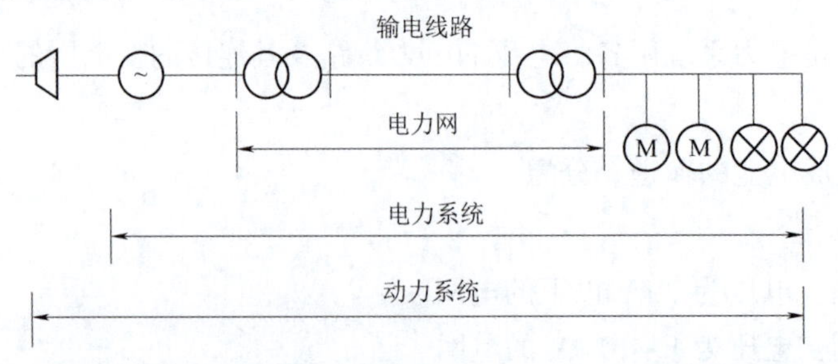

图1－1－3　动力系统、电力系统、电力网三者联系与区别

四、电气设备及其额定参数

电力系统中使用的电气设备种类很多，它们的作用、结构、原理、使用条件及要求各不相同，但都有额定电压、额定电流、额定容量（功率）和额定频率等主要参数。

额定电压，即电气设备在正常工作时所允许通过的最大电压。对于三相电力系统和设备而言，额定电压指其线电压的有效值；对于低压三相四线制系统的单相电器而言，额定电压指其相电压的有效值。额定电压是国家根据国民经济发展的需要、技术经济合理性以及电机、电器制造水平等因素所规定的电气设备标准的电压等级。电气设备在额定电压下工作时，其技术性能与经济性能最佳。我国规定的额定电压，按电压高低和使用范围分为三类。

电气设备的类型和技术参数

<table>
<tr><td>拓展阅读</td></tr>
<tr><td>融入点：中国电力工业 70 年促进中国的可持续发展，电力见证中国奇迹</td></tr>
<tr><td>参考资料：

70 年电力见证中国奇迹</td></tr>
</table>

<table>
<tr><td>【思考感悟】
我国从靠进口电能点亮第一盏灯，到现在的超超临界机组五塔合一创吉尼斯世界纪录，践行碳达峰碳中和，实现降碳、减污、扩绿、增长协同推进；我们在从变电站安装两组变压器，分别来自五个国家，到中国特高压技术走出国门；从电力巡检不管处于严寒酷暑还是跨越山川河流，都需要人力巡检，到现在的无人机电力巡检……这些都在彰显信息化及自动化技术创新发展

绿色转型、创新发展</td><td>谈一谈你的感想：</td></tr>
</table>

任务实施

查阅内蒙古地区发电厂类型（火电、风电、光伏发电）与发电量。

任务评价

任务评价表如表 1－1－2 所示，总结反思如表 1－1－3 所示。

表 1－1－2　任务评价表

评价类型	赋分	序号	具体指标	分值	得分		
					自评	组评	师评
职业能力	50	1	明确任务内容	10			
		2	分析任务工单	10			
		3	准确运用知识解决问题	10			
		4	准确预控风险	10			
		5	制订方案	10			
职业素养	20	1	坚持出勤，遵守纪律	5			
		2	协作互助，解决难点	5			
		3	按时完成，认真填写记录	5			
		4	精益求精	5			
劳动素养	15	1	吃苦耐劳	5			
		2	保持学习环境卫生、整洁、有序	5			
		3	小组分工合理	5			
思政素养	15	1	完成思政素材学习	5			
		2	创新意识、民族自豪感	5			
		3	绿色环保意识	5			
总分				100			

表 1－1－3　总结反思

总结反思	
• 目标达成：知识□□□□□□　　能力□□□□□□　　素养□□□□□□	
• 学习收获：	• 教师寄语： 签字：
• 问题反思：	

工作任务单

《发电厂变电所电气设备》工作任务单

<table>
<tr><td>工作任务</td><td colspan="3"></td></tr>
<tr><td>小组名称</td><td></td><td>工作成员</td><td></td></tr>
<tr><td>工作时间</td><td></td><td>完成总时长</td><td></td></tr>
<tr><td colspan="4">工作任务描述</td></tr>
<tr><td colspan="4"></td></tr>
<tr><td rowspan="3">小组分工</td><td>姓名</td><td colspan="2">工作任务</td></tr>
<tr><td></td><td colspan="2"></td></tr>
<tr><td></td><td colspan="2"></td></tr>
<tr><td colspan="4">任务执行结果记录</td></tr>
<tr><td>序号</td><td>工作内容</td><td>完成情况</td><td>操作员</td></tr>
<tr><td>1</td><td></td><td></td><td></td></tr>
<tr><td>2</td><td></td><td></td><td></td></tr>
<tr><td>3</td><td></td><td></td><td></td></tr>
<tr><td>4</td><td></td><td></td><td></td></tr>
<tr><td colspan="4">任务实施过程记录</td></tr>
<tr><td colspan="4"></td></tr>
<tr><td>上级验收评定</td><td></td><td>验收人签名</td><td></td></tr>
</table>

课后任务

1. 问答与讨论

(1) 按一次能源的不同，可以将发电厂分为哪几类？分别简述其工作过程。

(2) 简述发电厂、变电所的作用。

(3) 简述纯电阻性负载、感性负载及容性负载三者的特点与区别。

(4) 电能质量问题有哪些表现？

(5) 电气设备的额定参数有哪些？简述其特点。

2. 巩固与提高

通过本任务学习，以掌握发电厂、变电所电气设备的分类及基本额定参数，具备电气设备类型及额定参数的判断分析能力。小组自行查阅电气一次设备、电气二次设备，并查阅图 1-1-4 所示电力变压器型号，说明其额定参数。

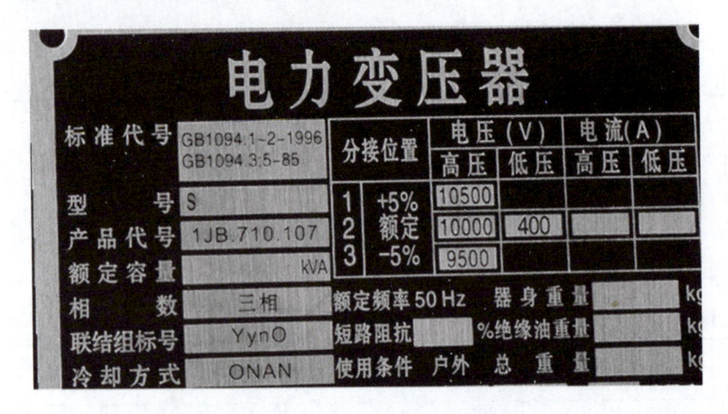

图 1-1-4 电力变压器型号

《发电厂变电所电气设备》
课后作业

内容：________________________________

班级：________________________________

姓名：________________________________

__________________系

作业要求

电气设备的基本类型有哪两大类？定义是什么？具体有哪些设备？额定参数有哪些？

1. 问答

2. 收获与感想

任务二　中性点的运行方式

学习目标

知识目标：

- 掌握电力系统中性点各种运行方式的工作特点。
- 掌握电力系统中性点各种运行方式的应用范围。
- 掌握中性点运行方式的定义及分类。
- 掌握中性点非有效接地的定义及分类。
- 掌握中性点有效接地系统的作用。
- 了解不同中性点对电力系统的影响。

技能目标：

- 具备电力系统中性点各种运行方式的比较和分析能力。
- 具备电力系统中性点各种运行方式的判断和分析能力。

素养目标：

- 培养爱国情怀、安全用电意识，提高分析判断能力。

任务要求

通过前一个任务的学习，知道了我国电力系统发展情况，发电厂、变电站的类型及工作流程。本任务的学习要求如下：

（1）具有良好的安全用电意识。

（2）掌握电力系统中性点各种运行方式。

（3）完成电力系统中性点各种运行方式的比较和分析。

实训设备

（1）SLBDZ－1 型变电站综合自动化实训系统。

（2）SL－XGN66－12 成套高压开关柜。

（3）伯努利仿真软件。

知识准备

一、概述

（一）分类及定义

电力系统三相交流发电机、变压器接成星形绕组的公共点，称为电力系统中性点。电力系统中性点与大地间的电气连接方式，称为电力系统中性点接地方式。

电力系统接地方式按用途，可分为以下四类（根据 GB/T 50065—2011《交流电气装置的接地设计规范》）。

（1）工作（系统）接地：在电力系统电气装置中，为运行需要所设的接地（如中性点直接接地或经其他装置接地等）。

（2）保护接地：电气装置的金属外壳、配电装置的构架和线路杆塔等，由于绝缘损坏后有可能带电，为防止其危及人身和设备的安全而设的接地（如电气设备的金属外壳接地、互感器二次线圈接地等）。

（3）雷电保护接地：为雷电保护装置（避雷针、避雷线和避雷器等）向大地泄放雷电流而设的接地。

（4）防静电接地：为防止静电对易燃油、天然气贮罐和管道等的危险作用而设的接地。

（二）接地方式分类

接地方式分类如图 1－2－1 所示。

接地方式
- 非有效（小接地电流）
  - 不接地
  - 消弧线圈接地
  - 变压器接地（消弧线圈/电阻，即消弧接地或高阻接地）
- 有效（大接地电流）
  - 直接接地
  - 低电阻中阻/接地

图 1－2－1　接地方式分类

电力系统的中性点接地方式涉及短路电流大小、系统的安全运行、供电可靠性、过电压大小和绝缘配合、继电保护和自动装置的配置等多个因素，而且对通信和电子设备的电子干扰、人身安全等方面有重要影响。

电力系统的中性点接地方式有不接地（中性点绝缘）、经消弧线圈接地、经电抗接地、经电阻接地及直接接地等。我国电力系统广泛采用的中性点接地方式主要有不接地、经消弧线圈接地、直接接地和经电阻接地 4 种。

根据主要运行特征，可将电力系统按中性点接地方式归纳为两大类。

（1）非有效接地系统或小接地电流系统：中性点不接地，经消弧线圈接地，经高阻抗接地的系统。$X_0/X_1>3$，$R_0/X_1>1$。

当发生单相接地故障时，接地电流被限制到较小数值，非故障相的对地稳态电压可能达到线电压。

（2）有效接地系统或大接地电流系统：中性点直接接地，经低阻抗接地的系统。$X_0/X_1\leqslant3$，$R_0/X_1\leqslant1$。

当发生单相接地故障时，接地电流较大，非故障相的对地稳态电压不超过线电压的 80%。

中性点的运行方式

注意： X_0 为零序电抗，X_1 为正序电抗，R_0 为零序电阻。

在此需要注意，当电力系统发生单相接地故障时，不论变压器的中性点是直接接地还是经低电阻或低电抗接地，只要在指定部分的各点满足零序电抗与正序电抗之比小于或等于3（$X_0/X_1 \leqslant 3$）和零序电阻与正序电抗之比小于或等于1（$R_0/X_1 \leqslant 1$），该系统便属于有效接地系统。由此可见，中性点有效接地不仅与系统中变压器中性点直接接地的数量有关，还与其容量占全部变压器总容量的百分值有关。而所谓的电力系统中性点接地方式，不能反映上述内涵，在实际工作中容易引起误解，影响系统的安全运行。

二、中性点非有效接地系统

中性点非有效接地系统主要有不接地和经消弧线圈接地两种方式。

（一）中性点不接地系统

中性点不接地方式，即中性点对地绝缘，结构简单，不需任何附加设备，节省投资。

如图1-2-2所示，三相电源 $\dot{U}_U$、$\dot{U}_V$、$\dot{U}_W$ 电压对称，各相导线间和相对地之间存在分布电容，各相绝缘存在对地泄露电导。

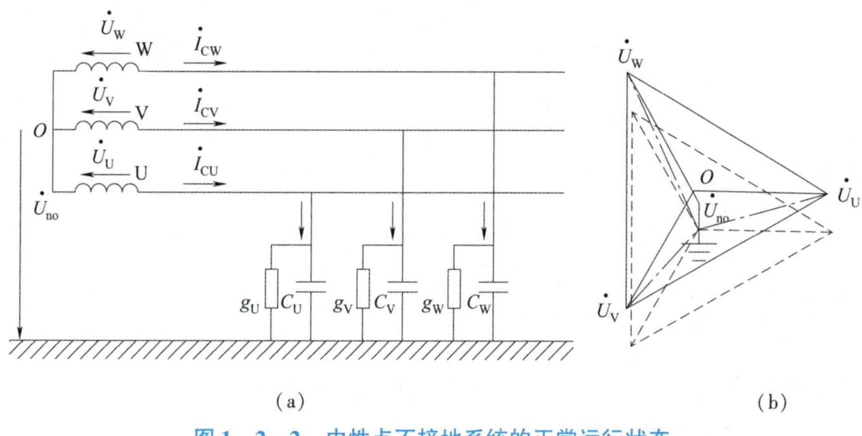

图1-2-2　中性点不接地系统的正常运行状态

（a）原理接线图；（b）电压相量图

1. 正常运行时（中性点存在不对称电压 $\dot{U}_{no}$）

各相对地电压为该相对中性点电压与中性点所具有的对地电位 $\dot{U}_{no}$ 的向量和，即

$$\dot{U}'_U = \dot{U}_U + \dot{U}_{no}$$

$$\dot{U}'_V = \dot{U}_V + \dot{U}_{no}$$

$$\dot{U}'_W = \dot{U}_W + \dot{U}_{no}$$

各相对地电流的向量和为0，即

$$\dot{I}_{CU} + \dot{I}_{CV} + \dot{I}_{CW} = (\dot{U}_U + \dot{U}_{no})Y_U + (\dot{U}_V + \dot{U}_{no})Y_V + (\dot{U}_W + \dot{U}_{no})Y_W = 0 \qquad (1-1)$$

式中，Y_U、Y_V、Y_W 为各相导线对地的总导纳。

在工频电压下，导纳 Y 由两部分所组成，其中主要部分为容性电纳 $j\omega C$，次要部分为泄漏电导（它比前者小得多），其中，$Y_U = g_u + j\omega C_U$，Y_V、Y_W 类似，ω 为电源的角小频率。实际电力系统中，三相泄漏电导 g_{uu}、g_{vv}、g_{ww} 大致相同，以下分析中均用 g 表示。

由式（1-1）可得

$$\dot{U}_{no} = -\frac{\dot{U}_U Y_U + \dot{U}_V Y_V + \dot{U}_W Y_W}{Y_U + Y_V + Y_W} \tag{1-2}$$

取 $\dot{U}_U$ 为参考量，即

$$\dot{U}_U = U_U = U_{ph},\ \dot{U}_V = a^2 U_{ph},\ \dot{U}_W = aU_{ph} \tag{1-3}$$

式中，U_{ph} 为电源相电压；a 为复数算子，其中，$a = e^{j120°} = -\frac{1}{2} + j\frac{\sqrt{3}}{2}$，$a^2 = e^{-j120°} = -\frac{1}{2} - j\frac{\sqrt{3}}{2}$。将式（1-3）及各导纳的表达式代入式（1-2），并注意到 $1 + a + a^2 = 0$，得

$$\begin{aligned}\dot{U}_{no} &= -U_{ph}\frac{j\omega(C_U + a^2 C_V + aC_W)}{j\omega(C_U + C_V + C_W) + 3g} \\ &= -U_{ph}\frac{C_U + a^2 C_V + aC_W}{C_U + C_V + C_W} \times \frac{1}{1 - j\dfrac{3g}{\omega(C_U + C_V + C_W)}} \\ &= -U_{ph}\dot{\rho}\frac{1}{1 - jd}\end{aligned} \tag{1-4}$$

即中性点电压

$$\dot{U}_{no} = -U_{ph}\dot{\rho}\frac{1}{1 - jd}$$

式中，$\dot{\rho} = \frac{C_U + \alpha^2 C_V + \alpha C_W}{C_U + C_V + C_W}$，$d = \frac{3g}{\omega(C_U + C_V + C_W)}$。

（1）当架空线路经过完全换位时，各相导线的对地电容是相等的，这时 $\dot{\rho} = 0$，$\dot{U}_{no} = 0$，中性点 0 对地没有电位偏移。

（2）当架空线路不换位或换位不完全时，各相对地电容不等，这时中性点 0 对地存在电位偏移。

2. 单相接地故障时

1）金属性接地

中性点不接地，系统 U 相金属性接地，如图 1-2-3 所示。

当发生 U 相金属性接地时，中性点的对地电位 $\dot{U}_0$ 不再为 0，而是变成 $-\dot{U}_U$，于是 V、W 相的对地电压变为

$$\dot{U}'_V = \dot{U}_V + \dot{U}_0 = \dot{U}_U a^2 - \dot{U}_U = \sqrt{3}\dot{U}_U\left(-\frac{\sqrt{3}}{2} - j\frac{1}{2}\right) = \sqrt{3}\dot{U}_U e^{-j150°} \tag{1-5}$$

$$\dot{U}'_W = \dot{U}_W + \dot{U}_0 = \dot{U}_U a - \dot{U}_U = \sqrt{3}\dot{U}_U\left(-\frac{\sqrt{3}}{2} - j\frac{1}{2}\right) = \sqrt{3}\dot{U}_U e^{j150°} \tag{1-6}$$

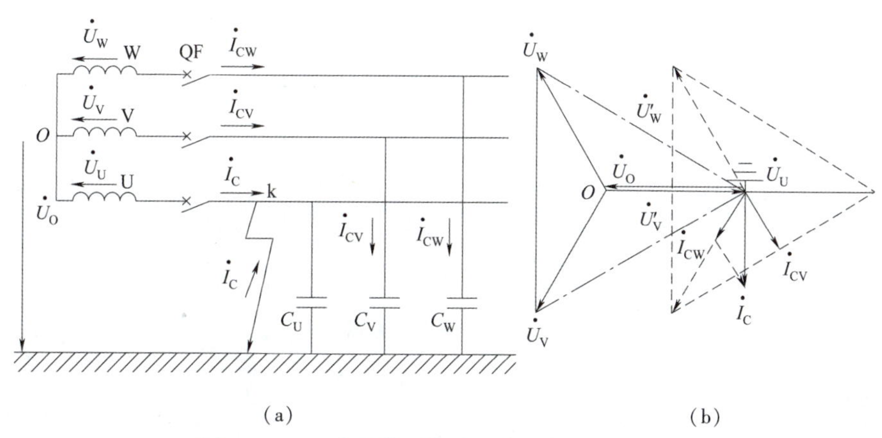

图 1-2-3　中性点不接地系统 U 相金属性接地

(a) 原理接线图；(b) 相量图

故障点的零序电压 $\dot{U}^{(0)}$ 为

$$\dot{U}^{(0)}=\frac{1}{3}(\dot{U}'_U+\dot{U}'_V+\dot{U}'_W)=\frac{1}{3}(0+\sqrt{3}\dot{U}_U e^{-j150^\circ}+\sqrt{3}\dot{U}_U e^{j150^\circ})=-\dot{U}_U=\dot{U}_O \qquad (1-7)$$

由于 U 相接地，其对地电容 C_u 被短接，所以 U 相的对地电容电流变为零。电容电流（接地电流）为 V、W 相的电容电流的向量和：

$$\dot{I}_C=\dot{I}_{CV}+\dot{I}_{CW}=-j3\omega\dot{C}U_U=j3\omega\dot{C}U_O \qquad (1-8)$$

绝对值

$$I_C=3\omega CU_p h$$

式中

$$\dot{I}_{CW}=\frac{\dot{U}'_W}{-jX_W}=j\sqrt{3}\omega C_W\dot{U}_U e^{j150^\circ}=\sqrt{3}\omega C_W\dot{U}_U \bar{e}^{j120^\circ} \qquad (1-9)$$

$$\dot{I}_{CV}=\frac{\dot{U}'_V}{-jX_V}=j\sqrt{3}\omega C_V\dot{U}_U e^{-j150^\circ}=\sqrt{3}\omega C_V\dot{U}_U \bar{e}^{j60^\circ} \qquad (1-10)$$

(1) 中性点对地电压 $\dot{U}_0$ 与接地相的相电压大小相等，方向相反，并等于电网出现的零序电压。

(2) 故障相的对地电压降为零；两健全相的对地电压为相电压的 3 倍，其相位差为 60°，而不是 120°。

(3) 三个线电压仍保持对称和大小不变，故对电力用户的继续工作没有影响。这也是这种系统的主要优点。

(4) 两健全相的电容电流相应地增大为正常时相对地电容电流的 3 倍，分别超前相应的相对地电压 90°；流过接地点的单相接地电流 I_0。为正常时电容电流的 3 倍，相位超前中性点对地电压 90°。

2) 经过渡电阻 R 接地

经过渡电阻 R 接地电路图如图 1-2-4 所示。

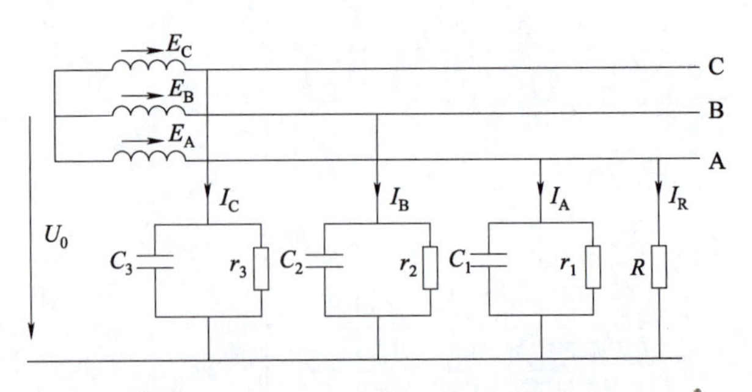

图 1-2-4　经过渡电阻 *R* 接地电路图

中性点对地电压

$$\dot{U}^{(0)}=\dot{\beta}\dot{U}_U$$

式中，$\dot{\beta}=-\dfrac{1}{1+j3\omega CR}$。

经 U 相接地点的接地电流为

$$\dot{I}_C=\dot{\beta}(j3\omega\dot{C}U_U)$$

（1）中性点对地电压 $\dot{U}_0$ 较故障相电压小，两者相位小于 180°。

（2）故障相的对地电压将大于零小于相电压，两健全相的对地电压则大于相电压而小于线电压。

（3）接地电流将较金属性接地时要小。

3. 优缺点

优点：单相接地电流小，单相接地不形成短路回路，单相接地只动作于信号而不动作于跳闸，系统可继续运行 2 h（电力安全运行规定，因可能出现两点接地）。

缺点：单相接地时所产生的接地电流将在故障处形成电弧。

（1）接地电流不大（5～10 A）时，电流过零值时电弧将自行熄灭。

（2）接地电流较大（>30 A）时，形成稳定的电弧。

（3）10 A<接地电流<30 A 时，形成一种不稳定的间歇性电弧。

因其中性点是绝缘的，电网对地电容中储存的能量没有释放通路。在发生弧光接地时，电弧的反复熄灭与重燃也是向电容反复充电过程。由于对地电容中的能量不能释放，造成电压升高，从而产生弧光接地过电压或谐振过电压，其值可达很高的值，对设备绝缘造成威胁。

4. 适用范围

（1）电压小于 500 V 的装置。

（2）3～10 kV 的电力网，单相接地电流小于 30 A 时。

（3）20～63 kV 的电力网，单相接地电流小于 10 A 时。

（二）中性点经消弧线圈接地系统

在 3～63 kV 电网中，当单相接地电流超过上述定值时，为防止单相接地时产生稳定或

间歇性电弧，应采取减小接地电流的措施，就此在中性点和地之间接入消弧线圈。

思考：为什么要采用中性点经消弧线圈接地系统？
结论：正常运行时，地中没有零序电容电流流过，中性点对地电位为零。

消弧线圈的作用：消弧线圈是一个具有铁芯的可调电感线圈，它的导线电阻很小，电抗很大。通过补偿的方式使接地处电流变得很小或等于零，电弧自行熄灭，故障随之消失，从而消除接地处的电弧及其产生的一切危害；还可以减慢故障相电压的恢复速度，从而减少电弧重燃的可能性。

工作原理：通过改变自身的结构，改变线圈的电感、电流的大小，产生一个和接地电容电流的大小 $\dot{I}_C$ 相近、方向相反的电感电流 $\dot{I}_L$，从而对电容电流进行补偿。

思考：为什么说利用消弧线圈进行全补偿并不可取？
注意：中性点不接地电力网发生接地时，仍可继续运行 2 h，但若接地电流值过大，会产生持续性电弧，危胁设备，甚至产生三相或二相短路。
结论：故障相对地电压变为零；非故障相对地电压升高$\sqrt{3}$倍（系统各相对地的绝缘水平也按线电压考虑）；相对地中性点电压和线电压仍不变，三相系统仍然对称，可以继续运行 2 h（供电可靠性提高）；接地点流过的电容电流受补偿方式的影响而被削弱（系统安全稳定性提高）。

三种不同中性点运行方式的比较及适用范围

拓展阅读
融入点：通过分析比较不同中性点运行方式，培养学生安全意识、严谨认真的态度
弘扬“电力之光”目标，关注电力发展，将电力人的传承、职业精神融入本教学内容中，将爱国主义、专业责任担当传递给学生，帮助学生树立牢固的职业精神，潜移默化中树立安全用电意识和分析判断能力。
 工匠无畏

任务实施

查阅资料找一些发电厂、变电站中性点三种运行方式的相关案例。

任务评价

任务评价表如表 1－2－1 所示，总结反思如表 1－2－2 所示。

表 1－2－1　任务评价表

评价类型	赋分	序号	具体指标	分值	得分		
					自评	组评	师评
职业能力	50	1	明确任务内容	10			
		2	分析任务工单	10			
		3	准确运用知识解决问题	10			
		4	准确预控风险	10			
		5	制订方案	10			
职业素养	20	1	坚持出勤，遵守纪律	5			
		2	协作互助，解决难点	5			
		3	按时完成，认真填写记录	5			
		4	精益求精	5			
劳动素养	15	1	吃苦耐劳	5			
		2	保持学习环境卫生、整洁、有序	5			
		3	小组分工合理	5			
思政素养	15	1	完成思政素材学习	5			
		2	安全意识，分析问题的能力	5			
		3	绿色环保意识	5			
总分				100			

表 1－2－2　总结反思

总结反思	
• 目标达成：知识□□□□□　能力□□□□□　素养□□□□□	
• 学习收获：	• 教师寄语：
• 问题反思：	签字：

课后任务

1. 问答与讨论

(1) 电力系统接地方式按用途可分为哪四类?

(2) 我国电力系统广泛采用的中性点接地方式有哪些?

(3) 中性点非有效接地系统分为哪几类? 各种分类有什么工作特点?

(4) 中性点有效接地系统分为哪几类? 各种分类有什么工作特点?

(5) 为什么说利用消弧线圈进行全补偿并不可取?

2. 巩固与提高

通过对本任务的学习，掌握了中性点运行方式工作特点和应用范围，具备电力系统中性点各种运行方式的比较和分析能力，请结合所学知识查阅资料找一些发电厂、变电站中性点的三种运行方式的相关案例，案例撰写见任务模板。

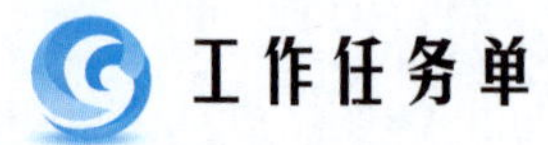

《发电厂变电所电气设备》工作任务单

<table>
<tr><td>工作任务</td><td colspan="6"></td></tr>
<tr><td>小组名称</td><td colspan="2"></td><td colspan="2">工作成员</td><td colspan="2"></td></tr>
<tr><td>工作时间</td><td colspan="2"></td><td colspan="2">完成总时长</td><td colspan="2"></td></tr>
<tr><td colspan="7">工作任务描述</td></tr>
<tr><td colspan="7"></td></tr>
<tr><td rowspan="3">小组分工</td><td>姓名</td><td colspan="5">工作任务</td></tr>
<tr><td></td><td colspan="5"></td></tr>
<tr><td></td><td colspan="5"></td></tr>
<tr><td colspan="7">任务执行结果记录</td></tr>
<tr><td>序号</td><td colspan="3">工作内容</td><td colspan="2">完成情况</td><td>操作员</td></tr>
<tr><td>1</td><td colspan="3"></td><td colspan="2"></td><td></td></tr>
<tr><td>2</td><td colspan="3"></td><td colspan="2"></td><td></td></tr>
<tr><td>3</td><td colspan="3"></td><td colspan="2"></td><td></td></tr>
<tr><td>4</td><td colspan="3"></td><td colspan="2"></td><td></td></tr>
<tr><td colspan="7">任务实施过程记录</td></tr>
<tr><td colspan="7"></td></tr>
<tr><td>上级验收评定</td><td colspan="3"></td><td colspan="2">验收人签名</td><td></td></tr>
</table>

《发电厂变电所电气设备》
课后作业

内容：________________________________

班级：________________________________

姓名：________________________________

______________系

作业要求

电力系统接地方式按用途可分为哪四类？我国电力系统广泛采用的中性点接地方式有哪些？不同分类中性点有什么工作特点？

1. 问答

2. 收获与感想

任务三　电弧的燃烧与熄灭

学习目标

知识目标：

- 掌握电弧的概念、特征和电弧形成的物理过程。
- 掌握去游离的过程和影响去游离的因素。
- 掌握交直流电弧特性及熄灭条件。
- 掌握开关电器常用的熄弧方法。

技能目标：

- 具有依据不同电气设备选择不同灭弧方式的能力。
- 具备分析交直流电弧特性的能力。
- 具备分析电弧产生原因和过程的能力。
- 具备根据影响去游离的因素分析判断电弧熄灭的过程的能力。

素养目标：

- 培养良好的安全用电意识、绿色环保意识，勇于探索、积极创新。

任务要求

通过前两个任务的学习，认识了发电厂、变电所，了解了中性点的运行方式，本任务的学习要求如下：

（1）根据影响去游离的因素准确分析交直流电弧特性，依据不同电气设备选择不同灭弧方式。

（2）明确电弧产生的原因和过程，并能准确实施开关电器常用的熄弧方法。

实训设备

（1）SLBDZ－1 型变电站综合自动化实训系统。

（2）SL－XGN66－12 成套高压开关柜。

（3）伯努利仿真软件。

知识准备

一、电弧的概述

自然界的物质有三种状态：固态、液态和气态。这三态随温度而产生改变。将气态物质进一步加热至几千摄氏度时，会部分电离或完全电离，部分电子被剥夺后的原子及原子团被电离后产生的正、负电子组成一种离子化气体状物质，是除去固、液、气外，物质存在的第四态，常被称为等离子态或超气态。等离子体呈现出高度激发的不稳定态，其中包括离子(具有不同符号和电荷)、电子、原子和分子。其实，人们对等离子体现象并不生疏。在自然界里，炽热烁烁的火焰、光辉夺目的闪电以及绚烂壮丽的极光等都是等离子体作用的结果。对于整个宇宙来讲，几乎99.9%以上的物质都是以等离子体态存在的，如恒星和行星际空间等都是由等离子体组成的。用人工方法，如核聚变、核裂变及辉光放电等各种放电都可产生等离子体。

说明： 电弧本质是一种气体放电现象；特征是温度很高，属于自持放电现象，是一束游离气体。

等离子体是由电子、离子等带电粒子以及中性粒子（原子、分子、微料等）组成的，宏观上呈现准中性，且具有集体效应的混合气体。所谓准中性，是指在等离子体中的正负离子数目基本相等，系统在宏观上呈现中性，但在小尺度上呈现出点磁性，而集体效应则突出地反映了等离子体与中性气体的区别。

等离子体按焰温度，可以分成高温等离子体、低温等离子体两种。其中，高温等离子体只有在温度足够高时发生，电弧就是一束高温等离子体。

电弧产生后，可能引起的危害可以总结为以下几个方面：

（1）高温。电弧产生后，其表面温度可达4 000 ℃，弧心甚至可达上万摄氏度，高温能烧坏触头，甚至导致触头熔焊。如果电弧不立即熄灭，就可能烧伤操作人员，烧毁设备，甚至酿成火灾。

（2）高压。过热将导致铜排、铝排熔毁，甚至气化，气体在封闭的开关柜中膨胀产生气体冲击波，造成开关柜柜体的变形、破裂，甚至给操作人员带来危险。

（3）剧毒气体。持续性电弧的存在将会使导线及开关柜体燃烧，产生大量的有毒气体，如一氧化碳、氮氧化物等。烟气、毒气等燃烧产物极易造成人员窒息、中毒死亡。

二、电弧的形成与去游离

（一）电弧的形成

电弧的实质是一种气体放电现象。电弧产生前，放电间隙（或称弧隙）周围的介质原本是绝缘的，电弧的产生，说明绝缘介质发生了转化而变成了导电介质。这种导电介质以等离子体态存在，具有导电特性。因此，电弧的形成过程就是介质向等离子体态的转化过程。

电弧的形成与熄灭

电弧的形成过程

（二）电弧的组成

电弧由三部分组成，如图1－3－1所示。

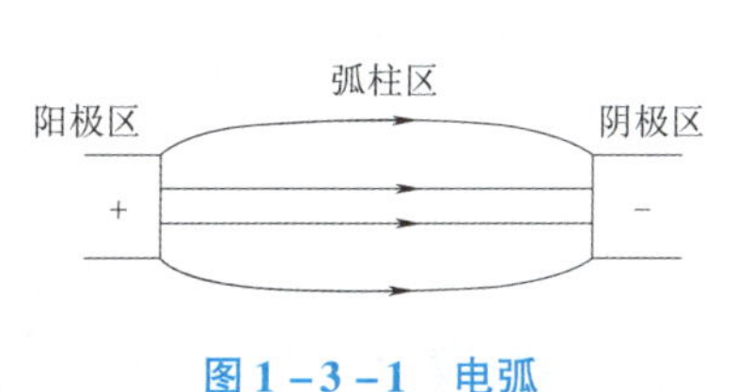

图 1-3-1　电弧

（三）电弧的特点

1. 电弧是强功率的放电现象

伴随着电弧，大量的电能转换为热能的形式，使电弧处的温度极高，以焦耳热形式发出的功率可达数兆瓦。

2. 电弧是一种自持放电现象

不用很高的电压和很大的电流就能使电弧长时间稳定燃烧而不熄灭。

3. 电弧是等离子体，质量极小，极易改变形状

电弧区内气体的自然对流甚至电弧本身产生的磁场都会使电弧受力，改变形状。

（四）电弧的去游离

由电弧的产生过程可以看出，在电弧产生游离的同时，存在着一部分质点减少的去游离过程，去游离的主要形式有复合和扩散两种。

电弧的去游离过程

注意： 电弧的温度比较高，容易把绝缘材料烧毁，造成漏电，注意安全用电。
说明： 电弧熄灭过程取决于游离和去游离过程。

三、电弧熄灭的措施

（一）采用灭弧能力强的介质

灭弧介质的特性，如导热系数、电强度、热游离温度、热容量等，对电弧的游离程度具有很大影响，这些参数值越大，去游离作用就越强。优良的灭弧介质可以有效抑制碰撞游离、热游离的发生，并具有较强的去游离作用。电气设备中常见的灭弧介质有以下几种。

（1）固体介质：石英砂。

（2）液体介质：绝缘油（常选用 25 号变压器油）。

（3）气体介质：真空、压缩空气、六氟化硫（SF_6）等。

（二）利用气体吹弧

用新鲜而且低温的介质吹拂电弧时，可以将带电质点吹到弧隙以外，加强了扩散，由于电弧被拉长变细，使弧隙的电导下降。吹弧还使电弧的温度下降，热游离减弱，复合加快。

按吹弧的方向不同，吹弧可分为横吹、纵吹两种（图 1 -3 -2）；按吹弧的工质不同，吹弧可分为 3 种。

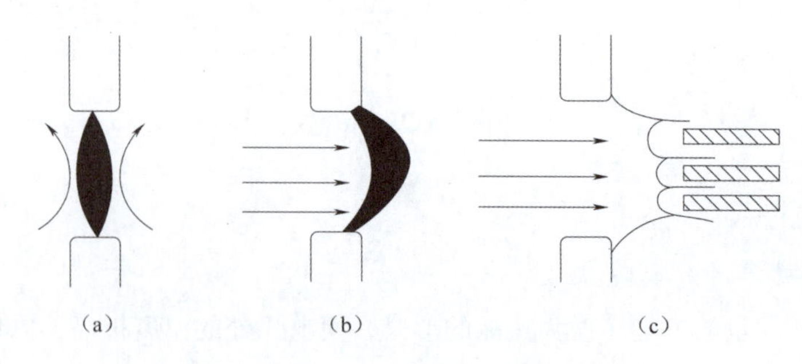

图 1 -3 -2　吹弧示意图

(a) 纵吹；(b) 横吹；(c) 带介质灭弧栅的横吹

1. 用油气吹弧

用油气作吹弧介质的断路器称为油断路器。在这种断路器中，有专用材料制成的灭弧室，其中充满了绝缘油。当断路器触头分离产生电弧后，电弧的高温使一部分绝缘油迅速分解为氢气、乙炔、甲烷、乙烷、二氧化碳等气体，其中，氢的灭弧能力是空气的 7.5 倍。这些油气体在灭弧室中积蓄能量，一旦打开吹口，即形成高压气流吹弧。

2. 用压缩空气或六氟化硫气体吹弧

其工作时，高速气流（压缩空气或六氟化硫气体）对弧柱产生强烈的散热和冷却作用，使弧柱热电离，并迅速减弱以至消失。电弧熄灭后，电弧间隙即由新鲜的压缩空气补充，介电强度迅速恢复。

3. 产气管吹弧

产气管由纤维、塑料等有机固体材料制成，电弧燃烧时与管的内壁紧密接触，在高温作用下，一部分管壁材料迅速分解为氢气、二氧化碳等，这些气体在管内受热膨胀，增高压力，向管的端部形成吹弧。

（三）提高分断速度

开关分闸时，利用压缩弹簧等装置迅速拉长电弧，有利于迅速减小弧柱中的电位梯度，增加电弧与周围介质的接触面积，加强冷却和扩散的作用。因此，现代高压开关中都采取了迅速拉长电弧的措施灭弧，如采用强力分闸弹簧，其分闸速度已可达 16 m/s 以上。

（四）采用多断口灭弧

在熄弧时，多断口把电弧分割成多个相串联的小电弧段。多断口使电弧的总长度加长，导致弧隙的电阻增加。采用多断口时，加在每一断口上的电压成倍减少，降低了弧隙的恢复电压，有利于熄灭电弧，如图 1 -3 -3 所示。

通常，为了防止各断口处电压分布不均匀而造成电弧的重燃，一般在各断口处加装均压电容或均压电阻。

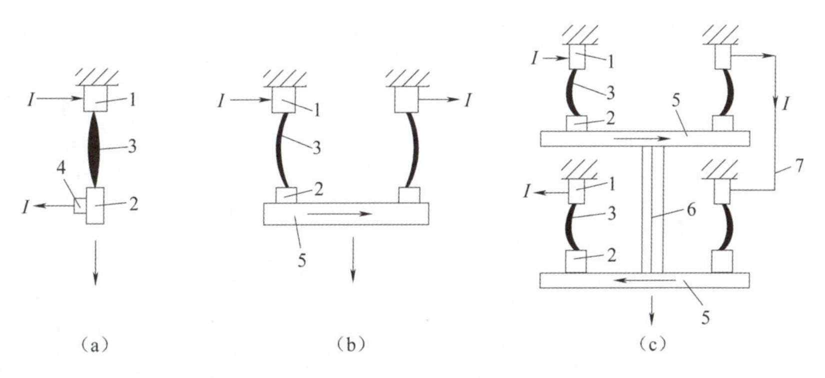

图 1-3-3　一相有多个断口的触头示意图

(a) 单断口；(b) 双断口；(c) 四断口

1—静触头；2—动触头；3—电弧；4—可动触头；5—导电横担；6—绝缘杆；7—连线

（五）利用短弧原理灭弧

利用金属灭弧栅灭弧一般多用于低压开关电器中，灭弧装置是一个金属栅灭弧罩，利用将电弧分为多个串联的短弧的方法来灭弧。由于受到电磁力的作用，电弧从金属栅片的缺口处被引入金属栅片内，一束长弧就被多个金属片分割成多个串联的短弧。如果所有串联短弧阴极区的起始介质强度或阴极区的电压降的总和永远大于触头间的外施电压，电弧就不再重燃而熄灭。采用缺口铁质栅片，是为了减小电弧进入栅片的阻力，缩短燃弧时间。

（六）采用耐高温的特殊金属材料作触头

为了有效降低灭弧过程中金属蒸气量和增加开关触头的使用寿命，通常采用金属钨或其合金作为引弧触头。

四、电弧的特性及其分析

（一）直流电弧

在直流电路中产生的电弧叫直流电弧。

交直流电弧特性及熄灭条件

（二）交流电弧

在交流电路中产生的电弧称为交流电弧。

为了研究交流电弧，绘制交流电路分析电路，如图 1-3-4 所示。假设交流电路处于稳定状态，并且电弧长度不变，则交流电弧的伏安特性如图 1-3-5 所示。由图 1-3-5 可知，电流由负值过零瞬间，电弧暂时熄灭，但触头两端仍有电源电压。在电流上升阶段，当电压升至 A 点时，电弧重燃，对应于 A 点的电压 U_{dr} 称为燃弧电压。由于电弧热游离很强，尽管电流继续上升，而电弧压降却在逐渐降低（AB 段）；从 B 点以后，电流逐渐减小，电弧压降相应回升（BC 段），到达 C 点（对应电压 U_{nm}）时，电弧再次熄灭，U 称为熄弧电压。由此可见，熄弧电压总是低于燃弧电压。电流过零后在反方向重燃，其伏安特性与正半周的相同。

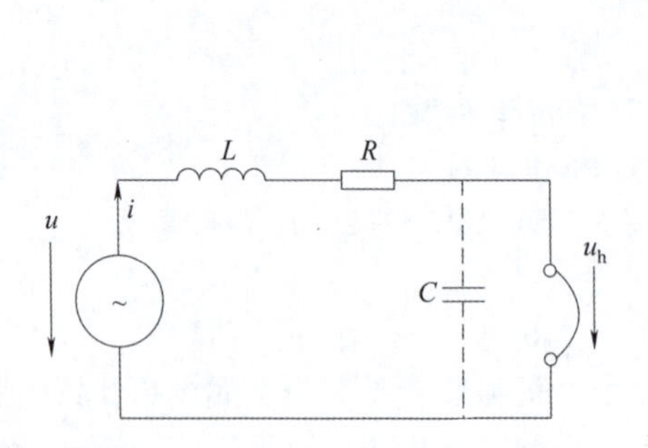

图 1-3-4　交流电弧分析电路

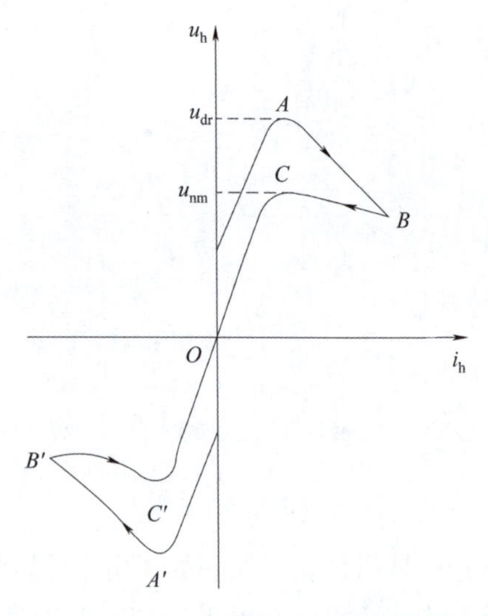

图 1-3-5　交流电弧伏安曲线

交流电流的特点是每个周期有两次通过零点。众所周知，交流电流一直处于动态过程，所以必然存在电流过零自行熄灭的瞬间。但因弧柱热惯性作用，导致电流过零后又会重新燃弧，所以，交流电弧熄灭条件的正确表达应为：在交流电流过零后，弧隙中的实际介质恢复强度特性总是高于加到弧隙上的实际恢复电压特性，即交流电弧熄弧的关键是防止电流过零后的重燃。

交流电弧熄灭方法

五、电弧光保护装置简介

电弧产生时，电弧故障的危害程度取决于电弧电流，如图 1-3-6 所示。

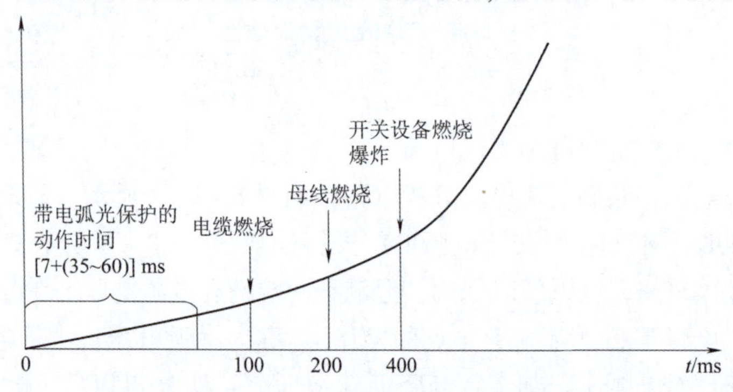

图 1-3-6　不同切除时间对设备的影响

由图可知，电弧产生的能量与I^2t成指数规律快速上升。只有总切除时间小于85 ms，才能使设备不遭受损害，总切除时间大于100 ms，将会对设备造成不同程度的损害。

另外，单纯从增加开关柜的耐受电弧能力来考虑，其耐受时间和增加的成本费用有如表1-3-1所示的关系。

表1-3-1　耐受时间和增加的成本费用的关系

开关柜提供的燃弧耐受时间	开关柜增加的成本费用/%
200 ms	10
1 s	100

综上所述，从时间方面入手才是熄灭电弧最有效的手段。

拓展阅读
融入点：电弧燃烧与熄灭的条件。培养学生分析判断能力、职业道德和专业素养
党的二十大报告指出，“要积极稳妥推进碳达峰碳中和，深入推进能源革命，加快规划建设新型能源电力系统”。请查看如下二维码。
参考资料：中国推进新型电力系统

【思考感悟】	谈一谈你的感想：
在电力运行的过程中，可能会出现各种情况的事故，如操作不规范、恶劣天气等。但作为电力人我们要坚决保障，电网运行平稳和广大客户供电可靠。电力人的坚守担当	

任务实施

查阅交流电弧灭弧的方法有哪些。

任务评价

任务评价表如表 1－3－2 所示，总结反思如表 1－3－3 所示。

表 1－3－2　任务评价表

评价类型	赋分	序号	具体指标	分值	得分		
					自评	组评	师评
职业能力	50	1	明确任务内容	10			
		2	分析任务工单	10			
		3	准确运用知识解决问题	10			
		4	准确预控风险	10			
		5	制订方案	10			
职业素养	20	1	坚持出勤，遵守纪律	5			
		2	协作互助，解决难点	5			
		3	按时完成，认真填写记录	5			
		4	精益求精	5			
劳动素养	15	1	吃苦耐劳	5			
		2	保持学习环境卫生、整洁、有序	5			
		3	小组分工合理	5			
思政素养	15	1	完成思政素材学习	5			
		2	安全意识、规范意识	5			
		3	严谨科学态度	5			
总分				100			

表 1－3－3　任务评价表

总结反思	
• 目标达成：知识□□□□□□　能力□□□□□□　素养□□□□□□	
• 学习收获：	• 教师寄语： 签字：
• 问题反思：	

工作任务单

《发电厂变电所电气设备》工作任务单

<table>
<tr><td>工作任务</td><td colspan="4"></td></tr>
<tr><td>小组名称</td><td colspan="2"></td><td>工作成员</td><td></td></tr>
<tr><td>工作时间</td><td colspan="2"></td><td>完成总时长</td><td></td></tr>
<tr><td colspan="5">工作任务描述</td></tr>
<tr><td colspan="5"></td></tr>
<tr><td rowspan="3">小组分工</td><td>姓名</td><td colspan="3">工作任务</td></tr>
<tr><td></td><td colspan="3"></td></tr>
<tr><td></td><td colspan="3"></td></tr>
<tr><td colspan="5">任务执行结果记录</td></tr>
<tr><td>序号</td><td colspan="2">工作内容</td><td>完成情况</td><td>操作员</td></tr>
<tr><td>1</td><td colspan="2"></td><td></td><td></td></tr>
<tr><td>2</td><td colspan="2"></td><td></td><td></td></tr>
<tr><td>3</td><td colspan="2"></td><td></td><td></td></tr>
<tr><td>4</td><td colspan="2"></td><td></td><td></td></tr>
<tr><td colspan="5">任务实施过程记录</td></tr>
<tr><td colspan="5"></td></tr>
<tr><td>上级验收评定</td><td colspan="2"></td><td>验收人签名</td><td></td></tr>
</table>

课后任务

1. 问答与讨论

(1) 电弧的形成过程是什么?

(2) 影响电弧去游离的因素有哪些?

(3) 简述纯电阻性负载、感性负载及容性负载三者的特点及区别。

(4) 比较直流电弧和交流电弧的特性并且做分析。

2. 巩固与提高

通过本任务学习，已掌握电弧的概念、特征和电弧形成的物理过程，能够分析电弧产生的原因和过程，具备分析交直流电弧特性的能力，同时，具有依据不同电气设备选择不同灭弧方式的能力。请小组自行查阅电弧去游离主要有哪几种方式，概述过程。

《发电厂变电所电气设备》
课后作业

内容：________________________________

班级：________________________________

姓名：________________________________

____________________系

作业要求

比较直流电弧和交流电弧的特性并且做分析，同时说明直流灭弧的方法有哪些。

1. 问答

2. 收获与感想

项目二

电力变压器的运行与维护

项目介绍

电力变压器在电力系统中承担着重要的作用，人们通常把它比喻为电力系统的“心脏”，“电力变压的运行与维护”是理论结合实践的综合性学习。本项目将按照由理论到实践的逻辑关系，分成4个子任务，包括电力变压器的运行监视、电力变压器运行中的故障分析及处理、电力变压器的检修、电力变压器的试验等。通过本项目的学习，首先掌握变压器的结构原理及分类，其次要知道电力变压在电力系统中的应用以及它的停送电操作过程，还要掌握运行中的变压器需要检查的项目，以及常见的故障及处理方式，最后还要了解变压器的电气实验以及合格要求。

知识图谱

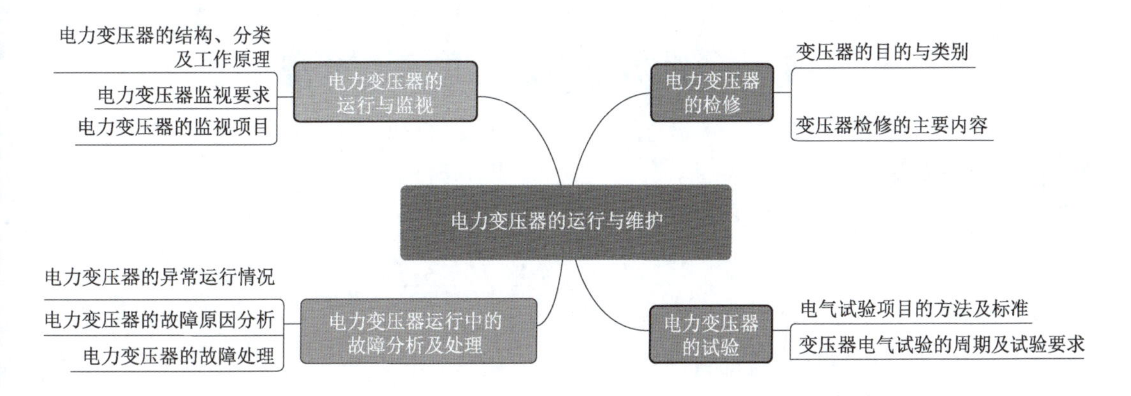

学习要求

- 根据课程思政目标要求，实现对电力变压器原理、监视项目、检修项目、试验项目深入了解，能够规范、准确地完成电力变压器的基础监视、巡视、检修、试验，从而养成精益求精的工匠精神。
- 在电力变压器巡视、检修、试验过程中，需要按照1+X证书“变配电运维”中相应的要求完成任务，养成规范、严谨的职业素养。
- 通过各任务学习和实践，利用课前资源（微课、事故案例、规范标准等）进行课前自主学习、课中分组任务能够按规范完成汇报，培养信息利用和信息创新的进阶信息素养。

- 使用实训设备时，需要按照 1 + X 证书“变配电运维”的职业素养考核要求，佩戴绝缘手套、安全帽等绝缘设备，养成良好的安全意识。在变压器巡视、检修、试验时，要求团队配合良好，按操作规范操作。保持工位卫生，完成后及时收回工具并按位置摆放，养成良好的整理工具的习惯。
- 依据全国职业院校技能大赛“新型电力系统技术与应用”中模块一新型电力系统电站设计与搭建，要求具备对主要电气一次、二次设备及其附件进行配置、选择、安装和调试等能力。在变压器选型、调试等方面达到安全操作规范，岗位操作符合职业规范标准要求，团队体现相互合作和纪律要求等。

全国职业院校技能大赛

“新型电力系统技术与应用”全国职业院校技能大赛

工作领域	工作任务	职业技能	课程内容
模块一　新型电力系统电站设计与搭建	电网设计、检修、运维与实施	具备对主要电气一次、二次设备及其附件进行配置、选择、安装和调试等能力	任务一　电力变压器的运行与监视 任务二　电力变压器运行中的故障分析及处理 任务三　电力变压器的检修 任务四　电力变压器的试验

任务一　电力变压器的运行与监视

学习目标

知识目标：

- 掌握电力变压器的结构和工作原理。
- 掌握电力变压器日常监视项目。
- 了解电力变压日常的运行监视。

技能目标：

- 具备团队合作能力。
- 具备较好的语言表达能力。
- 具备较好的组织协调能力。

素养目标：

- 培养安全意识、规范意识、爱岗敬业。

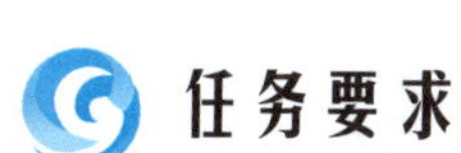

通过项目一的学习，对电力系统有了最基本的认识，而变压器作为电力系统一次系统中最核心的部分，发挥着极其重要的作用，同学们一定要掌握好电力变压器的基本原理等内容，本任务的学习要求如下：

（1）电力变压器的结构和工作原理。

（2）电力变压器日常监视项目。

实训设备

（1）SLBDZ－1 型变电站综合自动化实训系统。

（2）SL－XGN66－12 成套高压开关柜。

变压器的结构及工作原理视频

变压器的结构及工作原理

一、电力变压器的结构、分类及工作原理

【全国职业院校技能大赛】知识点

模块一新型电力系统电站设计与搭建

具备对主要电气一次、二次设备及其附件进行配置、选择、安装和调试等能力。

（一）电力变压器的基本结构

从结构上看，铁芯和绕组是电力变压器的两大主要部分。图 2－1－1 所示为普通三相油浸式三相电力变压器的结构图。以下介绍变压器几个主要部分的结构。

220 kV 油浸式变压器

1. 铁芯

如图 2－1－2 所示，铁芯是变压器的磁路，又是变压器的机械骨架，由铁芯柱和铁轭两部分组成。铁芯柱上套装绕组，铁轭使整个铁芯构成闭合回路。运行时，变压器的铁芯必须可靠接地。

铁芯的绝缘与变压器其他绝缘一样，占有重要的地位。铁芯绝缘不良，将影响变压器的安全运行。铁芯的绝缘有两种，即铁芯片间的绝缘、铁芯片与结构件间的绝缘。

接地片为 0.3 mm 厚的紫铜片，宽度为 20 mm、30 mm 或 40 mm，铜带表面要搪锡，以减小接触电阻。

变压器铁芯多点接地的故障特征：

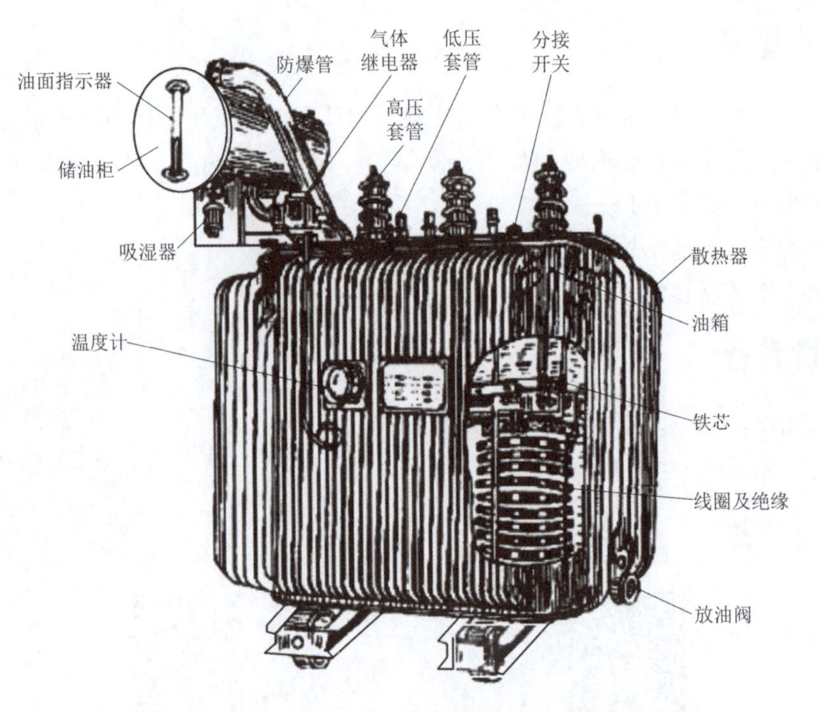

图 2-1-1　普通三相油浸式三相电力变压器结构示意图

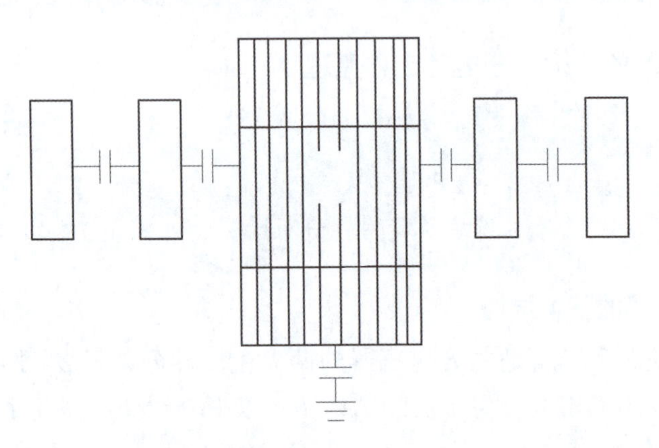

图 2-1-2　铁芯

(1) 铁芯局部过热，使铁芯损耗增加，甚至烧坏。

(2) 过热造成的温升，使变压器油分解，产生的气体溶解于油中，引起变压器油性能下降，油中总烃大大超标。

(3) 油中气体不断增加并析出（电弧放电故障时，气体析出量较之更高、更快）。可能导致气体继电器动作发信号，甚至使变压器跳闸。

2. 绕组及绝缘

1）绕组

绕组是变压器最基本的组成部分，它与铁芯合称电力变压器本体，是建立磁场和传输电能的电路部分。电力变压器绕组由高压绕组，低压绕组，对地绝缘层（主绝缘），高、低压绕组之间绝缘件及由燕尾垫块和撑条构成的油道、高压引线、低压引线等组成。

不同容量、不同电压等级的电力变压器，其绕组形式也不一样。一般电力变压器中常采用同心式和交叠式两种结构形式。

同心式绕组是把高压绕组与低压绕组套在同一个铁芯上，一般是将低压绕组放在里边，高压绕组套在外边，以便绝缘处理。但大容量输出电流需要很大的电力变压器，低压绕组引出线的工艺复杂，往往把低压绕组放在高压绕组的外面。同心式绕组结构简单、绕制方便，故被广泛采用。按照绕制方法的不同，同心式绕组又可分为圆筒式、螺旋式、连续式、纠结式等几种。

2）绝缘

变压器的绝缘部分分为外部绝缘和内部绝缘。外部绝缘是指油箱外部的绝缘，主要包括高、低压绕组引出的瓷绝缘套管和空气间隙绝缘；内部绝缘是油箱盖内部的绝缘，主要包括绕组绝缘和内部引线绝缘等。

3. 分接开关

分接开关如图 2－1－3 所示。

图 2－1－3　分接开关

一般情况下，是在高压绕组上抽出适当的分接头，因为高压绕组常套在外面，引出分接头方便；另外，高压侧电流小，引出的分接引线和分接开关的载流部分截面积小，开关接触部分也容易解决。

变压器无励磁调压电路，由于绕组上引出分接头方式的不同，大致分为 4 种。

（1）中性点调压电路，一般适用于电压等级为 35 kV 及以下的多层圆筒式绕组。

（2）中性点“反接”调压电路，适用于电压等级为 15 kV 以下的连接式绕组。

（3）中部调压电路。

（4）中部并联调压电路，适用于电压等级为 35 kV 及以上的连续式或纠结式绕组。

有载分接开关是在带负载情况下，变换变压器的分接，以达到调节电压的目的。在变换过程中，必须要有阻抗来限制分接间的循环电流。根据阻抗的不同，可分为电抗式和电阻式两种。

4. 油枕

图 2-1-4　油枕

图2-1-4所示为油枕，当变压器油的体积随着油的温度膨胀或减小时，油枕起着调节油量、保证变压器油箱内经常充满油的作用。如果没有油枕，油箱内的油面波动就会带来以下不利因素：

（1）油面降低时露出铁芯和线圈部分，会影响散热和绝缘。

（2）随着油面波动，空气从箱盖缝里排出和吸进，而由于上层油温很高，使油很快地氧化和受潮，油枕的油面比油箱的油面要小，这样，可以减少油和空气的接触面，防止油被过速地氧化和受潮。

（3）油枕的油在平时几乎不参加油箱内的循环，它的温度要比油箱内的上层油温低得多，油的氧化过程也慢得多。因此，有了油枕，可以防止油的过速氧化。

对于胶囊式油枕，为了使变压器油面与空气完全隔绝，其油位计间接显示油面。该油枕是通过在油枕下部的小胶囊，使之成为一个单独的油循环系统，当油枕的油面升高时，压迫小胶囊的油柱压力增大，小胶囊的体积被缩小了一些，于是在油位计反映出来的油位也高起来一些，并且其高度与油枕中的油面成正比；相反，油枕中的油面降低时，压迫小胶囊的油柱压力也将减小，使小胶囊体积也相对地要增大一些，反映在油位计中的油面就要降低一些，并且其高度与油枕中的油面成正比。换句话说，通过油枕油面的高、低变化，使小胶囊承受的压力大小发生变化，从而使油面间接地、成正比地反映油枕油面高低的变化。

对于隔膜式油枕，可安装磁力式油表，油表连杆机构的滚轮在薄膜上不受任何阻力，能自由、灵活地伸长与缩短。磁力表上部有接线盒，内部有开关，当油枕的油面出现最高或最低位置时，开关自动闭合，发出报警信号，如图2-1-5所示。

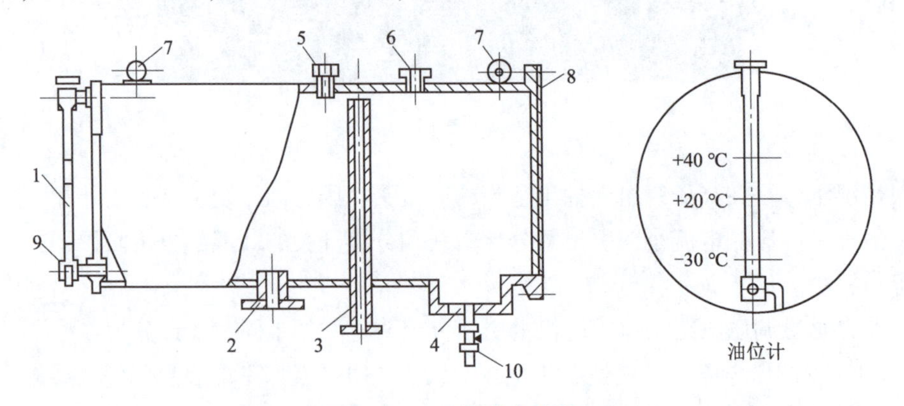

图 2-1-5　隔膜式油枕

1—油位计；2—气体继电器连通导管的法兰；3—吸湿器连通管；4—集污盒；5—注油孔；6—与防爆管连通的法兰；7—吊环；8—端盖；9、10—阀门

5. 气体继电器

气体继电器如图2-1-6所示。

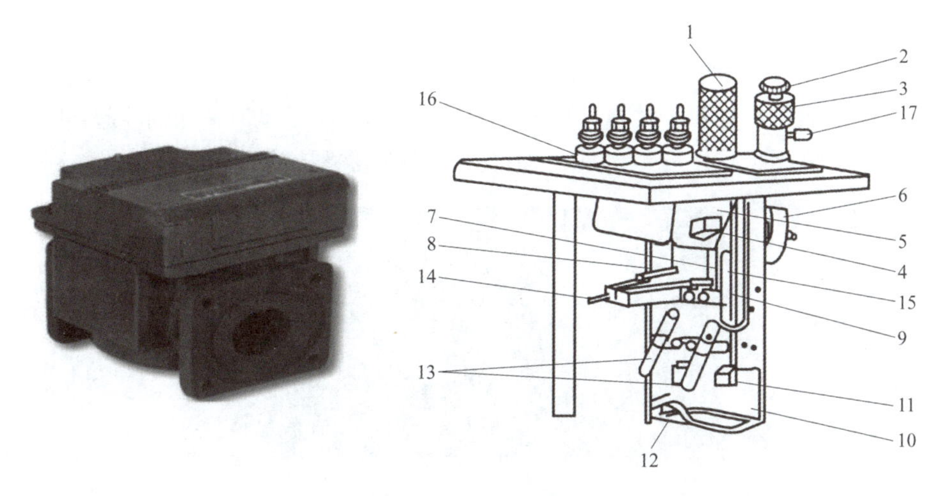

图 2-1-6　气体继电器

1—罩；2—顶针；3—气塞；4—磁铁；5—开口杯；6—重锤；7—探针；8—支架；9—弹簧；10—挡板；11—磁铁；12—螺杆；13—干簧接点（跳闸用）；14—调节杆；15—干簧节点（信号用）；16—套管；17—嘴子

6. 吸湿器

图 2-1-7 所示为吸湿器。吸湿器又名呼吸器，常用吸湿器为吊式吸湿器结构。吸湿器内装有吸附剂硅胶，油枕内的绝缘油通过吸湿器与大气连通，内部吸附剂吸收空气中的水分和杂质，以保持绝缘油的良好性能。为了显示硅胶受潮情况，一般采用变色硅胶。变色硅胶原理是利用二氯化钴（$CoCl_2$）所含结晶水数量不同而用几种不同颜色做成。二氯化钴含六个分子结晶水时，呈粉红色；含有两个分子结晶水时，呈紫红色；不含结晶水时，呈蓝色。安装在隔膜式储油柜上的呼吸器在罩内可不注油，以保证储油柜呼吸畅通。

图 2-1-7　吸湿器

呼吸器的作用是提供变压器在温度变化时内部气体出入的通道，解除正常运行中因温度变化产生的对油箱的压力。

呼吸器内硅胶的作用是在变压器温度下降时对吸进的气体去潮气。

油封杯的作用是延长硅胶的使用寿命，把硅胶与大气隔离开，只有进入变压器内的空气才通过硅胶。

7. 净油器

图2-1-8所示为净油器。净油器又名热吸虹器，是用钢板焊接成圆筒形的小油罐，罐内也装有硅胶或活性氧化铝吸附剂。当油因油温变化而上下流动时，净油器起到吸取油中水分、渣滓、酸、氧化物的作用。3 150 kVA及以上变压器均有这种净化装置。

图2-1-8 净油器

净油器安装在变压器上部时净化效率高，装在下部时易于更换，安装位置视情况而定。

8. 防爆管

图2-1-9所示为防爆管。防爆管又名安全气道，装在油箱的上盖上，由一个喇叭形管子与大气相通，管口用薄膜玻璃板或酚醛纸板封住。为防止正常情况下防爆管内油面升高使管内气压上升而造成防爆薄膜松动或破损及引起气体继电器误动作，在防爆管与储油柜之间连接一小管，以使两处压力相等。

图2-1-9 防爆管

防爆管的作用是，当变压器内部发生故障时，将油里分解出来的气体及时排出，以防止变压器内部压力骤然增高而引起油箱爆炸或变形。容量为800 kVA以上的油浸式变压器均装有防爆管，并且其保护膜的爆破压力应低于50 662.5 Pa。

9. 散热器

油浸式变压器冷却装置包括散热器和冷却器，不带强油循环的称为散热器，带强油循环的称为冷却器。散热器分为片式散热器和管式散热器（图2-1-10）。

片式散热器是用板料厚度为1 mm的波形冲片，靠上下集油盒或油管焊接组成。20 kVA以下的油浸式电力变压器，平顶油箱的散热面已足够；50~200 kVA的油浸式电力变压器，可采用固定式散热器；200~6 300 kVA油浸式电力变压器，可采用可拆式片式散热器，散热器通过法兰盘固定在油箱壁上。

扁管散热器分为自冷式和风冷式两种，自冷式的只在集油盒单面焊接扁管，风冷式扁管散热器有 88 管、100 管、120 管三种。扁管焊接在集油盒两侧，为了加强冷却，每只散热器下安装两台电风扇，不吹风时，散热能力为额定散热量的 60% 左右。

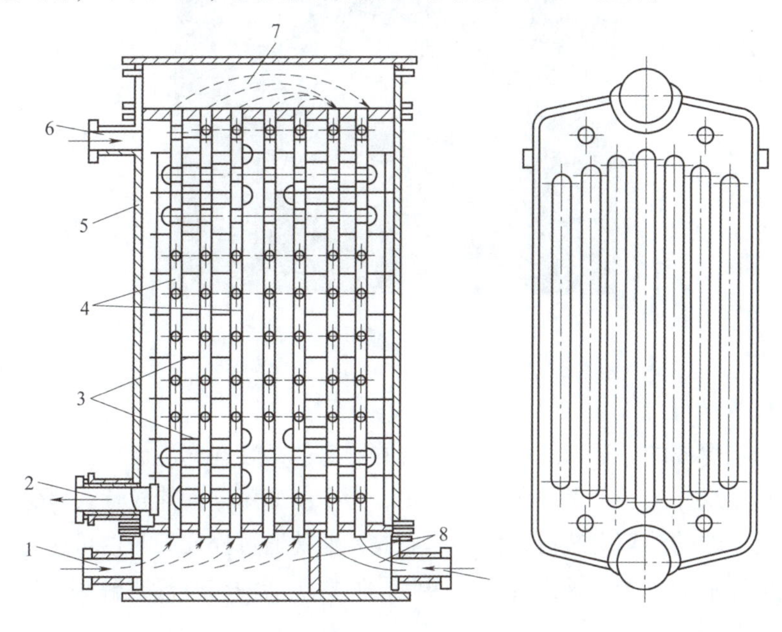

图 2－1－10　管式散热器

1—进水口；2—出油口；3—隔板；4—水管；5—油室；6—进油口；7—上水室；8—下水室；9—出水口

10. 冷却器

当变压器上层油温与下部油温产生温差时，通过冷却器形成油温对流，经冷却器冷却后流回油箱，起到降低变压器温度的作用。冷却器有强油风冷却器、新型大容量风冷却器、强油水冷却器。

11. 高、低压套管

绝缘套管是油浸式电力变压器箱外的主要绝缘装置，变压器绕组的引出线必须穿过绝缘套管，使引出线之间及引出线与变压器外壳之间绝缘，同时起到固定引出线的作用。图 2－1－11 所示为绝缘套管。

图 2－1－11　绝缘套管

12. 信号温度计

大型变压器都装有测量上层油温的带电接点的测温装置，图 2－1－12 所示为信号温度计，它装在变压器油箱外，便于运行人员监视变压器油温情况。

图 2－1－12　信号温度计

13. 油箱及其他附件

油箱是用钢板焊成的，油浸式电力变压器的器身就是装在充满变压器油的油箱内的。变压器油既是一种绝缘介质，又是一种冷却介质。为了使变压器油能较长久地保持良好的绝缘状态，一般在变压器的油箱上装有圆筒形的油枕，油枕通过连通管与油箱连通，油枕中的油面高度随着变压器油的热胀冷缩而变化。因此，使变压器油与空气接触面积减少，从而减少油的氧化和水分的侵入。

（二）电力变压器的分类

电力变压器按功能分，有升压变压器和降压变压器两大类，如图 2－1－13 所示。工厂变电所都采用降压变压器。终端变电所的降压变压器，也称配电变压器。

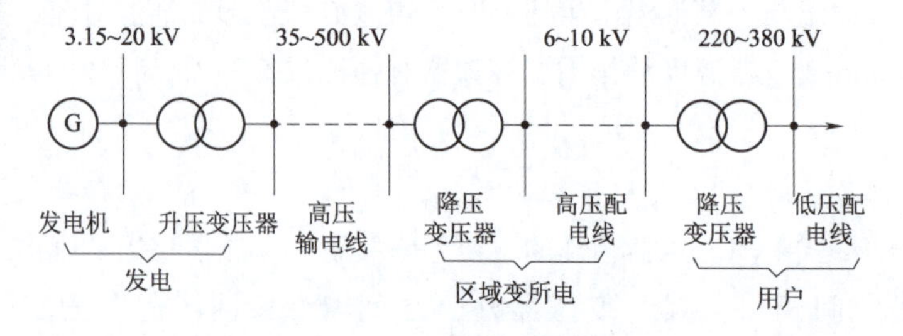

图 2－1－13　变压器

电力变压器按相数分，有三相变压器、单相变压器及多相变压器。在工厂变电所中，一般都用三相变压器。

电力变压器按结构型式分，有铁芯式变压器和铁壳式变压器。如果绕组包在铁芯外围，则为铁芯式变压器；如果铁芯包在绕组外围，则为铁壳式变压器。

电力变压器按调压方式分，有无载调压和有载调压变压器两大类。用户（变电所）大多采用无载调压变压器。

电力变压器按绕组形式分，有双绕组变压器、三绕组变压器和自耦变压器三大类。用户

（变电所）大多采用双绕组变压器。

电力变压器按冷却介质分，有干式和油浸式变压器两类。而油浸式变压器又分为油浸自冷式、油浸风冷式和强迫油循环风冷（或水冷）式三种类型。一般工厂变电所多采用油浸自冷式或油浸风冷式变压器。

电力变压器按冷却方式，可分为油浸式变压器（油浸自冷、油浸风冷及强油循环冷却）、干式变压器（温度高的时候靠冷却风机冷却）、六氟化硫气体（充气式）变压器。

电力变压器按其绕组导体材质分，有铜绕组和铝绕组两种类型。按结构，又分为双线圈变压器、自耦变压器、三线圈变压器、多线圈变压器。

（三）电力变压器的工作原理

变压器是一种静止的电机，它利用电磁感应原理将一种电压、电流的交流电能转换成同频率的另一种电压、电流的电能。换句话说，变压器就是实现电能在不同等级之间进行转换。

变压器

如图 2－1－14 所示，变压器的一次绕组与交流电源接通后，经绕组内流过交变电流产生磁通，在这个磁通作用下，铁芯中便有交变磁通，即一次绕组从电源吸取电能转变为磁能，在铁芯中同时交（环）链原、副边绕组（二次绕组），由于电磁感应作用，分别在原、二次绕组产生频率相同的感应电动势。如果此时二次绕组接通负载，在二次绕组感应电动势作用下，便有电流流过负载，铁芯中的磁能又转换为电能。这就是变压器利用电磁感应原理将电源的电能传递到负载中的工作原理。

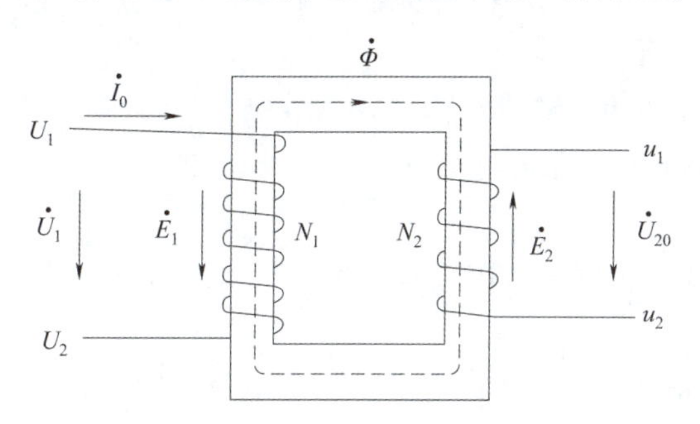

图 2－1－14 电力变压器原理

在主磁通的作用下，两侧的线圈分别产生感应电势，电势的大小与匝数成正比，K 为变压器变比。

$$\frac{E_1}{E_2}=\frac{4.44fN_1\Phi_m}{4.44fN_2\Phi_m}=\frac{N_1}{N_2}=K$$

变压器电流之比与一、二次绕组的匝数成反比，即

$$\frac{I_1}{I_2}=\frac{N_2}{N_1}=\frac{1}{K}$$

变压器匝数多的一侧电流小，匝数少的一侧电流大。变压器的原、副线圈匝数不同，起到了变压作用。变压器一次侧为额定电压时，其二次侧电压随着负载电流的大小和功率的高低而变化。

二、电力变压器监视要求

（一）运行温度和温升标准

1. 运行允许温度

变压器的运行允许温度是根据变压器所使用绝缘材料的耐热强度而规定的最高温度。普通油浸式电力变压器的绝缘属于 A 级。即经浸渍处理过的有机材料，如纸、木材和棉纱等，其运行允许温度为 105 ℃。

多年的变压器运行经验证明，变压器绕组温度连续运行在 95 ℃下时，就可以保证变压器具有适当的合理寿命（约 20 年），因此，温度是影响变压器寿命的主要因素。变压器油温若超过 85 ℃，油的氧化速度加快，老化得越快。

试验表明，油温在 85 ℃的基础上升高 10 ℃，氧化速度会加快一倍。因此，要严格控制变压器油箱内油的温度。

2. 运行允许温升

变压器的运行允许温度与周围空气最高温度之差为运行允许温升。空气最高气温规定为 +40 ℃。同时还规定：最高日平均温度为 +30 ℃，最高年平均温度为 +20 ℃，最低气温为 −30 ℃。

3. 温度与温升的关系

允许温度 = 允许温升 +40 ℃（周围空气的最高温度）。

例题 1：某台油浸自冷式变压器，当周围空气温度为 +35 ℃时，其上层油温为 +65 ℃。该变压器是否允许正常运行？

解：变压器的上层油温为 +65 ℃，没有超过 +95 ℃的最高允许值，变压器的上层油的温升为 65 ℃ − 35 ℃ = 30 ℃，也没有超过允许温升值 55 ℃，所以该变压器是可以正常运行的。

例题 2：例题 1 中的变压器，若周围空气温度为 −20 ℃，上层油温为 +45 ℃，该变压器是否允许正常运行？

解：变压器的上层油温为 +45 ℃，没有超过 +95 ℃的最高允许值，变压器的上层油的温升为 45 ℃ −（−20 ℃）= 65 ℃，已超过了允许的温升值 55 ℃，所以，该变压器是不允许正常运行的。

（二）变压器的过负荷能力

1. 变压器的额定容量

电力变压器的额定容量是指在规定环境温度条件下，户外安装时，在规定的使用年限（一般为 20 年）内所能连续输出的最大视在功率。

2. 变压器的正常过负荷能力

油浸式电力变压器在必要时可以过负荷运行而不致影响其使用寿命。

（三）变压器油的运行

1. 变压器油的作用

变压器油在变压器中起绝缘和冷却的作用。

2. 变压器油的试验

变压器油的绝缘性能是保证变压器安全运行的重要因素。

3. 变压器油的运行

在变压器运行过程中，变压器油有可能与空气接触而发生氧化，氧化后生成的各种氧化物为酸性物质。

思政点：在变压器监护过程中要有良好的安全用电、规范操作意识；注重养成细心、认真的工作态度。

拓展阅读
融入点：电力变压器制造的工匠精神
任务学习中将中国在电力变压器制造发展的历史融入当中，观看“［致敬工匠］姜振军：专注研发34年为变压器装上科技‘芯’”视频，教育学生在工作中积极发扬工匠精神，努力钻研，同时也要看到新中国老一辈“电力人”在电力系统发展的进程中的奉献。
参考资料： ［致敬工匠］姜振军：专注研发34年为变压器装上科技“芯”

三、电力变压器的监视项目

（一）变压器的日常巡检

（1）变压器的油温和温度计应正常，储油柜的油位应与温度相对应，各部位无渗油、漏油。

（2）套管油位应正常。套管外部无破损裂纹、无严重油污、无放电痕迹及其他异常现象。

（3）变压器声音正常。

（4）各冷却器手感温度应相近，风扇、油泵运转正常。油流继电器工作正常。

（5）吸湿器完好、吸附剂干燥。

（6）引线接头、电缆、母线应无发热迹象。

（7）压力释放阀或安全气道及防爆膜应完好无损。

（8）气体继电器内应无气体。

（9）控制箱和二次端子箱应关严，无受潮。

（二）干式变压器外部检查项目

（1）检查变压器的套管、绕组树脂绝缘外表层是否清洁、有无爬电痕迹和碳化现象。

（2）变压器高低压套管引线接地紧密，无发热，并且无裂纹及放电现象。

（3）检查紧固件、连接件、导电零件及其他零件有无生锈、腐蚀的痕迹及导电零件接触是否良好。

（4）检查电缆和母线有无异常。

（5）检查风冷系统的温度箱中电气设备运行及信号系统有无异常。

（6）在遮栏外细听变压器的声音，判断有无异常及运行是否正常。

（7）检查变压器底座、栏杆、变压器室电缆接地线等接地是否可靠。

（8）用温度检查仪检查接触器部位及外壳温度有无超标现象。

（三）气相色谱分析

检测变压器油中溶解气体的方法一般为：变压器油经冷却装置取样后进入气体萃取与分离单元，按不同的方法分离为要求的气体成分后再进入气体检测单元，由不同的检测器变换为与气体含量成比例的电信号，经 A/D 转换后，将信息存储在终端计算机的存储单元内，以备调用或上传。

（四）变压器油中含水量的监测

油或绝缘纸吸水之后，绝缘强度下降，使放电的起始电压降低，更易于出现放电现象。

（五）变压器寿命的预测

电力设备的寿命通常主要是指绝缘寿命，而变压器寿命主要取决于绝缘纸板的寿命，目前通过测定纸板的平均聚合度来推测其剩余寿命。

（六）变压器绕组的绝缘监视

（1）绝缘电阻的测量。

（2）变压器绕组绝缘的判断。

（3）绝缘电阻都有其最小允许值。

（七）变压器的负载监测和油监测

（1）对变压器负载的监测。

（2）对变压器油的监测。

（八）变压器的外部检查和特殊监测

（1）新设备或经过检修、改造的变压器在投运 75 h 内。

（2）有严重缺陷时。

（3）气象突变（如大风、大雾、大雪、冰雹、寒潮等）时。

（4）雷雨季节特别是雪雨后。

（5）高温季节、高峰负荷期间。

（6）变压器急救负载运行时。

<table>
<tr>
<td>【思考感悟】
结合电力变压器的结构分类及监视项目。观看以下微视频，思考工匠精神如何融入工作过程当中。

数字赋能·新场景：辽宁沈阳变压器集团
“国之重器”的智能制造全流程</td>
<td>谈一谈你的感想：</td>
</tr>
</table>

任务实施

表 2-1-1 为 10 kV 油浸式变压器巡视点检表。

表 2-1-1　巡视点检表

（10 kV 不停电时的安全距离为 0.7 m）

序号	点检部位	点检标准	点检方法	点检结果	备注
1	变压器室	有无声音异常、灰尘堆积	听、看		
2	高压隔离开关	有无放电声响、灰尘堆积	听、看		
3	电缆头	有无放电声响、发热变色、灰尘堆积	听、看、闻		
4	高压套管	有无放电、渗油、灰尘堆积，螺栓是否紧固	听、看		
5	低压套管	有无放电、渗油、灰尘堆积，螺栓是否紧固	听、看		
6	低压母线	有无放电、灰尘堆积，螺栓是否紧固	听、看		
7	油枕	油位是否正常（刻度指示在 20～35）	看		
8	呼吸器	呼吸硅胶是否变色（变成粉红色）	看		
9	瓦斯继电器	有无气泡、灰尘堆积（盖板在打开位置，便于观察）	看		
10	接地	有无锈蚀，螺栓是否紧固，是否一点接地	看		
11	变压器器身、附件	有无渗油	看		
12	门、锁	是否完好、有无锈蚀	看		
13	温枪	温度是否正常（变压器上层油温不得超过 75 ℃）	测、看		

巡视时间：　　　　　　　　巡视人员：　　　　　　　　主管领导：

注：点检结果正常的打“√”，异常的打“×”，有异常情况的在备注栏注明设备异常情况。

请结合表中点检内容，对实训室的电力变压器完成模拟巡视。

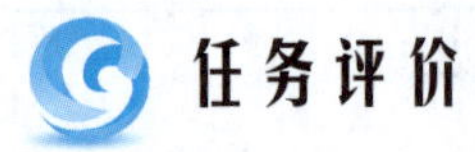

任务评价

任务评价表如表 2-1-2 所示，总结反思如表 2-1-3 所示。

表 2-1-2　任务评价表

评价类型	赋分	序号	具体指标	分值	得分		
					自评	组评	师评
职业能力	60	1	能够找到电力变压器正确的巡视位置	20			
		2	检查标准表述正确无误	20			
		3	能够使用正确的检查方法	15			
职业素养	20	1	坚持出勤，遵守纪律	5			
		2	协作互助，解决难点	5			
		3	按照标准规范操作	5			
		4	持续改进优化	5			
劳动素养	15	1	按时完成，认真填写记录	5			
		2	保持工位卫生、整洁、有序	5			
		3	小组分工合理	5			
思政素养	10	1	完成思政素材学习	4			
		2	规范意识（从完成模拟巡检的规范性考量）	6			
总分				100			

表 2-1-3　总结反思

总结反思	
• 目标达成：知识□□□□□　能力□□□□□　素养□□□□□	
• 学习收获：	• 教师寄语： 签字：
• 问题反思：	

课后任务

1. 问答与讨论

(1) 电力电压的基本结构有哪些？

(2) 简述电力变压工作原理。

(3) 按电力变压的用途，可以把电力变压器分为哪些类型？

(4) 电压器油枕在电力变压器中起到什么作用？

2. 巩固与提高

通过对本任务的学习，掌握了电力变压器的基本结构、分类，电力变压器监视的项目及注意事项。请以小组为单位，查找具体的电力变压器监视巡视工作过程视频、文字内容，作为下一节课课前复习的汇报内容。

工作任务单

《发电厂变电所电气设备》工作任务单

<table>
<tr><td>工作任务</td><td colspan="4"></td></tr>
<tr><td>小组名称</td><td colspan="2"></td><td>工作成员</td><td></td></tr>
<tr><td>工作时间</td><td colspan="2"></td><td>完成总时长</td><td></td></tr>
<tr><td colspan="5">工作任务描述</td></tr>
<tr><td colspan="5"></td></tr>
<tr><td rowspan="3">小组分工</td><td>姓名</td><td colspan="3">工作任务</td></tr>
<tr><td></td><td colspan="3"></td></tr>
<tr><td></td><td colspan="3"></td></tr>
<tr><td colspan="5">任务执行结果记录</td></tr>
<tr><td>序号</td><td colspan="2">工作内容</td><td>完成情况</td><td>操作员</td></tr>
<tr><td>1</td><td colspan="2"></td><td></td><td></td></tr>
<tr><td>2</td><td colspan="2"></td><td></td><td></td></tr>
<tr><td>3</td><td colspan="2"></td><td></td><td></td></tr>
<tr><td>4</td><td colspan="2"></td><td></td><td></td></tr>
<tr><td colspan="5">任务实施过程记录</td></tr>
<tr><td colspan="5"></td></tr>
<tr><td>上级验收评定</td><td colspan="2"></td><td>验收人签名</td><td></td></tr>
</table>

课后任务单

《发电厂变电所电气设备》
课后作业

内容：______________________________

班级：______________________________

姓名：______________________________

________________系

作业要求

结合本任务学习内容，通过网络查询、企业师傅咨询等方式，在下方空白处绘制××变电站电力变压器巡检记录表（要求至少包含巡检内容、注意事项、出现问题等内容，具体格式不做限制），同时，将巡检内容包含哪些项目在表中填写出来。

任务二　电力变压器运行中的故障分析及处理

学习目标

知识目标：

- 掌握常见的电力变压器故障原因。
- 掌握电力变压器可能发生的故障及其处理方法。

技能目标：

- 具备常见的电力变压器故障分析能力。
- 具备常见的电力变压器故障处理能力。
- 具备较好的语言表达能力。
- 具备较好的组织协调能力。
- 具备严谨认真的工作态度。

素质目标：

- 培养安全意识、规范意识、爱岗敬业、严谨的工作态度和工匠精神。

任务要求

本次任务的学习要求如下：

（1）分析电力变压器的异常运行情况。

（2）对电力变压器进行故障处理。

实训设备

（1）SLBDZ－1 型变电站综合自动化实训系统。

（2）SL－XGN66－12 成套高压开关柜。

知识准备

电力变压器的异常现象及原因分析

电力变压器的故障处理

电力变压器的异常现象及原因分析

一、电力变压器的异常运行情况

（一）运行中的不正常现象的处理

（1）值班人员在变压器运行中发现不正常现象时，应设法尽快消除，并报告上级，做好记录。

（2）变压器有下列情况之一者应立即停运，若有备用变压器，应尽可能先将其投入运行：

①变压器声响明显增大，内部有爆裂声。

②严重漏油或喷油，使油面下降到油位计的指示限度之下。

③套管有严重的破损和放电现象。

④变压器冒烟着火。

（3）当发生危及变压器安全的故障，而变压器的有关保护装置拒动时，值班人员应立即将变压器停运。

（4）当变压器附近的设备着火、爆炸或发生其他情况，对变压器构成严重威胁时，值班人员应立即将变压器停运。

（5）变压器油温升高超过规定值时，值班人员应按以下步骤检查处理：

①检查变压器的负载和冷却介质的温度，并与在同一负载和冷却介质温度下正常的温度核对。

②核对温度装置。

③检查变压器冷却装置或变压器室的通风情况。

若温度升高是由冷却系统的故障造成的，且在运行中无法检修，应将变压器停运检修；若不能立即停运检修，则值班人员应按现场规程的规定调整变压器的负载至允许运行温度下的相应容量。在正常负载和冷却条件下，变压器温度不正常并不断上升，且经检查证明温度指示正确，则认为变压器已发生内部故障，应立即将变压器停运。变压器在各种超额定电流方式下运行，若顶层油温超过 105 ℃，应立即降低负载。

（6）变压器中的油因低温凝滞时，应不投入冷却器空载运行，同时监视顶层油温，逐步增加负载，直至投入相应数量冷却器，转入正常运行。

（7）当发现变压器的油面较当时油温所应有的油位显著降低时，应查明原因。补油时应遵守规程规定，禁止从变压器下部补油。

（8）变压器油位因温度上升有可能高出油位指示极限，经查明不是假油位所致时，则应放油，使油位降至与当时油温相对应的高度，以免溢油。

（9）铁芯多点接地而接地电流较大时，应安排检修处理。在缺陷消除前，可采取措施将电流限制在 100 mA 左右，并加强监视。

（10）系统发生单相接地时，应监视消弧线圈和接有消弧线圈的变压器的运行情况。

（二）瓦斯保护装置动作的处理

瓦斯保护信号动作时，应立即对变压器进行检查，查明动作的原因，是否是由积聚空气、油位降低、二次回路故障或变压器内部故障造成的。瓦斯保护动作跳闸时，在原因消除前，不得将变压器投入运行。为查明原因，应考虑以下因素，做出综合判断：

（1）是否呼吸不畅或排气未尽。

（2）保护及直流等二次回路是否正常。

（3）变压器外观有无明显反映故障性质的异常现象。

（4）气体继电器中积聚气体量，是否可燃。

（5）气体继电器中的气体和油中溶解气体的色谱分析结果。

（6）必要的电气试验结果。

（7）变压器其他继电保护装置动作情况。

（三）变压器跳闸和灭火

（1）变压器跳闸后，应立即查明原因。如综合判断证明变压器跳闸不是由内部故障引起的，可重新投入运行。若变压器有内部故障的征象时，应做进一步检查。

（2）变压器跳闸后，应立即停油泵。

（3）变压器着火时，应立即断开电源，停运冷却器，并迅速采取灭火措施，防止火势蔓延。

二、电力变压器的故障原因分析

（一）声音异常

正常运行时，由于交流电通过变压器绕组，在铁芯里产生周期性的交变磁通，引起硅钢片的磁质伸缩，铁芯的接缝与叠层之间的磁力作用以及绕组的导线之间的电磁力作用引起振动，发出的“嗡嗡”响声是连续的、均匀的，这都属于正常现象。如果变压器出现故障或运行不正常，声音就会异常，其主要原因有：

（1）变压器过载运行时，音调高、音量大，会发出沉重的“嗡嗡”声。

（2）大动力负荷启动时，如带有电弧、可控硅整流器等负荷时，负荷变化大，又因谐波作用，变压器内瞬间发出“哇哇”声或“咯咯”间歇声，监视测量仪表时，指针发生摆动。

（3）电网发生过电压时，例如中性点不接地，电网有单相接地或电磁共振时，变压器声音比平常尖锐，出现这种情况时，可结合电压表计的指示进行综合判断。

（4）个别零件松动时，声音比正常增大且有明显杂音，但电流、电压无明显异常，则可能是内部夹件或压紧铁芯的螺钉松动，使硅钢片振动增大所造成。

（5）变压器高压套管脏污，表面釉质脱落或有裂纹存在时，可听到“嘶嘶”声，若在夜间或阴雨天气时看到变压器高压套管附近有蓝色的电晕或火花，则说明瓷件污秽严重或设备线卡接触不良。

（6）变压器内部放电或接触不良，会发出“吱吱”或“噼啪”声，并且此声音随故障部位远近而变化。

（7）变压器的某些部件因铁芯振动而造成机械接触时，会产生连续的、有规律的撞击或摩擦声。

（8）变压器有水沸腾声的同时，温度急剧变化，油位升高，则应判断为变压器绕组发生短路故障或分接开关因接触不良引起严重过热，这时应立即停用变压器进行检查。

(9) 变压器铁芯接地断线时，会产生劈裂声，变压器绕组短路或它们对外壳放电时有噼啪的爆裂声，严重时会有巨大的轰鸣声，随后可能起火。

(二) 外表、颜色、气味异常

变压器内部故障及各部件过热将引起一系列的气味、颜色变化。

(1) 防爆管防爆膜破裂，会引起水和潮气进入变压器内，导致绝缘油乳化及变压器的绝缘强度降低，其可能为内部故障或呼吸器不畅。

(2) 呼吸器硅胶变色，可能是吸潮过度，垫圈损坏，进入油室的水分太多等原因引起的。

(3) 瓷套管接线紧固部分松动，表面接触过热氧化，会引起变色和异常气味（颜色变暗、失去光泽、表面镀层遭破坏）。

(4) 瓷套管污损产生电晕、闪络，会发出奇臭味；冷却风扇、油泵烧毁，会发生烧焦气味。

(5) 变压器漏磁，断磁能力不好及磁场分布不均，会引起涡流，使油箱局部过热，并引起油漆变化或掉漆。

(三) 油温油色异常

变压器的很多故障都伴有急剧的温升及油色剧变，若发现在同样正常的条件下（负荷、环温、冷却），温度比平常高出 10 ℃以上或负载不变温度不断上升（表计无异常），则认为变压器内部出现异常现象，其原因有：

(1) 由于涡流或夹紧铁芯的螺栓绝缘损坏，会使变压器油温升高。

(2) 绕组局部层间或匝间短路，内部接点有故障，二次线路上有大电阻短路等，均会使变压器温度不正常。

(3) 过负荷，环境温度过高，冷却风扇和输油泵故障，风扇电机损坏，散热器管道积垢或冷却效果不良，散热器阀门未打开，渗漏油引起油量不足等原因都会造成变压器温度不正常。

(4) 油色显著变化时，应对其进行跟踪化验，发现油内含有碳粒和水分，油的酸价增高，闪点降低，随之油绝缘强度降低，易引起绕组与外壳的击穿，此时应及时停用处理。

(四) 油位异常

(1) 假油位：①油标管堵塞；②油枕呼吸器堵塞；③防爆管气孔堵塞。

(2) 油面过低：①变压器严重渗漏油；②检修人员因工作需要，多次放油后未补充；③气温过低，且油量不足；④油枕容量不足，不能满足运行要求。

(五) 渗漏油

变压器运行中渗漏油的现象比较普遍，主要原因有以下：

(1) 油箱与零部件连接处的密封不良，焊件或铸件存在缺陷，运行中额外荷重或受到震动等。

(2) 内部故障使油温升高，引起油的体积膨胀，发生漏油或喷油。

（六）油枕或防暴管喷油

（1）二次系统突然短路，而保护拒动，或内部有短路故障而出气孔和防爆管堵塞等。

（2）内部的高温和高热会使变压器突然喷油，喷油后使油面降低，有可能引起瓦斯保护动作。

（七）分接开关故障

变压器油箱上有“吱吱”的放电声，电流表随响声发生摆动，瓦斯保护可能发出信号，油的绝缘能力降低，这些都可能是分接开关故障而出现的现象。分接开关故障的原因有以下几个：

（1）分接开关触头弹簧压力不足，触头滚轮压力不均，使有效接触面面积减少，以及因镀层的机械强度不够而严重磨损等，会引起分接开关烧毁。

（2）分接开关接头接触不良，经受不起短路电流冲击而发生故障。

（3）切换分接开关时，由于分头位置切换错误，引起开关烧坏。

（4）相间绝缘距离不够，或绝缘材料性能降低，在过电压作用下短路。

（八）绝缘套管的闪络和爆炸故障

套管密封不严，因进水使绝缘受潮而损坏；套管的电容芯子制造不良，内部游离放电；或套管积垢严重以及套管上有裂纹，均会造成套管闪络和爆炸事故。

（九）三相电压不平衡

（1）三相负载不平衡，引起中性点位移，使三相电压不平衡。

（2）系统发生铁磁谐振，使三相电压不平衡。

（3）绕组发生匝间或层间短路，造成三相电压不平衡。

通过对变压器运行中的各种异常及故障现象的分析，能对变压器的不正常运行的处理方法进行了解、掌握。

拓展阅读
融入点：电力变压器故障导致的事故
同学们必须要注意在电力变压器分析故障过程中保持严谨细致的工作态度，阅读“变电站设备故障，由谁来维修”，进一步培养细致的工作态度，努力钻研，同时也要看到新中国老一辈“电力人”在电力系统发展的进程中的奉献。
参考资料：  变电站设备故障，由谁来维修

三、电力变压器的故障处理

油浸式电力变压器的故障分为内部故障和外部故障。内部故障是变压器油箱内发生的各种故障，其主要类型有：各相绕组之间发生的相间短路、绕组的线匝之间发生的匝间短路、绕组或引出线通过外壳发生的接地故障等。外部故障是变压器油箱外部绝缘套管及其引出线上发生的各种故障，其主要类型有：绝缘套管闪络或破碎而发生的解体短路，引出线之间发生相间故障等而引起的变压器内部故障或绕组变形。

变压器内部故障从性质上一般又分为热故障和电故障两大类。热故障通常为变压器内部局部过热、温度升高。电故障通常指变压器内部在高电场的作用下，造成绝缘性能下降或劣化的故障。根据放电的能量密度不同，电故障又分为局部放电、火花放电和高能电弧放电三种故障类型。

（一）短路故障

主要指变压器出口短路，以及内部引线或绕组间对地短路及相与相之间发生的短路而导致的故障

1. 短路电流引起绝缘过热故障

变压器突发短路时，其高、低压绕组可能同时通过为额定值数十倍的短路电流，它将产生很大的热量，使变压器严重发热。当变压器承受短路电流的能力不够时，热稳定性差，会使变压器绝缘材料严重受损，从而形成变压器击穿及损毁事故。

2. 短路电动力引起绕组变形故障

变压器受短路冲击时，如果短路电流小，继电保护正确动作，绕组变形是轻微的；如果短路电流大，继电保护延时动作甚至拒动，变形将会很严重，甚至造成绕组损坏。对于轻微的变形，如果不及时检修，恢复垫块位置，紧固绕组的压钉及铁轭的拉板、拉杆，加强引线的夹紧力，在多次短路冲击后，由于累积效应也会使变压器损坏。

（二）放电故障

放电对绝缘有两种破坏作用：一种是由于放电质点直接轰击绝缘，局部绝缘受到破坏并逐步扩大，使绝缘击穿；另一种是放电产生的热、臭氧、氧化氮等活性气体的化学作用，使局部绝缘受到腐蚀，介质损耗增大，最后导致热击穿。

（三）绝缘故障

1. 固体绝缘故障

固体绝缘是油浸式变压器绝缘的主要部分之一，包括绝缘纸、绝缘板、绝缘垫、绝缘卷、绝缘绑扎带等，其主要成分是化纤素，一般信纸的聚合度为 13 000 左右，当下降至 250 左右时，其机械强度已下降了一半以上，极度老化致使寿命终止的聚合度为 150 ~ 200。绝缘纸老化后，其聚合度和抗张强度将逐渐降低，并生成 H_2O、CO、CO_2，这些老化产物大都对电气设备有害，会使绝缘纸的击穿电压和体积电阻率降低、介质增大、抗拉强度下降，甚至腐蚀设备中的金属材料。

2. 液体油绝缘故障

液体绝缘的油浸变压器是 1887 年由美国科学家汤姆逊发明的，1892 年被美国通用电气

公司等推广应用于电力变压器，这里所指的液体绝缘即是变压器油绝缘。油浸式变压器大大提高了电气绝缘强度，缩短了绝缘距离，减小了设备的体积；大大提高了变压器的有效热传递和散热效果，提高了导线中允许的电流密度，减轻了设备重量，它是将运行变压器器身的热量通过变压器油的热循环，传递到变压器外壳和散热器进行散热，从而提高了有效的冷却降温水平。由于油浸式密封而降低了变压器内部某些零部件和组件的氧化程度，所以延长了它的使用寿命。

（四）变压器油劣化的原因

按轻重程度，可分为污染和劣化两个阶段。污染是油中混入水分和杂质，这些不是油氧化的产物，污染的油的绝缘性能会变坏，击穿电场强度降低，介质损失角增大。劣化是油氧化后的结果，当然，这种氧化并不是仅有的产物，劣化油的绝缘性能会变坏，击穿电场强度降低，介质损失角增大。

1. 温度的影响

电力变压器为油、纸绝缘，一般情况下，温度升高，纸内水分要向油中析出；反之，纸要吸收油中的水分。因此，温度较高时，变压器内绝缘油的微水含量较大；反之，微水含量就小。

变压器的寿命取决于绝缘的老化程度，而绝缘的老化又取决于运行的温度。如油浸式变压器在额定负载下，绕组平均温升为 65 ℃，最热点温升为 78 ℃，若平均环境温度为 20 ℃，则最热点温度为 98 ℃，在这个温度下，变压器可运行 20～30 年，若变压器超载运行，温度升高，会使寿命缩短。

国际电工委员会认为，在 80～140 ℃时，温度每增加 6 ℃，A 级绝缘的变压器绝缘有效寿命降低的速度就会增加一倍，这就是 6 度法则。说明对热的限制已比过去认可的 8 度法则更为严格。

2. 湿度的影响

水分的存在将加速纸纤维素降解，因此，CO 和 CO_2 的产生与纤维素材料的含水量也有关。当湿度一定时，含水量越高，分解出的 CO_2 越多；反之，含水量越低，分解出的 CO 就越多。

3. 过电压的影响

暂态过电压的影响：三相变压器正常运行产生的相、地间电压是相间电压的 58%，但发生单相故障时，主绝缘的电压对中性点接地系统将增加 30%，对中性点不接地系统将增加 73%，因而可能损伤绝缘。

雷电过电压的影响：雷电过电压由于波头陡，引起纵绝缘（匝间、相间绝缘）上电压分布很不均匀，可能在绝缘上留下放电痕迹，从而使固体绝缘受到破坏。

操作过电压的影响：由于操作过电压的波头相当平缓，所以电压分布近似线性，操作过电压由一个绕组转移到另一个绕组上时，约与这两个绕组间的匝数成正比，从而容易造成主绝缘或相间绝缘的劣化和损坏。

4. 短路电动力的影响

出口短路时的电动力可能会使变压器绕组变形、引线移位，从而改变了原有的绝缘距离，使绝缘发热，加速老化或受到损伤而造成放电、拉弧及短路故障。

（五）铁芯故障

电力变压器正常运行时，铁芯必须有一点可靠接地。若没有接地，则铁芯对地的悬浮电压会造成铁芯对地断续性击穿放电。铁芯一点接地后，消除了形成铁芯悬浮电位的可能；但铁芯出现两点以上接地时，铁芯间的不均匀电位就会在接地点之间形成环流，并造成铁芯多点接地发热的故障。变压器的铁芯接地故障会造成铁芯局部过热，严重时，铁芯局部温升增加，产生轻瓦斯动作，甚至将会造成重瓦斯动作而跳闸的事故。烧熔的局部铁芯片间的短路故障，使铁损变大，严重影响变压器的性能和正常工作，以致不允许更换铁芯硅钢片加以修复。有关资料统计表明，因铁芯问题造成的故障比例，占变压器各类故障的第三位。

（六）分接开关故障

（1）电路故障：从影响变压器气体组成变化的角度，可以看到无载分接开关的故障形式，常表现在接触不良、触头锈蚀、电阻增大发热、开关绝缘支架上的紧固螺栓接地断裂造成悬浮放电等。

（2）机械故障：无载分接开关的故障反映在开关弹簧压力不足、滚轮压力不足、滚轮压力不匀、接触不良以致有效接触面积减小等方面。此外，开关接触处存在的油污使接触电阻增大，在运行时将引起分接头接触面烧伤。

（3）结构组合：分接开关编号错误、乱挡，各级变比不成规律，导致三相电压不平衡，产生环流而增加损耗，引起变压器故障。

（4）绝缘故障：分接开关上分接头的相间绝缘距离不够，绝缘材料上堆积油泥受潮，当发生过电压时，也将使分接开关相间发生短路故障。

（七）变压器渗漏故障

1. 变压器渗漏的原因

（1）变压器的焊点多、焊缝长：油浸式变压器是以钢板焊接壳体为基础的多种焊接连接件的集合体。一台 31 500 kVA 变压器采用橡胶密封件的连接点约为 27 处，焊缝总长为 20 m 左右，因此渗漏途径可能较多。

（2）密封件材质低劣和缺损：密封件材质低劣和缺损是变压器连接部位渗漏的主要原因。

2. 变压器渗漏的类型

（1）空气渗漏：空气渗漏是一种看不见的渗漏，如套管头部、储油柜的隔膜、安全气道的玻璃以及焊缝沙眼等部位的进出空气都是看不见的。但是由于渗漏造成绕组绝缘受潮和油加速老化的影响很大。

（2）油渗漏：主要是指套管中油或有载调压分接开关室的油向变压器本体渗漏。充油套管正常油位高于变压器本体油位，若套管下部密封部位封不严，在油压差的作用下，会造成套管中缺油现象，影响设备安全运行。

【思考感悟】

结合本任务内容，观看微视频，感悟在实际工作中变电检修的工匠大师是如何完成对不正常工作状态和故障进行检修的，你从中获得了哪些启发？

变电检修作业师乔军“望闻问切”
快速诊断设备故障

变压器的不正常工作状态和可能发生的故障有哪些？应采取哪些保护措施？

谈一谈你的感想：

任务实施

案例：某厂315 MVA、110 kV变压器（SFSZ8－31500/110）发生短路事故，重瓦斯保护动作，跳开主变压器三侧开关。返厂吊罩检查，发现C相高压绕组变形，C相中压绕组严重变形，并造成中、低压绕组短路；C相低压绕组被烧断两股；B相低压、中压绕组严重变形；所有绕组匝间散布很多细小铜珠、铜末；上部铁芯、变压器底座有锈迹。事故发生的当天有雷雨。事故发生前，曾多次发生10 kV、35 kV侧线路单相接地。13点40分，35 kV侧过流动作，重合成功；18点44分，35 kV侧再次过流动作，重合闸动作，同时，主变压器重瓦斯保护跳主变压器三侧开关。经查35 kV距变电站不远处BC相间有放电烧损痕迹。

1. 原因分析

根据国家标准规定，110 kV电力变压器的短路容量为800 MVA，应能承受最大非对称短路电流系数约为2.55。在现有的运行方式下，电网最大运行方式110 kV三相出口短路的短路容量为1 844 MVA；35 kV三相出口短路的短路容量为365 MVA；10 kV三相出口的短路容量为225.5 MVA；事故发生时，实际短路容量尚小于上述数值。据此计算，变压器应能承受此次短路冲击。事故当时损坏的变压器正与另一台110 kV变压器（SFSZ8－31500/110）变压器并列运行，经受同样短路冲击而另一台变压器却未损坏。因此，事故分析认为，导致变压器BC相绕组在电动力作用下严重变形并烧毁。

具体由于该变压器存在以下问题：

（1）变压器绕组松散。高压绕组辐向用手可摇动5 mm左右。从理论分析可知，短路电流产生的电动力可分为辐向力和轴向力。外侧高压绕组所受的辐向电动力是使绕组导线沿径向向外胀大，受到的是拉张力，表现为向外撑开；内侧中压绕组所受的辐向电动力是使绕组导线沿径向向内压缩，受到的是压力，表现为向内挤压。这与该变压器的BC相高、中压绕组在事故中的结果一致。

（2）经吊罩检查发现，该变压器撑条不齐且有移位，垫块有松动位移，这样大大降低了内侧中压绕组承受辐向力和轴向力的能力，使绕组稳定性降低。从事故中的C相中压绕组辐向失稳向内弯曲的情况，可以考虑适当增加撑条数目，以减小导线所受辐向弯曲应力。

(3) 绝缘结构的强度不高。由于该变压器中，低压绕组采用的是围板结构，而围板本身较软，经真空干燥收缩后，高、中、低绕组之间呈空松的格局，为了提高承受短路的能力，宜在内侧绕组选用硬纸筒绝缘结构。

2. 解决措施

这是一起典型的因变压器动稳定性能差而造成的变压器绕组损坏事故，应吸取的教训和相应措施包括：

(1) 在设计上应进一步寻求更合理的机械强度动态计算方式；适当放宽设计安全裕度；内绕组的内衬采用硬纸筒绝缘结构；合理安排分接位置，尽量减小安匝不平衡。

(2) 制造工艺上，可从加强辐向和轴向强度两方面进行，措施主要有：采用绕线机绕制绕组，采用先进自动拉紧装置卷紧绕组；牢固撑紧绕组与铁芯之间的定位，采用整产套装方式；采用垫块预密化处理、绕组恒压干燥方式；绕组整体保证高度一致和结构完整；强化绕组端部绝缘；保证铁轭及夹件紧固。

(3) 要加强对大中型变压器的质量监制管理，在订货协议中应强调对中，小容量的变压器在型式试验中做突发短路试验，大型变压器要做缩小模型试验，提高变压器的抗短路能力，同时，加强变电站10 kV及35 kV系统维护，减小变压器遭受出口短路冲击概率。

请根据实际工作过程中可能出现的故障，填写故障现象及解决方法，见表2-2-1。

表2-2-1　填写故障现象及解决方法

序号	故障情况	可能出现的故障现象	如何解决
1	变压器油质变坏		
2	内部声音异常		
3	油位过高或过低		
4	瓦斯保护故障		
5	变压器油温突增		

任务评价

任务评价表如表2-2-2所示，总结反思如表2-2-3所示。

表 2-2-2 任务评价表

评价类型	赋分	序号	具体指标	分值	得分		
					自评	组评	师评
职业能力	60	1	能够知道变压器有哪些故障情况	20			
		2	能够分析变压器产生故障的原因	20			
		3	能够使用正确的方法进行故障处理	15			
职业素养	20	1	坚持出勤，遵守纪律	5			
		2	协作互助，解决难点	5			
		3	按照标准规范操作	5			
		4	持续改进优化	5			
劳动素养	15	1	按时完成，认真填写记录	5			
		2	保持工位卫生、整洁、有序	5			
		3	小组分工合理	5			
思政素养	10	1	完成思政素材学习	4			
		2	规范意识（从完成模拟巡检的规范性考量）	6			
总分				100			

表 2-2-3 总结反思

总结反思	
• 目标达成：知识□□□□□ 能力□□□□□ 素养□□□□□	
• 学习收获：	• 教师寄语： 签字：________
• 问题反思：	

课后任务

（1）简述电力变压器常见的故障有哪些，并分析原因。

（2）对常见的电力变压器故障的处理方法有哪些？简单描述。

（3）如果对电力变压器故障不及时处理，会对变压器造成什么危害？

（4）简单分析变压器漏油等现象的产生原因。

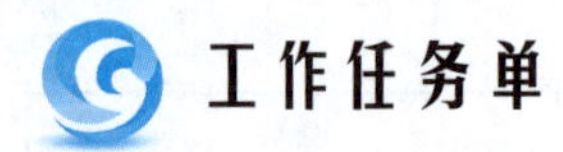

工作任务单

《发电厂变电所电气设备》工作任务单

<table>
<tr><td>工作任务</td><td colspan="3"></td></tr>
<tr><td>小组名称</td><td></td><td>工作成员</td><td></td></tr>
<tr><td>工作时间</td><td></td><td>完成总时长</td><td></td></tr>
<tr><td colspan="4">工作任务描述</td></tr>
<tr><td colspan="4"></td></tr>
<tr><td rowspan="3">小组分工</td><td>姓名</td><td colspan="2">工作任务</td></tr>
<tr><td></td><td colspan="2"></td></tr>
<tr><td></td><td colspan="2"></td></tr>
<tr><td colspan="4">任务执行结果记录</td></tr>
<tr><td>序号</td><td>工作内容</td><td>完成情况</td><td>操作员</td></tr>
<tr><td>1</td><td></td><td></td><td></td></tr>
<tr><td>2</td><td></td><td></td><td></td></tr>
<tr><td>3</td><td></td><td></td><td></td></tr>
<tr><td>4</td><td></td><td></td><td></td></tr>
<tr><td colspan="4">任务实施过程记录</td></tr>
<tr><td colspan="4"></td></tr>
<tr><td>上级验收评定</td><td></td><td>验收人签名</td><td></td></tr>
</table>

课后任务单

《发电厂变电所电气设备》
课后作业

内容：____________________

班级：____________________

姓名：____________________

__________________系

作业要求

扫码观看以下视频，并按照要求撰写变压器故障分析总结。

新疆首次采用低压发电车并网技术
“零感知”检修变压器

做好全环节管控　精益检修变压器
——走进内蒙古 1 000 kV 胜利变电站
2 号主变压器检修现场

一、视频中的变压器都出现了什么样的故障？

二、视频中你都看到了哪些设备？

三、这些变压器的故障如何解决？

任务三　电力变压器的检修

学习目标

知识目标：

- 掌握电力变压器检修的目的、类别及简要方法。
- 重点掌握电力变压器检修方法。

技能目标：

- 具备常见的电力变压器检修能力。
- 具备较好的语言表达能力。
- 具备较好的组织协调能力。
- 具备严谨认真的工作态度。

素质目标：

- 培养安全意识、规范意识、严谨细致的工作态度、爱岗敬业的职业精神。

任务要求

通过前两个任务的学习，对电力变压器容易出现的故障及现象有了一定的了解，电力变压器的检修是需要理论与实践并重的一项工作，在实际现场中发挥着极其重要的作用，本次任务的学习要求如下：

（1）明确电力变压器检修的目的及方法。

（2）理解电力变压器检修的主要内容。

实训设备

（1）SLBDZ－1 型变电站综合自动化实训系统。

（2）SL－XGN66－12 成套高压开关柜。

知识准备

电力变压器的检修学习视频

电力变压器的检修 PPT

一、变压器检修的目的及类别

（一）变压器检修的目的

变压器在运行过程中，由于受到长期发热、负荷冲击、电磁振动、气体腐蚀等因素影响，总会发生一些部件的变形、紧固件的松动、绝缘介质老化等变化。这在初期是可以通过维护保养来发现并进行改善和纠正的。

（二）变压器检修的类别

变压器的计划检修一般可分为三类。

（1）清扫、预防性试验。

（2）小修。小修工作范围包括拆开个别部件、更换部分零件、清洗换油、系统调整等。

（3）大修。检修时，需要将变压器全部拆卸解体，更换、修复那些有缺陷或有隐患的零部件，全面消除各种缺陷，恢复变压器原有的技术性能。

二、变压器检修的主要内容

（一）大修项目

（1）吊开钟罩检修器身或吊出器身检修。

（2）绕组、引线及磁（电）屏蔽装置的检修。

（3）铁芯、铁芯紧固件（穿心螺杆、夹件、拉带、绑带等）、压钉、压板及接地片的检修。

（4）油箱及附件的检修，包括套管、吸湿器等。

（5）冷却器、油泵、水泵、风扇、阀门及管道等附属设备的检修。

（6）安全保护装置的检修。

（7）油保护装置的检修。

（8）测温装置的校验。

（9）操作控制箱的检修和试验。

（10）无励磁分接开关和有载分接开关的检修。

（11）全部密封胶垫的更换和组件试漏。

（12）必要时对器身绝缘进行干燥处理。

（13）变压器油的处理或换油。

（14）清扫油箱并进行喷涂油漆。

（15）大修的试验和试运行。

（二）小修项目

（1）处理已发现的缺陷。

（2）放出储油柜积污器中的污油。

（3）检修油位计，调整油位。

（4）检修冷却装置，包括油泵、风扇、油流继电器、差压继电器等，必要时吹扫冷却器管束。

(5) 检修安全保护装置，包括储油柜、压力释放阀（安全气道）、气体继电器、速动油压继电器等。

(6) 检修油保护装置。

(7) 检修测温装置，包括压力式温度计、电阻温度计（绕组温度计）、棒形温度计等。

(8) 检修调压装置、测量装置及控制箱，并进行调试。

(9) 检查接地系统。

(10) 检修全部阀门和塞子，检查全部密封状态，处理渗漏油。

(11) 清扫油箱和附件，必要时进行补漆。

(12) 清扫外绝缘和检查导电接头（包括套管将军帽）。

(13) 按有关规程规定进行测量和试验。

（三）临时检修项目

临时检修项目视具体情况来确定。

对于老、旧变压器的临时检修，建议参照下列项目进行改进：

(1) 油箱机械强度的加强。

(2) 器身内部接地装置改为引外接地。

(3) 安全气道改为压力释放阀。

(4) 高速油泵改为低速油泵。

(5) 油位计的改进。

(6) 储油柜加装密封装置。

(7) 气体继电器加装波纹管接头。

（四）解体检修

(1) 办理工作票、停电，拆除变压器的外部电气连接引线和二次接线，进行检修前的检查和试验。

(2) 部分排油后拆卸套管、升高座、储油柜、冷却器、气体继电器、净油器、压力释放阀（或安全气道）、联管、温度计等附属装置，并分别进行校验和检修。在储油柜放油时，应检查油位计指示是否正确。

(3) 排出全部油并进行处理。

(4) 拆除无励磁分接开关操作杆；各类有载分接开关的拆卸方法参见《有载分接开关运行维修导则》；拆卸中腰法兰或大盖连接螺栓后吊钟罩（或器身）。

(5) 检查器身状况，进行各部件的紧固并测试绝缘。

(6) 更换密封胶垫，检修全部阀门，清洗、检修铁芯、绕组及油箱。

（五）器身检修

施工条件与要求：

(1) 吊钟罩（或器身）一般宜在室内进行，以保持器身的清洁。如在露天进行，应选在无尘土飞扬及其他污染的晴天进行。器身暴露在空气中的时间应不超过如下规定：空气相对湿度≤65%为16 h；空气相对湿度≤75%为12 h。器身暴露时间是从变压器放油时起至开始抽真空或注油时为止。如暴露时间需超过上述规定，宜接入干燥空气装置进行施工。

(2) 器身温度应不低于周围环境温度，否则，应用真空滤油机循环加热油，将变压器加热，使器身温度高于环境温度 5 ℃以上。

(3) 检查器身时，应由专人进行，穿着专用的检修工作服和鞋，并戴清洁手套，寒冷天气还应戴口罩，照明应采用低压行灯。

(4) 进行器身检查所使用的工具应由专人保管并应编号登记，防止遗留在油箱内或器身上；进入变压器油箱内检修时，需考虑通风，防止工作人员窒息。

思考：大修项目与小修项目需要做的准备工作一样吗？如不一样，有什么区别？

拓展阅读
融入点：电力变压器检修的安全责任意识，培养学生的安全意识和严谨细致的工作态度
始终将严谨认真、细致负责的工作态度贯穿授课当中，让学生明白相关岗位的工作过程中，安全应放在第一要位，通过观看检修事故案例，引发学生对检修安全的共鸣。
参考资料： 电工维修变压器，意外被电击身亡

案例：变压器智能内检“机器鱼”可替代人工完成变压器巡检

一、变压器智能内检“机器鱼”

“机器鱼”依托国津电力科学院和国网天津电力科技项目“研究微机鱼大型变压器内部缺陷的智能诊断和识别关键技术”三维空间定位技术、姿态控制技术、全局路径规划技术和图像自主识别系统的自主研发与应用，解决了问题“机器鱼”无线定位、无线控制、变压器封闭空间无线图像传输等问题，实现了变压器内部的灵活准确移动、变压器内部状态和故障位置的快速确定，可以大大缩短变压器的断电维护时间，降低维护成本，具有较大的经济效益和社会效益。

二、研究背景：油浸变压器人工巡检复杂且危险

近几年，随着大数据、物联网、人工智能等前沿科技的不断渗透，各行各业都迎来了飞速发展，同时，也面临越来越大的供电需求。在供电系统中，变压器担负着电压转换和能量传输的重要作用。根据采用的绝缘介质的不同，可以分为油浸式变压器、干式变压器和气体绝缘变压器。其中，油浸式变压器主要由线圈、铁芯以及油箱构成，线圈和铁芯都封闭在油箱里。油箱里充满了矿物绝缘油，对线圈起到绝缘保护作用。

“矿物绝缘油起到绝缘、冷却、灭弧的作用，能够保护变压器，但当发生疑似缺陷时，变压器检查维修起来非常困难。”以往检修人员通过外部电气及油色谱分析试验，很难判断

变压器内部异常及异常部位。通常需要采用人工钻入变压器本体或吊罩的方式进行检查，存在着工作效率低、检查准确性差和安全风险隐患高等三大难题，需要耗费大量的人力和物力。以一台 220 kV 异常变压器为例，放油检查处理费用约 30 万元，检查大约需 10 天。为了解决这一难题，考虑用机器人替代人工完成这项复杂而又危险的工作。考虑到机器人要在矿物绝缘油中工作，因此采用了“机器鱼”的设计。“机器鱼”可在水平面上 360°原地旋转，具有全方位巡航能力。它的水平巡航速度可达 2 m/min，上浮下沉速度可达 1.5 m/min，自主下潜深度悬停误差控制在 3 cm 以内，还可根据设定的目标点，自主规划巡检路径。“机器鱼”可用于大型油浸式变压器移位、变形、过热、放电痕迹等内部状态检查，具备体积小、移动灵活的优点，可在不影响变压器内部环境的基础上，在变压器内部对其状态进行检查，判断变压器内部是否存在异常。

三、打造智慧大脑，改变变压器巡检的发展趋势

让“机器鱼”在油中灵活地“游动”，并且“耳聪目明”地对变压器进行各种识别和检测，离不开为这条鱼打造的“智慧大脑”。最初，这条“机器鱼”远没现在这么聪明。在研制过程中，项目研发团队遇到了缺陷图像自主识别、定深悬停等技术难题，而解决这些难题对“机器鱼”准确识别变压器内部缺陷至关重要。例如，“机器鱼”在变压器内部检查过程中，会受到变压器油清晰度、相机补光强度、机器鱼移动和拍摄角度等影响，使传输出的图像较为模糊，对准确识别目标缺陷造成不利影响。另外，在巡检变压器的时候，通过人眼观察识别缺陷，工作量巨大，还可能遗漏某些目标缺陷。因此，巡检工作需要“机器鱼”巡视范围广，视觉画面变化快。为解决这一问题，项目研发团队经过长时间探索，尝试研究了多种图像处理方法，最终确定了适用的图像增强方法和目标缺陷自主识别方法，达到了良好效果。最终，“机器鱼”应用了三维空间定位技术、姿态控制技术、全局路径规划技术以及图像自主识别技术，解决了“机器鱼”在变压器封闭空间内的无线定位、无线控制、无线图像传输等难题，实现了在变压器内部灵活、准确移动，快速确定变压器内部状态及故障位置。

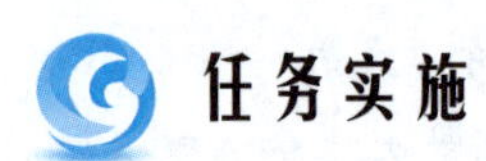

任务实施

变压器检修报告

____kV ________变电站　　　　　　　　　　　　　　　　　　　　　________年____月____日

运行编号		分解开关型号		检修日期	
主变型号		出厂编号		生产日期	
生产厂家		负责人		投运时间	

序号	检修项目	标准及要求	检修结果
1	检查并清理储油柜积污器中的污油	清除污油	
2	检修油位计并调整油位	油位计内部无油垢，油位调整至合格位置	
3	冷却装置的检修：包括风扇、油泵等	完好、无异常	
4	检修安全保护装置：包括储油柜、压力释放器、气体继电器	完好、动作可靠	
5	检查测温装置：包括压力式温度计、电阻温度计、棒形温度计	完好、准确	
6	检修调压装置、测温装置及控制箱并进行调试	完好、动作可靠	
7	检查接地系统	接触良好、可靠	
8	检修全部阀门和塞子，检查全部密封状态，处理渗漏油	密封良好，无渗漏油	
9	清扫油箱和附件	清洁后无油垢，必要时进行补漆	
10	清扫外绝缘和检查导电接头(包括套管将军帽)	清洁后无污垢，套管顶部将军帽应密封良好，与外部引线的连接接触良好	

结合表中内容，对实训室的电力变压器完成模拟检修。

任务评价

任务评价表如表 2-3-1 所示，总结反思如表 2-3-2 所示。

表 2-3-1　任务评价表

评价类型	赋分	序号	具体指标	分值	得分		
					自评	组评	师评
职业能力	60	1	能够了解变压器检修的目的、方法	20			
		2	能够全面了解变压器检修的内容	35			
职业素养	20	1	坚持出勤，遵守纪律	5			
		2	协作互助，解决难点	5			
		3	按照标准规范操作	5			
		4	持续改进优化	5			
劳动素养	15	1	按时完成，认真填写记录	5			
		2	保持工位卫生、整洁、有序	5			
		3	小组分工合理	5			
思政素养	10	1	完成思政素材学习	4			
		2	规范意识（从完成模拟巡检的规范性考量）	6			
总分				100			

表 2-3-2　总结反思

总结反思	
• 目标达成：知识□□□□□　能力□□□□□　素养□□□□□	
• 学习收获：	• 教师寄语： 签字：________
• 问题反思：	

课后任务

问答与讨论：

(1) 对故障电力变压器检修时，注意事项有哪些？

(2) 变压器的计划检修一般可分为哪三类？

(3) 变压器检修的目的是什么？

工作任务单

《发电厂变电所电气设备》工作任务单

<table>
<tr><td>工作任务</td><td colspan="4"></td></tr>
<tr><td>小组名称</td><td colspan="2"></td><td>工作成员</td><td></td></tr>
<tr><td>工作时间</td><td colspan="2"></td><td>完成总时长</td><td></td></tr>
<tr><td colspan="5">工作任务描述</td></tr>
<tr><td colspan="5"></td></tr>
<tr><td rowspan="3">小组分工</td><td>姓名</td><td colspan="3">工作任务</td></tr>
<tr><td></td><td colspan="3"></td></tr>
<tr><td></td><td colspan="3"></td></tr>
<tr><td colspan="5">任务执行结果记录</td></tr>
<tr><td>序号</td><td colspan="2">工作内容</td><td>完成情况</td><td>操作员</td></tr>
<tr><td>1</td><td colspan="2"></td><td></td><td></td></tr>
<tr><td>2</td><td colspan="2"></td><td></td><td></td></tr>
<tr><td>3</td><td colspan="2"></td><td></td><td></td></tr>
<tr><td>4</td><td colspan="2"></td><td></td><td></td></tr>
<tr><td colspan="5">任务实施过程记录</td></tr>
<tr><td colspan="5"></td></tr>
<tr><td>上级验收评定</td><td colspan="2"></td><td>验收人签名</td><td></td></tr>
</table>

课后任务单

《发电厂变电所电气设备》
课后作业

内容：________________________________

班级：________________________________

姓名：________________________________

__________________系

作业要求

结合本任务学习内容，通过网络查询、企业师傅咨询等方式，完成一份电力变压器故障检修报告。

具体要求如下：

（1）报告标题：在报告的开头，写上变压器检修报告的标题，例如，“变压器检修报告”。

（2）报告概述：在报告的第一部分，简要描述变压器的基本信息，包括变压器型号、容量、所在位置等。

（3）检修目的：说明进行变压器检修的目的，例如，是为了确保变压器的正常运行，提高其效率，或是修复故障等。

（4）检修内容：详细描述进行的检修工作，包括但不限于以下方面：检查变压器外观，包括外壳、绝缘子、连接线等是否有损坏或松动；检查变压器油的质量和油位，必要时进行油的更换。

（5）检修结果：根据检修工作的结果，总结变压器的状况和问题，例如，是否存在损坏、故障或需要维修的部件等。

（6）维修措施：根据检修结果，提出相应的维修措施和建议，包括需要更换的部件、修复的方法和时间安排等。

（7）检修记录：记录检修过程中的重要数据和信息，例如，绝缘电阻测试结果、局部放电测试结果、油质量检测结果等。

（8）结论：总结整个检修过程和结果，对变压器的状况进行评价，并提出进一步的建议。

（9）签名和日期：在报告的最后，写上检修人员的签名和日期，以确保报告的真实性和可靠性。

任务四　电力变压器的试验

学习目标

知识目标：

- 掌握电力变压器电气试验项目的方法和标准。
- 掌握电力变压器电气试验项目的周期和要求。

技能目标：

- 具备基本电力变压器电气试验的操作能力。
- 具备较好的语言表达能力。
- 具备较好的组织协调能力。
- 具备严谨认真的工作态度。

素质目标：

- 培养安全意识、规范意识和严谨的工作态度。

任务要求

作为电力系统必不可少的电气设备，电力变压器承载着电力电压输变电的重要作用。为了保证电力变压器的使用质量以及在电力系统中正常安全地运行，电力试验部门定期对其进行各项电力高压试验就显得十分重要。本次任务的学习要求如下：

（1）明确电力变压器电气试验项目的方法和标准。

（2）清楚电力变压器电气试验项目的周期和要求。

（3）完成基本电力变压器电气试验。

实训设备

（1）SLBDZ－1 型变电站综合自动化实训系统。

（2）SL－XGN66－12 成套高压开关柜。

知识准备

电力变压器的试验视频

电力变压器的试验 PPT

一、电气试验项目的方法及标准

（一）绝缘电阻测定

（1）试验所需仪器为数字型绝缘电阻测试仪（绝缘摇表）。

（2）试验方法有以下 3 种。

①高 - 低及地：如图 2 - 4 - 1 所示，高压侧短接，低压侧短接并且接地。读取 60 s 时的电阻值记录（吸收比是指 60 s 绝缘电阻值与 15 s 绝缘电阻值之比）。

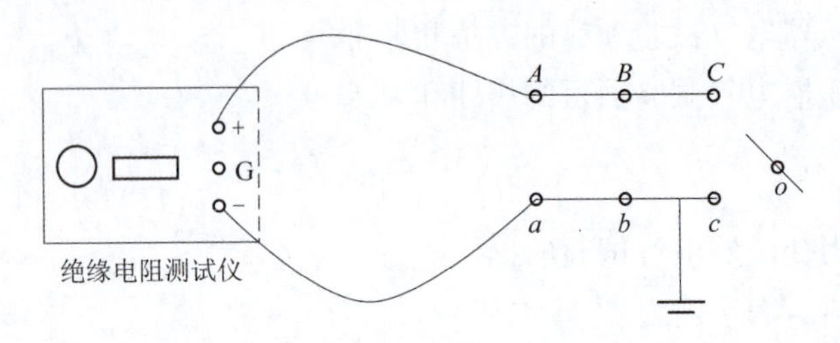

图 2 - 4 - 1　高 - 低及地试验方法

②低 - 高及地：如图 2 - 4 - 2 所示，高压侧短接并且接地，低压侧短接。读取 60 s 时的电阻值记录。

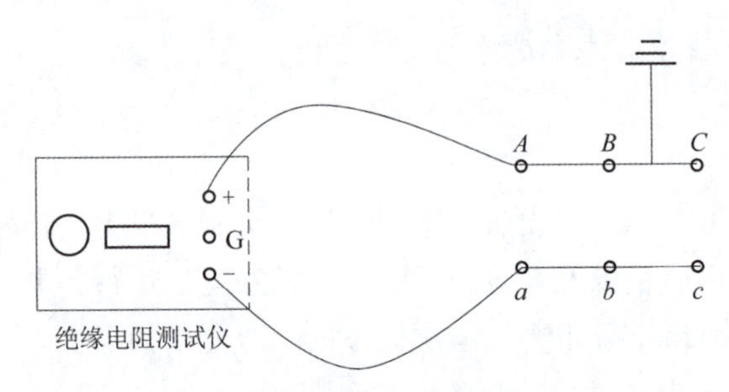

图 2 - 4 - 2　低 - 高及地试验方法

③铁芯对地：如图 2 - 4 - 3 所示，绝缘电阻测试仪正级接到铁芯上，负极接地。

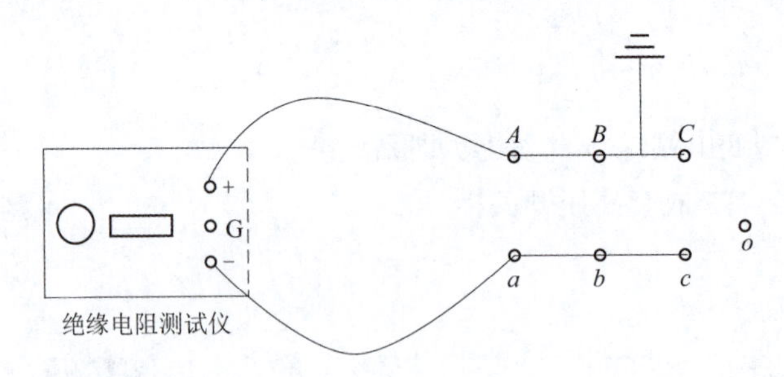

图 2 - 4 - 3　铁芯对地试验方法

（3）相关标准。

①绝缘电阻值不低于产品出厂试验值的 70%。

②变压器电压等级为 35 kV 及以上，且容量在 4 000 kVA 及以上时，应测量吸收比。吸收比与产品出厂值相比应无明显差别，在常温下应不小于 1.3；当 R_{60} 大于 3 000 MΩ 时，

吸收比可不做考核要求。

③变压器电压等级为 220 kV 及以上，且容量为 120 MVA 及以上时，宜用 5 000 V 兆欧表测量极化指数。测得值与产品出厂值相比应无明显差别，在常温下不小于 1.3；当 R_{60} 大于 10 000 MΩ 时，极化指数可不做考核要求。

思考：使用摇表进行绝缘电阻的测量时，为什么要取 60 s 的读数。

（二）绕组直流电阻测试

（1）试验所需仪器为直流电阻测试仪。

（2）试验方法如图 2－4－4 所示。

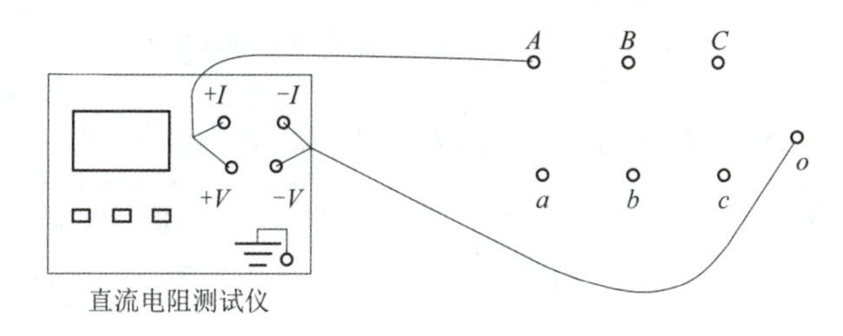

图 2－4－4　测试 *Ao* 直流电阻的接线方法

①低压侧直流电阻（平衡变）：分别测试 *ab*、*bc*、*ca* 的绕组直流电阻。

②高压侧直流电阻（平衡变）：分别测试 1～5 挡位的 *Ao*、*Bo*、*Co* 绕组直流电阻。

（3）相关标准。

①测量应在各分接头的所有位置上进行。

②1 600 kVA 及以下电压等级三相变压器，各相测得值的相互差值应小于平均值的 4%，线间测得值的相互差值应小于平均值的 2%；1 600 kVA 以上三相变压器，各相测得值的相互差值应小于平均值的 2%；线间测得值的相互差值应小于平均值的 1%。

③变压器的直流电阻，与同温下产品出厂实测数值比较，相应变化不应大于 2%；不同温度下电阻值按照式换算：

$$R_2 = R_1(T + t_2)/(T + t_1)$$

式中，R_1、R_2 分别为温度在 t_1、t_2 时的电阻值。

计算用常数，铜导线取 235，铝导线取 225。

（三）绕组泄漏电流测试

（1）试验所需仪器：直流高压发生器。

（2）试验方法如图 2－4－5 所示。

①高压绕组直流泄漏电流：高压侧短接，低压侧短接并且接地；测试电压为 40 kV。

②低压绕组直流泄漏电流：低压侧短接，高压侧短接并且接地；测试电压为 20 kV。

（3）相关标准。

①当变压器电压等级为 35 kV 及以上，且容量在 8 000 kVA 及以上时，应测量直流泄漏电流，其值参考表 2－4－1。

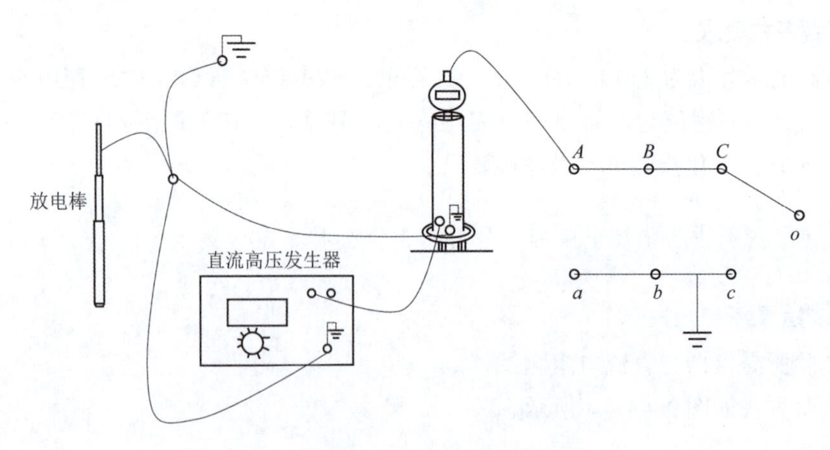

图 2-4-5　高压侧直流泄漏电流测试接线方法

表 2-4-1　油浸式变压器绕组直流泄漏电流参考值

额定电压/kV	试验电压峰值/kV	在下列温度时的绕组泄漏电流值/μA							
		10 ℃	20 ℃	30 ℃	40 ℃	50 ℃	60 ℃	70 ℃	80 ℃
2~3	5	11	17	25	39	55	83	125	178
6~15	10	22	33	50	77	112	166	250	356
20~35	20	33	50	74	111	167	250	400	570
63~330	40	33	50	74	111	167	250	400	570
500	60	20	30	45	67	100	150	235	330

②试验电压标准应符合表 2-4-2 的规定。当施加试验电压达 1 min 时，在高压端读取泄漏电流。

表 2-4-2　油浸式变压器直流泄漏试验电压标准

绕组额定电压/kV	6~10	20~35	63~330	500
直流试验电压/kV	10	20	40	60

注：①绕组额定电压为 13.8 kV 及 15.75 kV 时，按 10 kV 级标准；为 18 kV 时，按 20 kV 级标准。
②分级绝缘变压器仍按被试绕组电压等级的标准。

注意：

①试验结束后，必须用放电棒放电；将直流高压发生器电压调为零，再用放电棒对发生器放电。

②测试 1 min 时的泄漏电流值。

（四）绕组介损测试

（1）试验所需仪器为全自动抗干扰介损测试仪。

(2) 试验方法如图 2-4-6 所示。

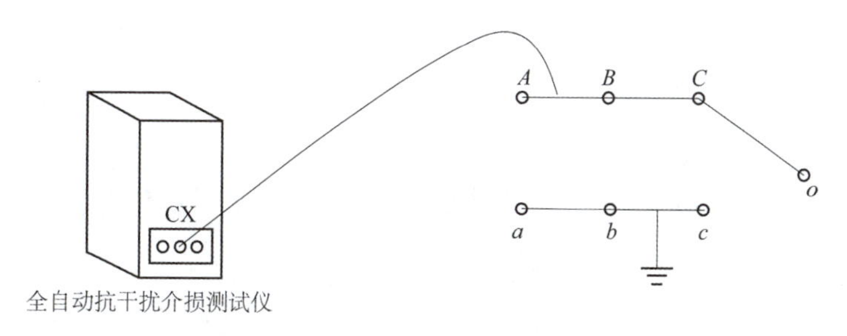

图 2-4-6　高压侧介损测试接线方法

①高压绕组介损测试：高压侧短接，低压侧短接并且接地；使用反接法 10 kV 电压进行测试。

②低压绕组介损测试：低压侧短接，高压侧短接并且接地；使用反接法 10 kV 电压进行测试。

(3) 相关标准。

①当变压器电压等级为 35 kV 及以上且容量在 8 000 kVA 及以上时，应测量介质损耗角正切值 $\tan\delta$。

②被测绕组的 $\tan\delta$ 值不应大于产品出厂试验值的 130%。

拓展阅读
融入点：电力变压器试验的必要性，培养学生严谨细致的工作态度和安全意识
任务学习中，同学们必须要注意在电力变压器试验过程中保持严谨细致的工作态度，观看闽粤联网换流站工程首台换流变压器开展局部放电试验视频，使同学们进一步培养细致的工作态度、努力钻研的精神。
参考资料：闽粤联网换流站工程首台换流变压器开展局部放电试验

二、变压器电气试验周期及试验要求

(一) 变压器直流电阻的测量

试验周期：

(1) 1～3 年或自行规定。

(2) 无励磁调压变压器变换分接位置后。

(3) 有载调压变压器的分接开关检修后（在所有分接侧）。

（4）大修后。

（5）必要时。

（二）绕组绝缘电阻的测量

试验周期：

（1）1～3年或自行规定。

（2）大修后。

（3）必要时。

试验要求：

（1）绝缘电阻换算至同一温度下，与前一次测试结果相比应无明显变化。

（2）吸收比（10～30 ℃范围）不低于1.3或极化指数不低于1.5。

（三）铁芯绝缘电阻的测量

试验周期：

（1）1～3年或自行规定。

（2）大修后。

（3）必要时。

试验要求：

（1）与以前测试结果相比无显著差别。

（2）运行中铁芯接地电流一般不大于0.1 A。

（四）绕组所有分接的电压

试验周期：

（1）分接开关引线拆装后。

（2）更换绕组后。

（3）必要时。

试验要求：

（1）各相应接头的电压比与铭牌值相比，不应有显著差别，且符合规律。

（2）电压35 kV以下，电压比小于3的变压器，其电压比允许偏差为±1%；其他所有变压器，额定分接电压比允许偏差为±0.5%，其他分接的电压比应在变压器阻抗电压值（%）的1/10以内，但不得超过±1%。

（五）全电压下空载合闸

试验周期：更换绕组后。

试验要求：

（1）全部更换绕组，空载合闸5次，每次间隔5 min。

（2）部分更换绕组，空载合闸3次，每次间隔5 min。

任务实施

请结合实验室电力变压器及试验用具完成电力变压器试验检测记录表。

10 kV 电力变压器试验检测记录表

实验室名称：×××工程检测有限公司　记录编号：

<table>
<tr><td>样品名称</td><td>10 kV 电力变压器</td><td>样品编号</td><td colspan="2">样品描述</td><td></td><td>试验日期</td><td></td></tr>
<tr><td>委托/任务编号</td><td></td><td>试验条件</td><td colspan="2">阴□晴□雨□雪□</td><td>试验依据</td><td colspan="2">JTG H12—2015</td></tr>
<tr><td>主要仪器设备及编号</td><td colspan="7">□兆欧表（G－015）　□数字万用表（G－008）　□声级计（J－024）　□直流低电阻测试仪（L－040）</td></tr>
<tr><td colspan="3">工程部位/用途</td><td rowspan="2">1</td><td rowspan="2">2</td><td rowspan="2">3</td><td rowspan="2">4</td><td rowspan="2">5</td></tr>
<tr><td>项次</td><td colspan="2">检测项目</td></tr>
<tr><td rowspan="9">总体</td><td colspan="2">无异常声响和过热</td><td></td><td></td><td></td><td></td><td></td></tr>
<tr><td colspan="2">噪声</td><td></td><td></td><td></td><td></td><td></td></tr>
<tr><td colspan="2">内部线圈直流电阻</td><td></td><td></td><td></td><td></td><td></td></tr>
<tr><td rowspan="2">内部相间、线间及对地绝缘符合要求</td><td>相间对地绝缘电阻 250 MΩ</td><td></td><td></td><td></td><td></td><td></td></tr>
<tr><td>线间对地绝缘电阻 250 MΩ</td><td></td><td></td><td></td><td></td><td></td></tr>
<tr><td colspan="2">铭牌无污染</td><td></td><td></td><td></td><td></td><td></td></tr>
<tr><td colspan="2">绝缘套管无污染及裂痕</td><td></td><td></td><td></td><td></td><td></td></tr>
<tr><td colspan="2">接线端子无污染、松动</td><td></td><td></td><td></td><td></td><td></td></tr>
<tr><td colspan="2">所有分接头的变压比</td><td></td><td></td><td></td><td></td><td></td></tr>
</table>

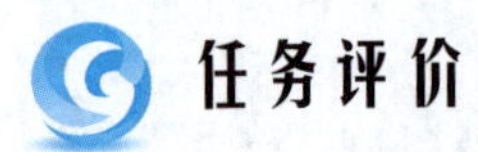

任务评价

任务评价表如表 2－4－3 所示，总结反思如表 2－4－4 所示。

表 2－4－3　任务评价表

<table>
<tr><th rowspan="2">评价类型</th><th rowspan="2">赋分</th><th rowspan="2">序号</th><th rowspan="2">具体指标</th><th rowspan="2">分值</th><th colspan="3">得分</th></tr>
<tr><th>自评</th><th>组评</th><th>师评</th></tr>
<tr><td rowspan="2">职业能力</td><td rowspan="2">55</td><td>1</td><td>知道电力变压器电气试验项目的方法和标准</td><td>30</td><td></td><td></td><td></td></tr>
<tr><td>2</td><td>按照电力变压器的周期及要求进行电气试验</td><td>30</td><td></td><td></td><td></td></tr>
<tr><td rowspan="4">职业素养</td><td rowspan="4">20</td><td>1</td><td>坚持出勤，遵守纪律</td><td>5</td><td></td><td></td><td></td></tr>
<tr><td>2</td><td>协作互助，解决难点</td><td>5</td><td></td><td></td><td></td></tr>
<tr><td>3</td><td>按照标准规范操作</td><td>5</td><td></td><td></td><td></td></tr>
<tr><td>4</td><td>持续改进优化</td><td>5</td><td></td><td></td><td></td></tr>
<tr><td rowspan="3">劳动素养</td><td rowspan="3">15</td><td>1</td><td>按时完成，认真填写记录</td><td>5</td><td></td><td></td><td></td></tr>
<tr><td>2</td><td>保持工位卫生、整洁、有序</td><td>5</td><td></td><td></td><td></td></tr>
<tr><td>3</td><td>小组分工合理</td><td>5</td><td></td><td></td><td></td></tr>
<tr><td rowspan="2">思政素养</td><td rowspan="2">10</td><td>1</td><td>完成思政素材学习</td><td>4</td><td></td><td></td><td></td></tr>
<tr><td>2</td><td>规范意识（从完成模拟巡检的规范性考量）</td><td>6</td><td></td><td></td><td></td></tr>
<tr><td colspan="4">总分</td><td>100</td><td></td><td></td><td></td></tr>
</table>

表 2－4－4　总结反思

<table>
<tr><th colspan="2">总结反思</th></tr>
<tr><td colspan="2">• 目标达成：知识□□□□□　能力□□□□□　素养□□□□□</td></tr>
<tr><td>• 学习收获：</td><td rowspan="2">• 教师寄语：

签字：________</td></tr>
<tr><td>• 问题反思：</td></tr>
</table>

课后任务

1. 问答与讨论

（1）电力变压器绝缘电阻试验合格要求有哪些？

（2）关于电力变压器，有哪些电气试验？

2. 巩固与提高

为了进一步理解电力变压器电气试验的重要性及在试验过程中的注意事项，请同学们观看视频并认真记录。

中国能建广东火电完成世界容量最大的首台柔性直流变压器局部放电试验

世界最大容量！白鹤滩电站首台 500 kV 主变压器高压试验顺利通过

工作任务单

《发电厂变电所电气设备》工作任务单

<table>
<tr><td>工作任务</td><td colspan="4"></td></tr>
<tr><td>小组名称</td><td colspan="2"></td><td>工作成员</td><td></td></tr>
<tr><td>工作时间</td><td colspan="2"></td><td>完成总时长</td><td></td></tr>
<tr><td colspan="5">工作任务描述</td></tr>
<tr><td colspan="5"></td></tr>
<tr><td rowspan="3">小组分工</td><td>姓名</td><td colspan="3">工作任务</td></tr>
<tr><td></td><td colspan="3"></td></tr>
<tr><td></td><td colspan="3"></td></tr>
<tr><td colspan="5">任务执行结果记录</td></tr>
<tr><td>序号</td><td colspan="2">工作内容</td><td>完成情况</td><td>操作员</td></tr>
<tr><td>1</td><td colspan="2"></td><td></td><td></td></tr>
<tr><td>2</td><td colspan="2"></td><td></td><td></td></tr>
<tr><td>3</td><td colspan="2"></td><td></td><td></td></tr>
<tr><td>4</td><td colspan="2"></td><td></td><td></td></tr>
<tr><td colspan="5">任务实施过程记录</td></tr>
<tr><td colspan="5"></td></tr>
<tr><td>上级验收评定</td><td colspan="2"></td><td>验收人签名</td><td></td></tr>
</table>

《发电厂变电所电气设备》
课后作业

内容：________________________________

班级：________________________________

姓名：________________________________

____________________系

作业要求

请自行查找相关资料，完成电力变压器现场试验项目的标准要求（参照国家标准进行填写）。

序号	试验项目	标准要求	备注
1	测量绕组连同套管的直流电阻		
2	检查所有分接头的变压比		
3	检查变压器的三相接线组别和单相变压器引出线的极性		
4	测量绕组连同套管的绝缘电阻、吸收比或极化指数		
5	测量与铁芯绝缘的各紧固件及铁芯接地线引出套管对外壳的绝缘电阻		

项目三

户外高压配电装置的运行与维护

项目介绍

“户外高压配电装置的运行与维护”对单个电气设备进行介绍，本项目按照单个电气设备由简入深的逻辑关系依次进行学习，单个任务将按照由理论到实践的逻辑关系进行学习。本项目分成8个子任务，包括断路器的运行与维护、隔离开关的运行与维护、高压负荷开关与熔断器的运行与维护、载流导体的运行与维护、绝缘子的运行与维护、互感器的运行与维护、无功补偿装置的运行与维护、避雷装置的运行与维护。先针对单个电气设备的结构、原理、运行特点进行分析对比，再完成单个设备的操作、巡检以及故障处理及分析。通过分析电气设备各种工况下的异常运行情况，掌握电气设备的巡检、操作及异常运行分析，能够按规范准确无误地完成户外高压配电装置的运行与维护。

知识图谱

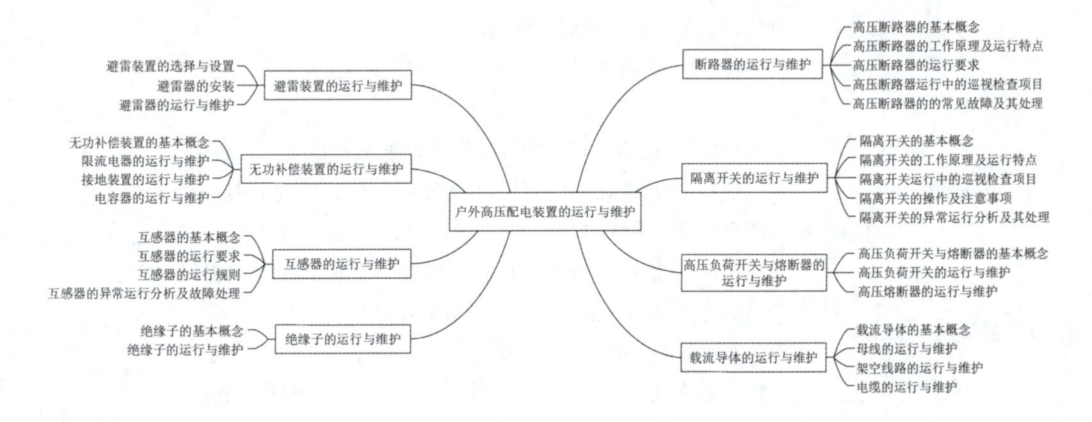

学习要求

• 根据本项目的学习，学生可掌握高压断路器、隔离开关、负荷开关、熔断器等电气设备的作用、功能和分类，了解高压断路器、隔离开关、负荷开关、熔断器等电气设备的结构，能对高压断路器、隔离开关、负荷开关、熔断器等电气设备进行操作和运行维护，从而培养学生的爱国情怀，爱岗敬业，做好本职工作。

• 掌握高压断路器的电气符号、功能和作用；了解高压断路器的类型及结构；学会高压断路器的运行维护操作；掌握熔断器的符号、功能和作用；了解熔断器的类型及结构；学会熔断器的运行与维护；了解母线、电缆等载流导体的特点、要求和型号；掌握载流导体的结构；能对载流导体进行运维、布置；按照 1 + X 证书“变配电运维”中相应的母线巡视、站用交流电源系统巡视及箱、屏、柜类设备维护规范要求完成任务，养成规范严谨的职业素养。

• 通过各任务学习和实践，利用课前资源（微课、事故案例、规范标准等）进行课前自主学习，课中分组任务能够按规范完成汇报，培养信息利用和信息创新的进阶信息素养。

• 使用实训设备时，按照 1 + X 证书“变配电运维”的职业素养考核要求进行操作，具有较为全面的专业知识，能够对站内电气设备产生的异常信号进行初步分析判断，具备独立完成变配电站设备巡视检查，正确填写运行检修记录单的能力；养成良好的安全意识，同时培养学生精益求精的工匠精神。

• 依据全国职业院校技能大赛“新型电力系统技术与应用”中模块二新型电力系统组网与运营调度任务三电力系统运行与控制进行操作。要求能够依据所学内容，按照交流配电网设计和配电网检修运维及实施要求完成电气设备选型、运行及维护，达到安全操作、规范操作，符合职业规范标准要求，团队体现相互合作和纪律要求等。

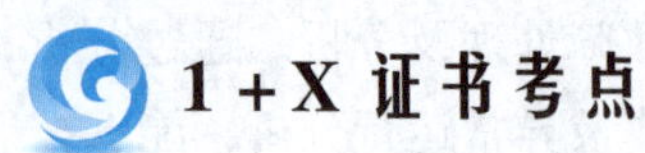

1 + X 证书考点

“变配电运维”职业技能等级标准（中级）

工作领域	工作任务	职业技能	课程内容
2. 设备巡视	2.1 母线巡视	2.1.1 能检查母线名称、电压等级、编号、相序等标识是否齐全、完好、清晰。 2.1.2 能检查母线外观是否完好，表面是否清洁，连接是否牢固，有无异物悬挂。 2.1.3 能检查母线引流线有无断股或松股现象，连接螺栓有无松动、脱落、腐蚀现象，有无异物悬挂；线夹、接头有无过热、异常；有无绷紧或松弛现象。 2.1.4 能检查母线金具有无锈蚀、变形、损伤；伸缩节有无变形、散股及支撑螺杆脱出现象。 2.1.5 能检查母线绝缘子防污闪涂料有无大面积脱落、起皮现象；绝缘子各连接部位有无松动现象、连接销子有无脱落；绝缘子表面有无裂纹、破损和电蚀，有无异物附着。 2.1.6 能检查母线有无异常振动和声响，线夹、接头有无过热、异常；软母线有无断股、散股及腐蚀现象，表面是否光滑整洁；硬母线是否平直，焊接面有无开裂、脱焊，伸缩节是否正常；绝缘母线表面绝缘是否包敷严密，有无开裂、起层和变色现象	任务四 载流导体的运行与维护 1. 裸导线的运行维护 2. 电缆的运行维护

续表

工作领域	工作任务	职业技能	课程内容
2. 设备巡视	2.6　站用交流电源系统巡视	2.6.2　能检查低压母线进线断路器、分段断路器位置指示与监控机显示是否一致，储能指示是否正常。 2.6.3　能检查站用交流电源柜支路低压断路器位置指示是否正确，低压熔断器有无熔断；站用交流电源柜元件标志是否正确，操作把手位置是否正确；站用交流电源柜电源指示灯、仪表显示是否正常，有无异常声响	任务一　断路器的运行与维护 1. 高压断路器的概述 2. 高压断路器的运行维护
4. 设备维护	4.4　箱、屏、柜类设备维护	4.4.5　能进行熔断器、空气开关、接触器、插座的检查维护，能在熔断器、空气开关及接触器等损坏后，查找回路有无短路，更换损坏元件	任务三　高压负荷开关与熔断器的运行与维护 2. 高压熔断器的运行维护

全国职业院校技能大赛

“新型电力系统技术与应用”全国职业院校技能大赛

工作领域	工作任务	职业技能	课程内容
模块二　新型电力系统组网与运营调度	任务三　电力系统运行与控制	一、交流配电网设计 二、配电网检修运维及实施	任务一　断路器的运行与维护 任务二　隔离开关的运行与维护 任务三　高压负荷开关与熔断器的运行与维护 任务四　载流导体的运行与维护 任务五　绝缘子的运行与维护 任务六　互感器的运行与维护 任务七　无功补偿装置的运行与维护 任务八　避雷装置的运行与维护

任务一　断路器的运行与维护

学习目标

知识目标：

- 理解高压断路器的基本概念及一些基本参数概念。
- 掌握高压断路器的作用及种类、型号。
- 掌握真空、SF_6 高压断路器的结构及其工作原理。
- 熟悉户外高压断路器的操作机构概念、型号、特点及使用。
- 掌握高压断路器的运行与维护。

技能目标：

- 分析判断高压断路器在不同情况下的适用范围。
- 具备安全用电意识和严谨认真的工作状态。
- 具备较好的语言表达能力。
- 具备较好的组织协调能力。

素养目标：

- 培养爱国情怀和匠心独运、追求卓越的工匠精神。

任务要求

本任务的学习要求如下：

（1）知道高压断路器的基本概念，高压断路器的作用及种类、型号及其结构和工作原理。

（2）不同工况下高压断路器的操作方法及其运行与维护过程。

实训设备

（1）SLBDZ－1 型变电站综合自动化实训系统。

（2）SL－XGN66－12 成套高压开关柜。

（3）伯努利仿真软件。

知识准备

一、高压断路器的基本概念

高压断路器的概述

（一）高压断路器的概念

额定电压在 3 kV 及以上，能够关合、承载和开断运行状态的正常

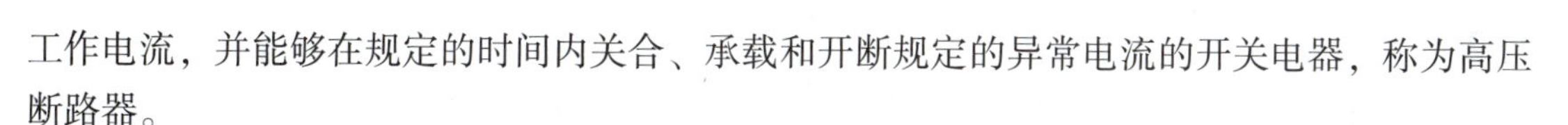

工作电流，并能够在规定的时间内关合、承载和开断规定的异常电流的开关电器，称为高压断路器。

（二）高压断路器的作用及种类

高压断路器的概述视频

高压断路器在电力系统中的作用体现在两方面：一是控制作用，根据电力系统的运行要求，接通或断开工作电路；二是保护作用，当系统发生故障时，在继电保护装置作用下，断路器迅速切除故障部分，防止事故扩大，以保证系统中无故障部分正常运行。

高压断路器的种类很多，按灭弧介质不同，分为油断路器、压缩空气断路器、六氟化硫（SF_6）断路器、真空断路器等。

（三）高压断路器的技术参数

1. 额定电压

额定电压是指断路器长时间运行时能承受的正常工作电压（线电压）。额定电压不仅决定了断路器的绝缘水平，而且在相当程度上决定了断路器的总体尺寸。

2. 最高工作电压

考虑到线路始末端运行电压的不同及电力系统调压要求，断路器可能在高于额定电压下长期工作。因此，规定了断路器的最高工作电压。

3. 额定电流

额定电流是指断路器在规定的环境温度下允许长期通过的最大工作电流的有效值。额定电流决定了断路器导体、触头等载流部分的尺寸和结构。

4. 额定开断电流

额定开断电流是指断路器在额定电压下能正常开断的最大短路电流的有效值。它表征断路器的开断能力。

5. 额定短路关合电流

当断路器关合存在预伏故障的设备或线路时，在动、静触头尚未接触前相距几毫米时，触头间隙发生预击穿，随之出现短路电流，给断路器的关合造成阻力，影响动触头合闸速度及触头接触压力，甚至出现触头弹跳、熔焊或严重烧毁，严重时会引起断路器爆炸。

额定短路关合电流是指断路器在额定电压下能接通的最大短路电流峰值，制造厂家对关合电流一般取额定短路电流的2.55倍。它反映断路器关合短路故障的能力，主要决定断路器灭弧装置性能、触头结构及操作机构的形式。

（四）高压断路器的其他技术参数

思考： 高压断路器的技术参数有哪些？

（五）高压断路器的型号

高压断路器型号一般由英文字母和阿拉伯数字组成，表示方法如图3－1－1所示。

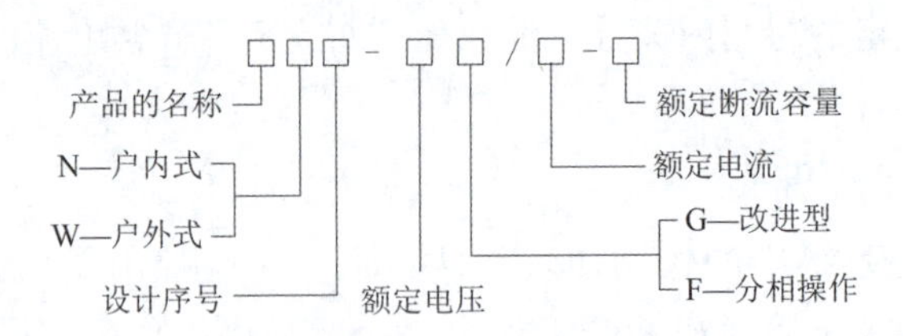

图 3-1-1　高压断路器型号

产品名称的字母代号：S—少油断路器；Z—真空断路器；L—六氟化硫断路器；K—空气断路器；Q—自产气断路器；C—磁吹断路器。

安装地点：N—户内式；W—户外式。

其他补充工作特性标志：G—改进型；C—手车式；W—防污型；Q—防震型。

例如：型号为 LW6-220/3150-40 的断路器，表示额定电压为 220 kV，额定电流为 3 150 A，额定短路开断电流为 40 kA 的户外式六氟化硫断路器。

二、高压断路器的工作原理及运行特点

（一）真空断路器的结构及其工作原理

真空断路器是指以真空作为灭弧介质和绝缘介质，在真空容器中进行电流开断和关合的断路器。气体间隙的击穿与气体压力有关，真空断路器的核心部件是真空灭弧室，为了满足绝缘强度的要求，真空度一般要求保持在 $1.33\times10^{-3}\sim1.33\times10^{-7}$ Pa。

1. 真空断路器结构

真空断路器由支架、真空灭弧室、操作机构组成。支架是安装各种功能组件的架体。真空灭弧室是由绝缘外壳、动静触头、屏蔽罩和波纹管、法兰等组成，其结构如图 3-1-2 所示。

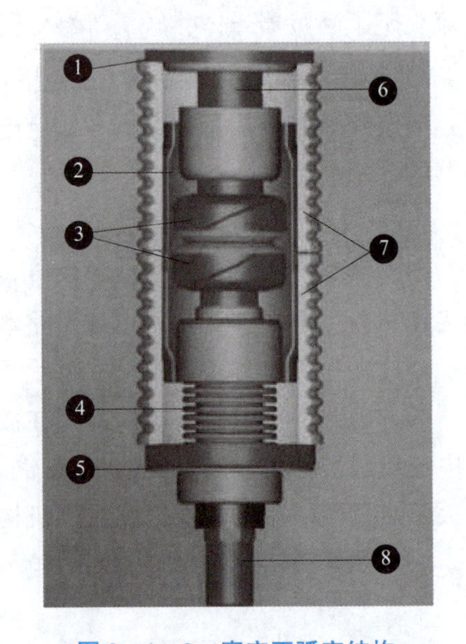

图 3-1-2　真空灭弧室结构

1—静端盖板；2—主屏蔽罩；3—动静触头；4—波纹管；5—动端盖板；6—静导电杆；7—绝缘外壳；8—动导电杆

（1）绝缘外壳。外壳作为真空灭弧室的密封容器，它不仅要容纳和支持真空灭弧室内的各种部件，并且当动静触头在断开位置时起绝缘作用。外壳根据制造材料的不同，分为玻璃和陶瓷两种。由于玻璃外壳不能承受强烈冲击，软化温度较低，目前我国使用陶瓷外壳较多。

（2）触头。触头既是关合时的通流元件，又是开断时的灭弧元件。常用的触头材料主要有铜铋合金和铜铬合金。触头材料对电弧特性、弧隙介质恢复过程影响很大。对真空断路器触头材料除了要求开断能力大、耐压水平高及耐电磨损外，还要求含气量低、抗熔焊性好和截流水平低。目前，真空断路器的触头系统就接触方式而言，广泛使用对接式，

分为平板触头、横向磁场触头和纵向磁场触头，如图 3-1-3 所示。

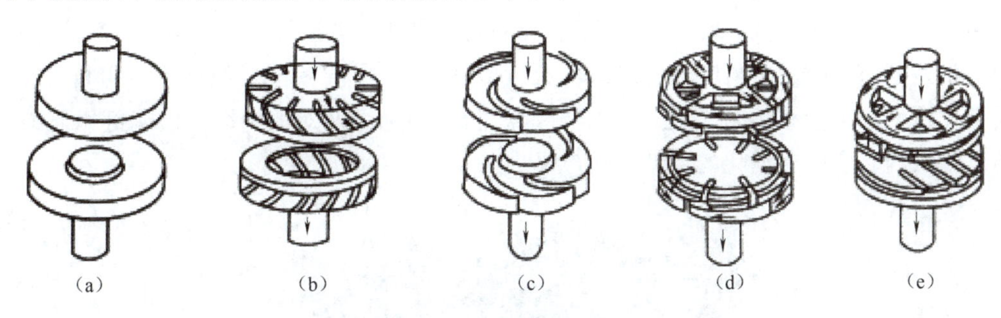

图 3-1-3　各种触头结构形式

(a) 平板触头；(b) 杯形触头；(c) 螺旋触头；(d) 横向磁场触头；(e) 纵向磁场触头

(3) 屏蔽罩。屏蔽罩是灭弧室不可缺少的元件，主要分为主屏蔽罩、波纹管屏蔽罩，均压屏蔽罩等。触头周围装设的屏蔽罩称为主屏蔽罩。它的作用是防止燃弧过程中触头间产生的金属蒸气和金属粒喷溅到外壳绝缘筒内壁，造成真空灭弧室外部绝缘强度降低或闪络；改善真空灭弧室内部电压的均匀分布，提高其绝缘性能，有利于真空灭弧室向小型化发展；吸收部分电弧能量，冷却和凝结电弧生成物，提高间隙介质强度，恢复速度。因此，要求屏蔽罩要有较高的导热率和优良的凝结能力。

(4) 波纹管。它使动触头有一定的活动范围，又不会使灭弧室的密封受到破坏，金属波纹管用来承受触头活动时的伸缩，其允许伸缩量决定了灭弧室所能获得的触头最大开距。但波纹管是真空灭弧室中最容易损坏的部件，其金属疲劳度决定了真空灭弧室的使用寿命。目前，经常使用的波纹管有液压成形和膜片焊接两种。

2. 真空断路器工作原理

真空灭弧室内电弧点燃就是由于真空断路器刚分开瞬间，触头表面蒸发金属蒸气，在游离作用下而形成电弧造成的。真空灭弧室中，电弧弧柱压差很大，质量密度差也大。波纹管用来承受触头活动时的伸缩，其允许伸缩量决定了灭弧室所能获得的触头最大，因此，弧柱的金属蒸气将迅速向触头扩散，由于带电质点碰撞，加强了游离作用，电弧弧柱同时被拉长、拉细，从而得到更好的冷却，电弧迅速熄灭，绝缘介质强度很快恢复，从而阻止电弧在交流电流自然过零后重燃。

3. 真空断路器的优缺点

1) 优点

电弧在密封的容器中燃烧，没有火灾和爆炸危险；熄弧时间短，电弧能量小，触头损耗小，开断次数多；动导电杆的惯性小，适用于频繁操作；触头部分完全密封，不会因受潮、灰尘、有害气体等影响而降低性能；结构简单，维护工作量少，成本低。

2) 缺点

在开断负载时，容易引起截流过电压、三相同时开断过电压、高频重燃过电压；真空断路器开关闸时发生弹跳，不仅会产生较高的过电压而影响整个电网的稳定性，还会使触头烧损或熔焊，这在投入电容器组产生涌流时及短路开断的情况下会更严重。

例如，ZW8－12/T630A 户外真空断路器如图 3－1－4 所示。ZW8－12 系列户外高压真空断路器为额定电压 12 kV，三相交流 50 Hz 的高压户外开关设备，主要用来开断关合农网、城网和小型电力系统的负荷电流、过载电流、短路电流。该产品总体结构为三相共箱式，三相真空灭弧室置于金属箱内，利用 SMC 绝缘材料相间绝缘及对地绝缘，性能可靠，绝缘强度高，是城网、农网无油化的更新换代产品。

图 3－1－4　ZW8－12/T630A 户外真空断路器

ZW8－12G 是由 ZW8－12 断路器与隔离刀组合而成的，称为组合断路器，可作为分段开关使用。

本系列产品的操作机构为 CT23 型弹簧储能操作机构，分为手动型和手/电动两用型。本型号产品可内置多个 CT，以实现保护和计量功能。可实现过流延时保护、过流速断保护。CT 保护变比分为三挡，以适应不同负荷线路。数据参数如表 3－1－1 所示。

表 3－1－1　ZW8－12G 系列产品数据参数

序号	名称	单位	数值		
1	额定电压	kV	12		
2	额定电流	A		630（1 250）	
3	额定短路开断电流	kA	20	25	31.5
4	额定短路关合电流（峰值）	kA	25	31.5	50
5	工频耐压（干式）		42		
6	雷电冲击耐压（峰值）		75		
7	额定操作顺序		分 0.3 s—合分—180 s—合分		
8	机械寿命	次	10 000		
9	触头开距	mm	11 ±1		

续表

序号	名称	单位	数值
10	三相分、合闸不同期性	ms	≤2
11	分闸时间	s	≤0.06
12	合闸时间	s	≤0.1
13	各相主回路电阻	μΩ	≤200

（二）SF_6 断路器的结构及其工作原理

六氟化硫断路器VR 操作演示

SF_6 断路器是一种以 SF_6 作为灭弧介质和绝缘介质的断路器。该断路器具有断口耐压高、操作过电压低、允许开断次数多、开断电流大、灭弧时间短、操作时噪声小及寿命长、体积和占地面积小等优点。在我国，SF_6 断路器在高压、超高压及特高压电力系统中占主导地位。

1. SF_6 气体的特点

500 kV 六氟化硫断路器 3D 演示

（1）SF_6 气体是一种无色、无味、无毒、不可燃的惰性气体。具有很好的导热性能和冷却电弧特性。SF_6 气体热稳定好，热分解温度大约在 500 ℃，易分解成硫的低氟化合物。在正常温度范围内，与电气设备中常用的金属不发生任何反应，大大延长了断路器的检修周期。

（2）SF_6 气体具有良好的绝缘性能。因为 SF_6 气体具有很高的电负性，容易吸附电子后形成负离子，运动速度较慢的负离子会与正离子结合成不显电性的中性质点。在均匀电场作用下为同一气压时空气的 2.5 ~ 3 倍，在 3 个大气压下，其介电强度相当于变压器油。

（3）SF_6 气体具有良好的灭弧能力。SF_6 气体灭弧能力是空气的 100 倍左右，这是由于它具有独特热性能和电特性。

（4）纯净的 SF_6 气体是无毒的，但是在电弧和高温作用下会产生 SO_2 等有毒气体，而且 SF_6 气体与水易发生化学反应产生氟化氢等气体，这是一种具有强腐蚀性和剧毒的气体。

2. SF_6 断路器的分类及特点

（1）根据断路器灭弧室结构和原理，SF_6 断路器分为压气式和自能式两种。

压气式 SF_6 断路器灭弧室在开断电流时，利用压气活塞形成 SF_6 气流，吹灭电弧。压气式 SF_6 断路器按照灭弧室结构，又可以分为变开距灭弧室和定开距灭弧室。由于灭弧过程中触头的开距是变化的，故称为变开距灭弧室，变开距灭弧室结构如图 3 – 1 – 5 所示。触头系统由（工作）主触头、弧触头、中间触头组成。图 3 – 1 – 6 所示为定开距灭弧室结构。断路器的触头由两个喷嘴的空心静触头 3、5 和动触头 2 组成。在关合时，动触头 2 跨接于 3、5 之间，构成电流通路；开断时，断路器的弧隙由两个静触头保持固定的开距，故称为定开距结构。

自能式 SF_6 断路器是利用操作机构带动气缸和活塞做相对运动来压气熄弧，自能式 SF_6 断路器按原理可分为旋弧式、热膨胀式和混合吹弧式。旋弧式是利用设置在静触头附近的磁

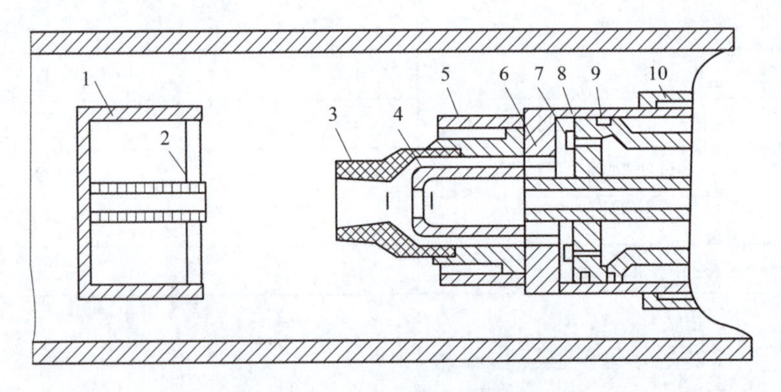

图 3-1-5　变开距灭弧室结构

1—主触头；2—弧静触头；3—喷嘴；4—弧动触头；5—主动触头；
6—压气缸；7—逆止阀；8—压气室；9—固定活塞；10—中间触头

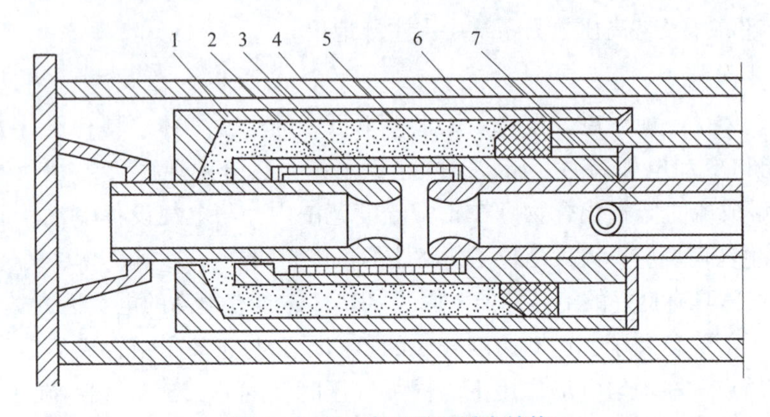

图 3-1-6　定开距灭弧室结构

1—压气罩；2—动触头；3、5—静触头；4—压气室；6—固定活塞；7—拉杆

吹线圈在开断电流时自动地被电弧串联进回路，使电流流过线圈，在动静触头之间产生磁场，电弧在磁场驱动下高速旋转，在旋转过程中不断地与新鲜的 SF_6 气体接触，使电弧冷却而熄弧。热膨胀式是利用电弧本身的能量加热灭弧室内的 SF_6 气体，使压力增大，存在压力差，然后通过喷嘴释放，产生强力气流吹弧，从而达到冷却和灭弧的作用。

无论是采用旋弧式还是热膨胀式灭弧，都有它自身的不足之处，为此，有时需要将几种灭弧原理同时应用在断路器灭弧室内。例如，压气式加上自能式的混合式灭弧不但可以提高灭弧效能，还可以增大开断电流、减小操作功。一般混合吹弧有旋弧 + 热膨胀、压气 + 旋弧等。

（2）根据对地绝缘方式不同，SF_6 断路器又可以分为落地罐式和瓷柱式两种。

落地罐式 SF_6 断路器可以满足高压大容量的要求，主要是因为其触头和灭弧室装在了充有 SF_6 气体并接地的金属罐中，触头与罐壁之间采用支柱绝缘子绝缘，引出线靠瓷套管绝缘。在出线套管上安装电流互感器，耐压能力强，抗震性能好，但用气量大，多用于 330 kV 及以上的电压等级电路里。其结构如图 3-1-7 所示。

瓷柱式 SF_6 断路器用气量小，结构简单，价格低廉，但抗震能力差，一般用于 110 kV 和 220 kV 电压等级。

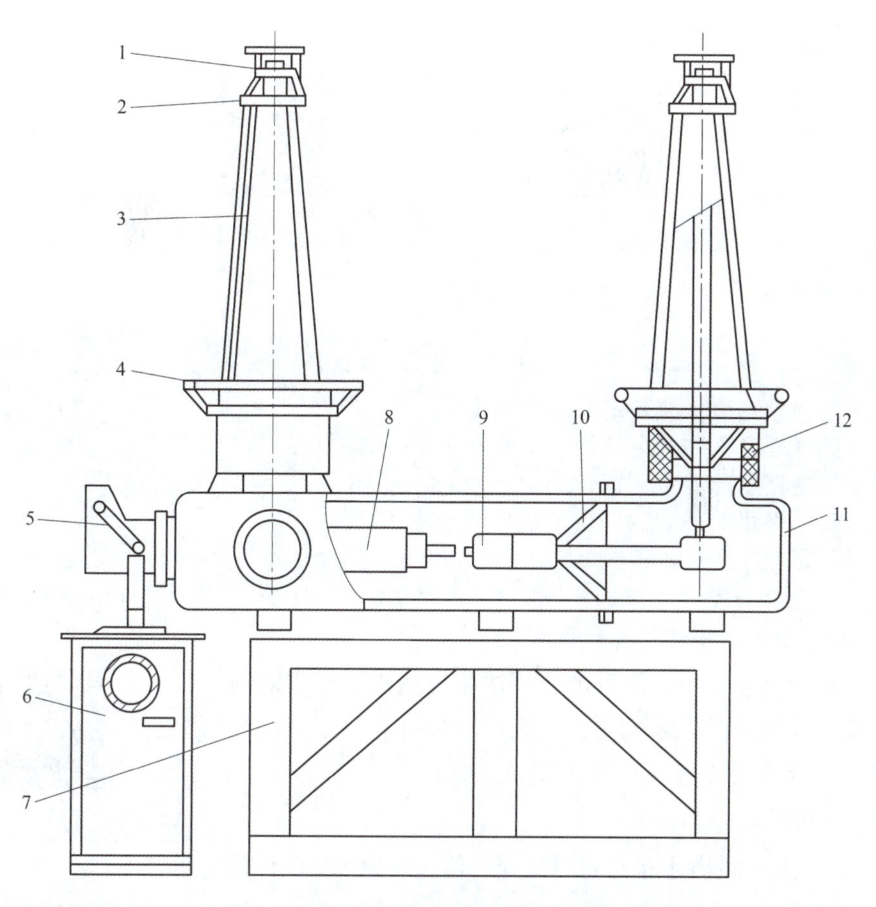

图 3-1-7　LW-330 型罐式 SF_6 断路器结构

1—接线端子；2—上均压环；3—出线瓷套管；4—下均压环；5—拐臂箱；6—机构箱；7—基座；8—灭弧室；9—静触头；10—盆式绝缘子；11—壳体；12—电流互感器

思考：SF_6 气体的特点有哪些？

（三）高压户外断路器的操作机构

高压户外断路器的操作机构

（四）智能高压断路器认知

智能高压断路器认知

三、高压断路器的运行要求

高压断路器的运行要求

高压断路器检修

四、高压断路器运行中的巡视检查项目

【全国职业院校技能大赛】
模块二　新型电力系统组网与运营调度
任务一　低压配电系统的设计、安装与运维
一、低压断路器单元接线图设计
二、低压断路器及多功能仪表安装接线与调试
三、低压配电装置故障排查

（一）断路器运行中的巡视检查

断路器在运行过程中，值班员必须按照现场检查规程对断路器进行巡检，以便及时发现问题，并且能尽快解除问题，保证断路器的安全运行。

高压断路器的运行与维护 ppt

高压断路器的运行维护视频

1. SF_6 断路器巡检的要求

（1）SF_6 气体中的含水量是否超过允许值。因为 SF_6 气体易溶于水后产生腐蚀性气体，当水分超标时，在温度降低后会凝结成水滴，黏附在绝缘表面。这些都会导致设备被腐蚀和绝缘能力降低。

（2）分、合闸位置指示正确，后台监控系统显示与现场实际位置对应。

（3）套管无破损、裂痕、放电痕迹，连接部位无发热变色，通过额定电流时，接头温度不应超过 70 ℃。

（4）断路器本体无异味和异常声响。

（5）操作机构箱内无冒烟、异味，接线端子无松动锈蚀。

（6）断路器操作前应确认控制、信号、SF_6 气压、弹簧储能及其断路器本体正常。

2. 真空断路器巡检的要求

（1）分、合闸位置指示正确，后台监控系统显示与现场实际位置对应。

（2）支柱绝缘子有无裂痕、损伤，表面是否光洁。

（3）断路器本体无异味和异常声响。

（4）真空断路器无变色，放电声响，真空管无破损裂纹。

（5）接地是否良好。

3. 操作机构巡检的要求

（1）操作机构箱内无冒烟、异味，接线端子无松动锈蚀。

（2）操作机构箱清洁，加热除湿器工作良好，箱内无积水、潮气。

（3）分、合闸位置指示正确，后台监控系统显示与现场实际位置对应。

（4）机构箱门开启灵活，关闭紧密、良好。

（5）冬季或雨季，电加热器应能正常工作。

（6）各不同型号的操作机构应及时记录油泵启动次数及打泵时间，以监视有无渗漏情况引起的频繁启动。

4. 断路器运行时特殊的巡检要求

（1）新投或大修后的断路器投运后 72 h 内，每 3 h 巡检 1 次，其中，前 4 h 必须每小时巡视检查 1 次，72 h 后转入正常巡检。

（2）事故跳闸后，应检查套管、接头是否正常，各部位无松动、损坏、断裂、熔化等。

（3）雪天各接头有无熔雪现象，雾天套管有无放电闪络现象，雷雨后套管有无放电闪络痕迹。

（4）断路器操作前，应检查控制、信号、SF_6 气压、弹簧储能及其断路器本体正常。

（5）断路器异常运行期间应进行特殊巡视，每小时 1 次。

5. 断路器的紧急停运情况

（1）套管有严重破损和放电现象。

（2）灭弧室有烟或内部有异常声响。

（3）断路器着火。

（4）真空断路器真空管破裂、变色，波纹管拉伤。

（5）连接部位严重过热发红。

（6）发生支柱绝缘子穿透性闪络放电。

（二）断路器运行中的巡视检查项目

【1+X 证书考点】

2.2.1　能检查本体外观是否清洁、有无异物、有无异常声响；外绝缘有无裂纹、破损及放电现象；引线弧垂是否满足要求，有无散股、断股，两端线夹有无松动、裂纹、变色现象；传动部分有无明显变形、锈蚀，轴销是否齐全。

2.2.2　能检查分、合闸指示是否正确，与实际位置相符；SF_6 密度继电器（压力表）指示是否正常、外观有无破损或渗漏。

2.2.3　能检查操动机构液压、气动操动机构压力表指示是否正常；液压操动机构油位、油色是否正常；弹簧操作机构、永磁机构、弹簧储能机构储能是否正常。

2.2.4　能检查断路器名称、编号、铭牌是否齐全、清晰，相序标志明显；机构箱、远控柜箱门是否平整，无变形、锈蚀；机构箱锁具是否完好。

2.2.5　能检查接地引下线标志有无脱落，接地引下线可见部分是否连接完整、可靠，接地螺栓是否紧固，有无放电痕迹、锈蚀、变形现象。

1. 断路器巡视的人员要求

（1）巡视时必须戴好安全帽。

（2）户外巡视时，遇到雷雨天气应穿绝缘靴，不得靠近避雷器和避雷针，应保持 5 m

的距离。

（3）夜间巡视户外高压设备时，应两人同时进行，相互关照。

（4）巡视户外 SF_6 设备必须站在上风处。

2. 断路器巡视的设备要求

（1）保持巡视通道平整和畅通，避免人员跌伤，预留的接地扁铁应压平，电缆盖板应牢固。

（2）断路器应有标明基本参数等内容的制造厂铭牌。断路器如经增容改造，应修改铭牌的相应内容。

（3）断路器的分、合闸指示器应明显可见，易于观察，指示正确。

（4）断路器外露的带电部分要涂醒目的颜色（如红色），并应在明显部位涂相色漆。

（5）断路器接线板的边接处或其他必要的地方有监视运行温度的措施。

（6）断路器接地金属外壳应有明显的接地标志，接地螺栓不小于 M12，并且接触良好。

（7）新建、扩建或改建的变电站新装断路器时，不得选购上级主管部门明文规定不允许订货和未经有关部门鉴定合格的产品。

3. 断路器巡视检查项目

（1）检查本体外观是否清洁、有无异物、有无异常声响；外绝缘有无裂纹、破损及放电现象；引线弧垂是否满足要求，有无散股、断股，两端线夹有无松动、裂纹、变色现象；传动部分有无明显变形、锈蚀，轴销是否齐全。

（2）检查分、合闸指示是否正确，与实际位置是否相符；SF_6密度继电器（压力表）指示是否正常、外观有无破损或渗漏。

（3）检查操动机构液压、气动操动机构压力表指示是否正常；液压操动机构油位、油色是否正常；弹簧操作机构、永磁机构、弹簧储能机构储能是否正常。

（4）检查断路器名称、编号、铭牌是否齐全、清晰，相序标志明显；机构箱、汇控柜箱门是否平整，无变形、锈蚀；机构箱锁具是否完好。

（5）检查接地引下线标志有无脱落，接地引下线可见部分是否连接完整、可靠，接地螺栓是否紧固，有无放电痕迹、锈蚀、变形现象。

拓展阅读
融入点：高压断路器巡视、高压断路器故障处理
观看微视频“匠心独运、追求卓越”，教育学生在工作中要遵守职业规范，用坚守诠释奉献，用汗水演绎敬业，具有查隐患，排故障，争分夺秒保生产，具有爱国意识，遵守规范的行为准则。
 工匠精神：匠心独运、追求卓越

五、高压断路器的常见故障及其处理

案例：因断路器拒动导致的安全事故

案例一：断路器拒动案例

故障现象：断路器发生拒动故障后，检修人员现场试验正常；过一段时间，断路器从备用投入运行时又拒动，检修人员现场试验正常；请断路器厂家售后服务人员到现场调试两次，过一段时间，断路器投入运行时又拒动；断路器厂家请操作机构厂家人员到现场进行了一次调试，从此断路器再没有拒动。

故障原因：①断路器操作机构间隙配合、合间弹簧调整不合理。②断路器长时间不操作，各转动部分和脱扣器不灵活（油泥影响），第一次操作断路器拒动，但使脱扣器产生了位移，第二次操作新路器动作正常。

处理措施：请操作机构或厂家人员到现场进行调试。对于长时间不用的断路器，必要时可进行分合闸 2 次。

案例二：真空灭弧室真空度降低故障

真空度降低将严重影响真空断路器开断短路电流的能力和极间绝缘水平，并导致断路器的使用寿命急剧下降，严重时会引起真空灭弧室爆炸。

故障现象：运行人员巡视时，听到断路器真空灭弧室范围有放电声，但闻不到臭氧味，断路器在备用断开状态。将断路器手车摇出时，拉弧放电声比正常的大。

故障原因：将断路器手车操作到室外检修位车上，用真空测试仪对断路器真空灭弧室进行真空度测试，真空度由正常值 10^{-6}降低到了 10^{-1}，给断路器加交流耐压试验，电压升到 20 kV 时，真空灭弧室极间击穿放电，远小于标准值 42 kV。因此，说明断路器真空灭弧室真空度降低，造成灭弧室内极间放电。

处理措施：①立即更换真空灭弧室。②在进行断路器定期停电检修时，必须使用真空测试仪对真空灭弧室进行真空度的定性测试，当真空灭弧室真空度降低到 10^{-4}时，要对真空灭弧室进行交流耐压试验，耐压试验合格后监视运行；当真空灭弧室真空度降低到 10^{-3}时，再对真空灭弧室进行交流耐压试验，耐压试验不合格后，更换真空灭弧室。

说明： 不管什么类型的高压断路器都有其使用寿命，因此，运维人员要严格按照维护标准对断路器进行周期性维护，否则容易出现严重事故。

【思考感悟】 学习断路器的运行与维护、故障情况分析及事故处理方法等知识点后，观看“高压真空断路器工程现场老练试验”视频及新闻《加强新型电力系统稳定　推进水电站合规增容扩机》，谈一谈你的感想。 高压真空断路器 工程现场老练试验  加强新型电力系统稳定 推进水电站合规增容扩机	谈一谈你的感想：

任务实施

根据给出的中置式高压开关柜完成真空断路器的检修操作任务，填写检修操作步骤，完成维护检修报告。

真空断路器检修操作步骤

检修时间：　　　　年　　月　　日

√	顺序	操作项目
	1	
	2	
	3	
	4	
	5	
	6	
	7	
	8	
	9	
	10	

小组分工：____________________________

维护检修报告

__________电力公司____VS1 型断路器____维护检修报告

站名________________设备名称________________________

检修性质：□临检　□维护　　检修日期_______年___月___日　　气候_______

一、断路器技术参数

断路器型号___________制造厂名___________厂号___________

额定电压___________额定电流___________额定开断电流___________

出厂年月__________________

二、机构技术参数

储能电机电压：□交流　□直流__________________V

控制电源电压：合闸___________V　　分闸___________V

分合闸线圈电阻：合闸___________Ω　　分闸___________Ω

三、检修项目

序号	项目	结果
1	外观检查所有元件和机械连接件无损坏	
2	对断路器表面、机构内部清洁，在传动及摩擦部位加润滑油（脂）	
3	一次动触头表面光洁，无严重氧化，无变形，梅花触头上四根弹簧位置正确	
4	确认断路器与底盘车固定螺栓无松动，开关构架无锈蚀，断路器外壳接地良好	
5	确认各连接螺栓、紧固件无松动，定位销、挡卡无断裂、脱落	
6	灵活，掣子工作面光滑	
7	确认分、合闸线圈完好，手推分、合闸铁芯，无卡阻现象	
8	确认油缓冲完好、不漏油	
9	确认辅助开关、电机储能辅助开关切换灵活正确，接触良好	

四、结论：____

检修人员：　　　　　　　　　　　　审核人：

工作负责人：　　　　　　　　　　　审核日期：

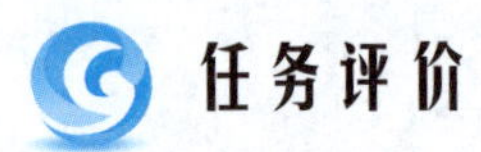

任务评价表如表 3 - 1 - 2 所示，总结反思如表 3 - 1 - 3 所示。

表 3 - 1 - 2 任务评价表

评价类型	赋分	序号	具体指标	分值	得分		
					自评	组评	师评
职业能力	55	1	读懂高压断路器检修任务	5			
		2	检修操作步骤顺序正确	10			
		3	检修操作步骤用词准确	10			
		4	检修操作步骤应使用钢笔或圆珠笔填写，字迹不得潦草和涂改，票面整洁	10			
		5	检修操作步骤完整	10			
		6	操作人审核操作票，监护人复审签字	10			
职业素养	20	1	坚持出勤，遵守纪律	5			
		2	协作互助，解决难点	5			
		3	按照标准规范操作	5			
		4	持续改进优化	5			
劳动素养	15	1	按时完成，认真填写记录	5			
		2	保持工位卫生、整洁、有序	5			
		3	小组分工合理	5			
思政素养	10	1	完成思政素材学习	4			
		2	规则意识（从断路器操作的规范性考量）	6			
总分				100			

表 3 - 1 - 3 总结反思

总结反思	
• 目标达成：知识□□□□□ 能力□□□□□ 素养□□□□□	
• 学习收获：	• 教师寄语： 签字：________
• 问题反思：	

课后任务

1. 问答与讨论

（1）高压断路器的作用是什么？对其有哪些基本要求？

（2）高压断路器有哪几类？其技术参数有哪些？

（3）真空断路器的结构有什么特点？

（4）对断路器操作机构的要求有哪些？操作机构有哪些类型？

（5）SF_6 断路器有哪些主要特点？

（6）断路器常见的故障有哪些？

（7）断路器正常运行时有哪些要求？

2. 巩固与提高

通过本任务的学习，已经掌握了高压断路器的基本概念、结构、分类以及工作原理，学会了高压断路器的运行与维护，能够根据给定的条件完成高压断路器的检修及运维，明白了检修工作步骤的撰写规范及操作过程。利用课余时间，小组自行查阅因断路器运行维护不当引发的事故案例，阐述事故经过，分析产生事故原因、暴露的问题、预防措施、处罚情况、心得体会。案例撰写见任务模板。

工作任务单

《发电厂变电所电气设备》工作任务单

<table>
<tr><td>工作任务</td><td colspan="3"></td></tr>
<tr><td>小组名称</td><td></td><td>工作成员</td><td></td></tr>
<tr><td>工作时间</td><td></td><td>完成总时长</td><td></td></tr>
<tr><td colspan="4">工作任务描述</td></tr>
<tr><td colspan="4"></td></tr>
<tr><td rowspan="3">小组分工</td><td>姓名</td><td colspan="2">工作任务</td></tr>
<tr><td></td><td colspan="2"></td></tr>
<tr><td></td><td colspan="2"></td></tr>
<tr><td colspan="4">任务执行结果记录</td></tr>
<tr><td>序号</td><td>工作内容</td><td>完成情况</td><td>操作员</td></tr>
<tr><td>1</td><td></td><td></td><td></td></tr>
<tr><td>2</td><td></td><td></td><td></td></tr>
<tr><td>3</td><td></td><td></td><td></td></tr>
<tr><td>4</td><td></td><td></td><td></td></tr>
<tr><td colspan="4">任务实施过程记录（附工作票、检修票）</td></tr>
<tr><td colspan="4"></td></tr>
<tr><td>上级验收评定</td><td></td><td>验收人签名</td><td></td></tr>
</table>

《发电厂变电所电气设备》
课后作业

内容：________________________________

班级：________________________________

姓名：________________________________

________________系

作业要求

关于断路器运行维护不当事故案例：

1. 事故经过

2. 产生原因

3. 暴露问题

4. 预防措施

5. 处罚情况

6. 心得体会

任务二　隔离开关的运行与维护

学习目标

知识目标：

- 理解隔离开关的基本概念。
- 掌握隔离开关的作用及分类。
- 掌握隔离开关的基本要求及结构。
- 掌握隔离开关的技术参数及型号。

技能目标：

- 具备高压隔离开关选型能力和操作、巡检能力。
- 具备在高压隔离开关操作过程中的安全素养，培养安全用电意识。
- 具备团队合作能力。
- 具备较好的语言表达能力。
- 具备较好的组织协调能力。

素养目标：

- 培养爱国情怀和工匠精神。

任务要求

本任务的学习要求如下：

（1）理解高压隔离开关的基本概念、高压隔离开关的作用及种类、型号以及其结构和工作原理。

（2）不同工况下，进行高压隔离开关的操作及其运行与维护。

（3）不同工况下，可以对高压隔离开关进行选型、操作和巡检。

实训设备

（1）SLBDZ－1 型变电站综合自动化实训系统。

（2）SLGPD－3 型低压供配电拆装实训装置。

（3）伯努利仿真软件。

知识准备

一、隔离开关的基本概念

（一）隔离开关的概念

隔离开关又称接地刀闸，是一种高压开关电器。隔离开关本身没有灭弧装置，所以没有切断负荷电流和短路电流的能力。要与高压断路器配合使用，必须在断路器断开的状态时才能对隔离开关进行操作。

（二）隔离开关的作用及分类

1. 隔离开关的作用

高压隔离开关的运行维护 ppt

隔离开关是具有可靠断口的开关，而且断开间隙的绝缘及相间绝缘都是足够可靠的，可用于通断有电压而无负载的线路，还允许接通或断开空载的短线路、电压互感器及有限容量的空载变压器。

（1）隔离开关主要用来将配电装置中需要停电的部分与带电部分可靠地隔离，以保证检修工作的安全。

高压隔离开关的运行维护视频

（2）触头全部敞露在空气中，具有明显的断开点，隔离开关没有灭弧装置，因此不能用来切断负荷电流或短路电流，否则，在高压作用下，断开点将产生强烈电弧，并很难自行熄灭，甚至可能造成飞弧（相对地或相间短路），烧损设备，危及人身安全，这就是所谓带负荷拉隔离开关的严重事故。

（3）隔离开关还可以用来进行倒闸操作，以改变系统的运行方式。例如，在双母线电路中，可以用隔离开关将运行中的电路从一条母线切换到另一条母线上。同时，也可以用来操作一些小电流的电路，如励磁电流不超过 2 A 的空载变压器、电容电流不超过 5 A 的空载线路等。有的隔离开关带有高压传感器，可接带电显示器。

2. 隔离开关的分类

（1）按装设地点，可分为户内式和户外式。

（2）按绝缘支柱，可分为单柱式、双柱式和三柱式。

（3）按操作机构，可分为手动式、电动式、气动式、液压式。

（4）按有无接地刀闸，可分为两侧有接地刀闸、一侧有接地刀闸、无接地刀闸。

（5）按动触头运动方式，可分为摆动式、水平螺旋式、插入式。

（6）按极数，可分为单极和双极。

（三）隔离开关的技术参数

（1）额定电压。指隔离开关长期运行时所能承受的工作电压。

（2）最高工作电压。指隔离开关能承受的超过额定电压的最高电压。

（3）额定电流。指隔离开关可以长期通过的工作电流。

（4）热稳定电流。指隔离开关在规定的时间内允许通过的最大电流。它表明了隔离开关承受短路电流热稳定的能力。

（5）极限通过电流峰值。指隔离开关所能承受的最大瞬时冲击短路电流。

（四）隔离开关型号意义

隔离开关的型号一般由文字符号和数字组成。

隔离开关的型号参数及含义：

□□□—□□/□

第一位：产品字母代号（G—隔离开关，J—接地开关）。

第二位：使用环境（N—户内，W—户外）。

第三位：设计序号（1，2，3，…）。

第四位：额定电压（单位 kV）。

第五位：派生代号（K—带快分装置，D—带接地刀闸，G—改进型，T—统一设计产品，C—人力操作机构）。

第六位：额定电流（单位 A）。

例如，GW4－12（40.5）DⅠ（W）/630，户外隔离开关型号含义如图 3－2－1 所示。

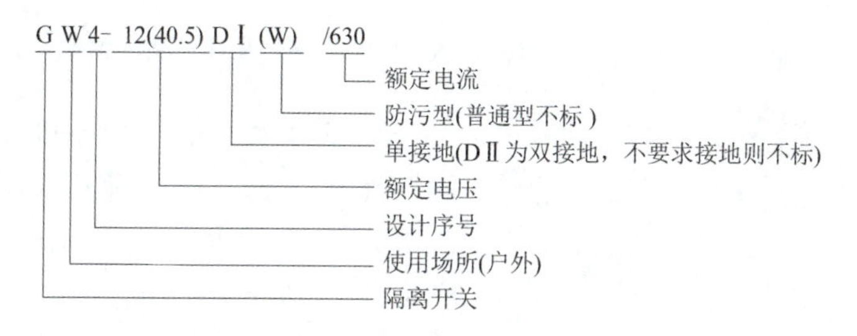

图 3－2－1　户外隔离开关型号含义

二、隔离开关的工作原理及运行特点

（一）隔离开关的基本要求

（1）隔离开关应具有良好的断口点且利于观察，以便运行人员能准确地观察隔离开关的分合闸状态及确定被检修的电气设备是否与电网断开。

高压隔离开关结构 3D 演示

（2）隔离开关断口处应具有良好的绝缘，以便在恶劣条件下能可靠地工作，不会发生闪络及漏电等现象，防止危及人身安全。

（3）隔离开关应具有足够的热稳定性和动稳定性，不能由于外界的条件或者电动力等因素而影响触头的正常分合。

（4）隔离开关与断路器配合使用时，必须有连锁机构，以保证正确的操作顺序。停电时，先断开隔离开关再断开断路器，避免带负荷拉隔离开关引起事故。

（5）隔离开关带有接地刀闸时，必须有连锁机构，以保证正确的操作顺序，先断开隔离开关后再合上接地刀闸。

（6）隔离开关应具有足够的机械强度和小的外形。

（二）隔离开关的基本结构

高压隔离开关由导电部分、绝缘部分、传动部分、操动部分和底座五部分组成。其外形如图 3－2－2 所示。

1. 导电部分

由一条弯成直角的铜板构成静触头，其有孔的一端可通过螺钉与母线相连接；另一端较短，合闸时它与动刀片（动触头）相接触。

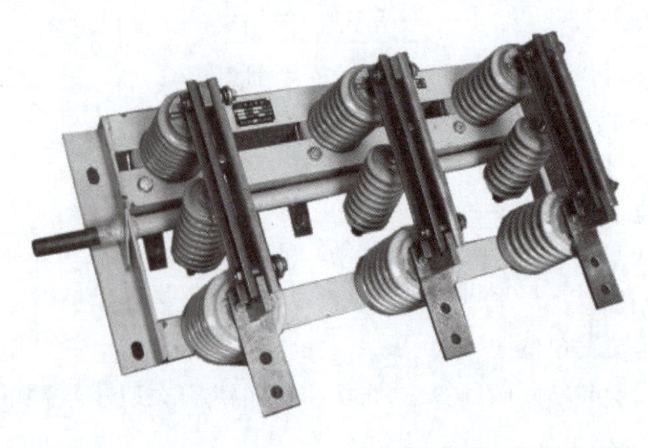

图 3-2-2　GN19-10、GN19-10C 高压隔离开关的结构

两条铜板组成接触条，又称为动触头，可绕轴转动一定角度，合闸时它夹持住静触头。两条铜板之间有夹紧弹簧用于调节动静触头间接触压力，同时两条铜板在流过相同方向的电流时，它们之间产生相互吸引的电动势，这就增大了接触压力，提高了运行可靠性。在接触条两端安装有镀锌钢片，叫磁锁，在流过短路故障电流时，磁锁磁化后产生相互吸引的力量，加强了触头的接触压力，从而提高了隔离开关的动、热稳定性。

2. 绝缘部分

隔离开关的绝缘主要有两种：一是对地绝缘，二是断口绝缘。对地绝缘一般由支柱绝缘子和操作绝缘子构成。它们通常采用实心棒形瓷质绝缘子，有的采用环氧树脂等做绝缘材料。断口绝缘具有明显可见的间隙断口，绝缘必须稳定可靠，通常以空气为绝缘介质，断口绝缘水平应较对地绝缘高 10%～15%，以保证断口处不发生闪络或击穿。

动静触头分别固定在两套支持瓷瓶上。为了使动触头与金属的、接地的传动部分绝缘，采用了瓷质绝缘的拉杆绝缘子。

3. 传动部分

有主轴、拐臂、拉杆绝缘子等。

4. 操动部分

与断路器操作机构一样，通过手动、电动、气动、液压等方式为隔离开关的动作提供能源。

5. 底座部分

由钢架组成。支持瓷瓶或套管瓷瓶以及传动主轴都固定在底座上。底座应接地。总之，隔离开关结构简单，无灭弧装置，处于断开位置时，有明显的断开点，其分合状态很直观。

（三）户外隔离开关的使用环境和结构特点

思考：高压隔离开关的基本结构是怎样的？

三、隔离开关运行中的巡视检查项目

【全国职业院校技能大赛】
模块二　新型电力系统组网与运营调度
任务一　低压配电系统的设计、安装与运维
三、低压配电装置故障排查

（一）隔离开关运行中常见的缺陷及检修方法

隔离开关运行中常见的缺陷及检修方法

高压隔离开关检修

（二）隔离开关运行中的巡视检查项目

【1+X证书考点】

2.3.1　能检查隔离开关触头、触指（包括滑动触指）、压紧弹簧有无损伤、变色、锈蚀、变形，导电臂（管）有无损伤、变形；引线弧垂是否满足要求，有无散股、断股，两端线夹有无松动、裂纹、变色。

2.3.2　能检查绝缘子外观是否清洁，有无倾斜、破损、裂纹、放电痕迹或放电异声。

2.3.3　能检查隔离开关传动连杆、拐臂有无锈蚀、松动、变形；接地开关可动部件与其底座之间的软连接是否完好、牢固。

2.3.4　能检查隔离开关操动机构机械指示与隔离开关实际位置是否一致；各部件有无锈蚀、松动、脱落现象，连接轴销是否齐全。

2.3.5　能检查合闸状态的隔离开关触头接触是否良好，合闸角度是否符合要求；分闸状态的隔离开关触头间的距离或打开角度是否符合要求；操动机构的分、合闸指示与本体实际分、合闸位置是否相符。

2.3.6　能检查隔离开关名称、编号、铭牌是否齐全清晰，相序标识是否明显；机构箱有无锈蚀、变形现象，机构箱锁具、接地连接线是否完好。

隔离开关在变电站运行数量多，其导电部位连接点多、传动部件多、动触头行程大，触头长期暴露在空气中，容易发生腐蚀和脏污。为了保证隔离开关的正常运行和操作，必须按规定进行巡视检查，运行时，温度不应超过允许温度70 ℃，隔离开关的接头和触头不应有过热现象，可采用变色漆或蜡片进行监视，如发现缺陷，应及时消除，以保证隔离开关安全运行。巡视检查的项目如下：

（1）操动机构箱、端子箱、辅助触点盒等应关闭且密封良好，能防雨防潮。

（2）操动机构箱、端子箱内应无异常，熔断器、热耦继电器、二次接线、端子连接、加热器等应完好。

（3）接地开关应接地良好，并应注意检查其可见部分，特别是易损坏的部分。

（4）支持绝缘子应清洁完好，无裂纹，无电晕、无放电闪络现象和异常声音。

（5）触头、接点接触应良好，无螺丝断裂或松动现象，无严重发热和变形现象。

(6) 引接线应无松动、无严重摆动和烧伤断股现象，均压环应牢固，不偏斜。

(7) 隔离开关本体、连杆和转轴等机械部分应无损伤，无变形，无锈蚀，各部件连接应紧固，位置应正确，无歪斜、松动、脱落等不正常现象。

(8) 刀片和刀口的消弧角应无烧伤、无变形、无锈蚀、无歪斜，否则，会使触头接触不良。

(9) 刀片和刀口应无脏污、无烧伤痕迹，弹簧片、弹簧及铜瓣子应无断股、折断等现象。

(10) 防误闭锁安装应良好，电磁锁、机械锁等无损坏现象，销子销牢，辅助开关触点位置正确。

(11) 定期用红外测温仪检测触头、触点的温度，使其不应超过允许温度。

(12) 对触头进行检查时，应注意掌握点接触、线接触、面接触、滑动接触等各种不同触头接触形式的以下特点：

①点接触触头。一方面，常常会因操动连杆位置不正确而发生刀口一面接触一面不接触的现象；另一方面，是三相不平衡，合闸时一相或两相入槽。

②线接触触头。常见的故障是刀片不能全部合入刀口内或弹簧片不紧。此外，还有由于刀片和刀口因安装不正而引起接触不良。

③面接触触头。触头压力不易调整，常见的故障是刀口弹力可能会逐渐减小；当发热程度达到金属退火温度时，刀口弹力会更小；还会发生刀口一面接触一面不接触或接触松的现象。

④滑动接触触头。常见的故障是接触面不平或接触不紧。

四、隔离开关的操作及注意事项

隔离开关的操作及注意事项

思考：高压隔离开关的作用是什么？

【思考感悟】 观看微视频装设“安全气囊”的典型案例，并通过学习负荷开关操作基本原则，使用操作事项等知识，分析事故原因，谈谈感想。 装设“安全气囊”	谈一谈你的感想：

五、隔离开关的异常运行分析及其处理

（一）隔离开关运行维护中的检查项目及注意事项

1. 隔离开关的正常运行

隔离开关正常运行状态是指在额定条件下，连续通过额定电流而热稳定、动稳定不被破坏的工作状态。

2. 隔离开关正常巡视检查项目

隔离开关在运行中，要加强检查，及时发现异常或缺陷并做出处理，防止异常或缺陷转化为事故。检查项目包括：

（1）隔离开关本体检查。检查开关合闸状况是否良好，有无合不到位或错位现象。

（2）绝缘子检查。检查隔离开关绝缘子是否清洁完整，有无裂纹、放电现象和闪络痕迹。

（3）触头检查。检查触头有无脏污、变形锈蚀，触头是否倾斜；检查触头弹簧或弹簧片有无折断现象；检查隔离开关触头是否由于接触不良而引起发热、发红。夜巡时应特别注意，看触头是否烧红，严重时会烧焊在一起，使隔离开关无法拉开。

（4）操作机构检查。检查操作连杆及机械部分有无锈蚀、损坏，各机件是否紧固，有无歪斜、松动、脱落等不正常现象。

（5）底座检查。检查隔离开关底座连接轴上的开口销是否断裂、脱落，法兰螺栓是否紧固，有无松动现象，底座法兰有无裂纹等。

（6）接地部分检查。对于接地的隔离开关，应检查接地刀口是否严密，接地是否良好，接地体可见部分是否有断裂现象。

（7）防误闭锁装置检查。检查防误闭锁装置是否良好；隔离开关在拉、合后，检查电磁锁或机械锁是否锁牢。

<table>
<tr>
<td>【思考感悟】
观看以下“电力机器人巡检作业案例”，谈谈你的收获。

电力机器人巡检作业案例</td>
<td>谈一谈你的感想：</td>
</tr>
</table>

说明：不管什么类型的高压开关柜及电气设备，均需要精益求精地设计制造，同时，严格执行电气安全操作规程和日常的维护保养，否则，就容易出现严重事故。

（二）隔离开关异常运行分析及事故处理

隔离开关异常运行分析及事故处理

课后拓展：电气设备局部放电在线监测

特高频局放检测法：指信号频率在300～3 000 MHz范围内的电磁波。每一次局部放电过程都伴随着正负电荷的中和，并出现陡度很大的电流脉冲，同时向周围辐射电磁波。开关柜内部局部放电时的电流脉冲能在内部激励频率高达500～1 500 MHz的电磁波，产生的电磁波可以通过金属箱体的接缝处、观察窗或气体绝缘开关的衬垫传播出去。当放电间隙比较小、放电间隙的绝缘强度比较高时，放电过程的时间比较短，电流脉冲的陡度比较大，特高频局放监测技术就是通过监测这种电磁波信号来实现局放监测功能的。

超声波局放检测法：局部放电产生的声波的频谱很宽，可以从几十赫兹到几兆赫兹，其中频率低于20 kHz的信号能够被人耳听到，而高于这一频率的超声波信号必须用超声波传感器才能接收到。通过测量超声波信号的声压大小，可以推测出放电的强弱。对因局部放电而产生频率为20～200 kHz的声信号进行采集、分析、判断的监测方法为超声波局放检测法。

暂态地电波局放检测法：暂态地电波特指电气设备中由于局部放电现象而在电气设备接地外壳及接地线中激励的频率在3～100 MHz之间的电磁波信号序列。高压开关柜内部局部放电产生的电磁波可以通过金属箱体的接缝处或气体绝缘开关的衬垫传播出去，同时产生一个暂态地电波，通过设备的金属箱体外表面而传到地下。对因局部放电产生的3～100 MHz频率的信号进行采集、分析和判断。

配电房空间局放检测法：其依托于电磁波空间定位技术，是近年来发展起来的一项新技术，通过全向特高频传感天线检测局放激发产生的电磁波信号，能够大范围（半径20 m）地接收泄漏出来处于空间中的局放电磁波信号，用于变/配电站整站及电缆设备运行状态监测，有效监测及故障定位距离为5～20 m。检测带宽为500～2 000 MHz，属于特高频检测法。带宽优于传统特高频传感器。全向电磁波特高频天线无须表贴式安装，敞开在所要监测的环境中，在操作上优于传统产品，安全，且无须对一次设备有任何影响。在配电房安装主要考虑全局覆盖和取电源方便，通常安装在开关柜整排中间区域，方便全局监控，同时，照顾到取电位置，全向传感器的监测范围为有效半径20 m。可到现场通过网线连接主机查看实时监测图谱（PRPD和PRPS图），客户可自行选择查看方式。具体结构如图3－2－3所示。

高频局部放电检测方法是用于电力设备局部放电缺陷检测的常用测量方法之一，其检测频率范围通常在3～30 MHz之间。高频局部放电监测技术可广泛应用于电力电缆及其附件、变压器、电抗器、旋转电机等电力设备的局放检测，其高频脉冲电流信号由电感式耦合传感器进行耦合。

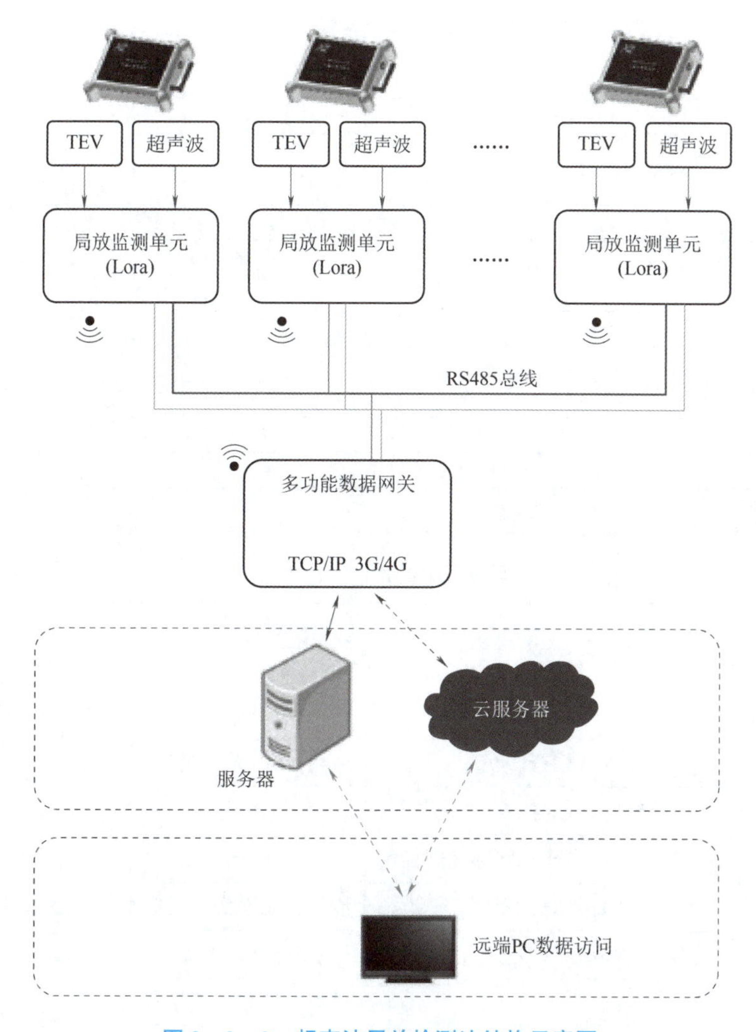

图3－2－3　超声波局放检测法结构示意图

任务实施

根据所学的中置式高压开关柜完成高压隔离开关的检修操作任务，填写检修操作步骤，完成检修项目工单。

高压隔离开关检修操作步骤

检修时间：　　　　年　　月　　日

√	顺序	操作项目
	1	
	2	
	3	
	4	
	5	
	6	
	7	
	8	
	9	
	10	

小组分工：________________________

隔离开关的检修项目工单

<table>
<tr><td>变电所</td><td colspan="2"></td><td>安装位置</td><td colspan="2"></td></tr>
<tr><td>型号</td><td colspan="2"></td><td>检验日期</td><td colspan="2"></td></tr>
<tr><td>工序</td><td colspan="2">检验项目</td><td>质量标准</td><td>检验方法及器具</td><td>检验结果</td></tr>
<tr><td rowspan="4">磁柱检查</td><td colspan="2">外观检查</td><td>清洁，无裂纹</td><td rowspan="2">观察检查</td><td></td></tr>
<tr><td colspan="2">磁铁胶合处检查</td><td>胶合牢固</td><td></td></tr>
<tr><td colspan="2">磁柱与底座平面操作轴间连接螺栓</td><td>紧固</td><td>用扳手检查</td><td></td></tr>
<tr><td colspan="2">均压环外观检查</td><td>清洁，无损伤，变形</td><td>观察检查</td><td></td></tr>
<tr><td rowspan="4">导电部分</td><td colspan="2">可挠软连接检查</td><td>连接可靠，无折损</td><td>扳动检查</td><td></td></tr>
<tr><td colspan="2">接线端子检查</td><td>清洁，平整，并涂有电力复合脂</td><td>观察检查</td><td></td></tr>
<tr><td rowspan="2">接触部位检查</td><td>触头表面镀银层</td><td rowspan="2">完整，无脱落</td><td>观察检查</td><td></td></tr>
<tr><td>接触面宽度</td><td>用塞尺检查</td><td></td></tr>
<tr><td rowspan="7">传动装置检查</td><td rowspan="2">传动部分</td><td>部件安装</td><td>连接正确，固定牢固</td><td>观察检查</td><td></td></tr>
<tr><td>操作检查</td><td>咬合准确，轻便灵活</td><td rowspan="3">操动检查</td><td></td></tr>
<tr><td colspan="2">定位螺钉调整</td><td>可靠，能防止拐臂过死点</td><td></td></tr>
<tr><td colspan="2">辅助开关检查</td><td>动作可靠，触点接触良好</td><td></td></tr>
<tr><td colspan="2">接地刀与主触头间机械或电气闭锁</td><td>准确可靠</td><td></td><td></td></tr>
<tr><td colspan="2">限位装置动作检查</td><td>在分、合闸极限位置可靠切除电源</td><td>操动检查</td><td></td></tr>
<tr><td colspan="2">机构箱密封垫检查</td><td>完整</td><td>观察检查</td><td></td></tr>
</table>

续表

变电所			安装位置		
本体检查	合闸状态	触头间相对位置	按制造厂规定	对照厂家规定检查	
		备用行程			
		触头两侧接触压力			
	分闸状态触头间净距或拉开角度		按制造厂规定	对照厂家规定检查	
	触头接触时不同期允许值				
	引弧触头与主触头动作顺序		正确	操动检查	
	本体与机构联动试验		动作平稳，无卡阻		
接地	底座接地		牢固，导通良好	扳动并导通检查	
	机构箱接地				
其他	防松件检查		防松螺母紧固，开口销打开	观察检查	
	相色标志		正确、清晰		
	孔洞处理		密封良好		

任务评价

任务评价表如表 3-2-1 所示，总结反思如表 3-2-2 所示。

表 3-2-1　任务评价表

评价类型	赋分	序号	具体指标	分值	得分		
					自评	组评	师评
职业能力	55	1	读懂高压隔离开关巡检任务	5			
		2	检修工作过程顺序正确	10			
		3	检查项目填写用词准确	10			
		4	检查项目工单应使用钢笔或圆珠笔，字迹不得潦草和涂改，票面整洁	10			
		5	检修操作步骤完整	10			
		6	操作人审核操作票，监护人复审签字	10			
职业素养	20	1	坚持出勤，遵守纪律	5			
		2	协作互助，解决难点	5			
		3	按照标准规范操作	5			
		4	持续改进优化	5			

续表

评价类型	赋分	序号	具体指标	分值	得分		
					自评	组评	师评
劳动素养	15	1	按时完成，认真填写记录	5			
		2	保持工位卫生、整洁、有序	5			
		3	小组分工合理	5			
思政素养	10	1	完成思政素材学习	4			
		2	规范意识（从文档撰写的规范性考量）	6			
总分				100			

表 3-2-2　总结反思

总结反思	
• 目标达成：知识□□□□□　能力□□□□□　素养□□□□□	
• 学习收获：	• 教师寄语： 签字：________
• 问题反思：	

课后任务

1. 问答与讨论

（1）隔离开关的主要作用是什么？

（2）隔离开关型号的含义是什么？

（3）高压隔离开关是如何进行分类的？

（4）对隔离开关有哪些基本要求？

（5）隔离开关拉不开怎么办？

（6）隔离开关有哪些异常运行情况？应该怎样进行处理？

（7）隔离开关拒绝合闸、分闸的原因是什么？

2. 巩固与提高

通过本任务的学习，掌握了高压隔离开关的基本概念、结构、分类以及工作原理，学会了高压隔离开关的运行与维护，能够根据给定的条件完成高压隔离开关的检修及运维，明白了检修工作步骤的撰写规范及操作过程。利用课余时间，小组自行查阅因高压隔离开关运行维护不当引发的事故案例，阐述事故经过，分析产生事故原因、暴露的问题、预防措施、处罚情况、心得体会，案例撰写见任务模板。

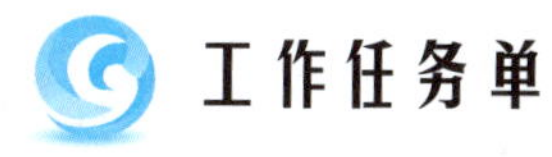

工作任务单

《发电厂变电所电气设备》工作任务单

<table>
<tr><td>工作任务</td><td colspan="4"></td></tr>
<tr><td>小组名称</td><td colspan="2"></td><td>工作成员</td><td></td></tr>
<tr><td>工作时间</td><td colspan="2"></td><td>完成总时长</td><td></td></tr>
<tr><td colspan="5">工作任务描述</td></tr>
<tr><td colspan="5"></td></tr>
<tr><td rowspan="3">小组分工</td><td>姓名</td><td colspan="3">工作任务</td></tr>
<tr><td></td><td colspan="3"></td></tr>
<tr><td></td><td colspan="3"></td></tr>
<tr><td colspan="5">任务执行结果记录</td></tr>
<tr><td>序号</td><td colspan="2">工作内容</td><td>完成情况</td><td>操作员</td></tr>
<tr><td>1</td><td colspan="2"></td><td></td><td></td></tr>
<tr><td>2</td><td colspan="2"></td><td></td><td></td></tr>
<tr><td>3</td><td colspan="2"></td><td></td><td></td></tr>
<tr><td>4</td><td colspan="2"></td><td></td><td></td></tr>
<tr><td colspan="5">任务实施过程记录（附工作票、检修票）</td></tr>
<tr><td colspan="5"></td></tr>
<tr><td>上级验收评定</td><td colspan="2"></td><td>验收人签名</td><td></td></tr>
</table>

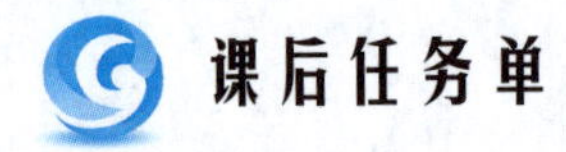

《发电厂变电所电气设备》
课后作业

内容：______________________________
班级：______________________________
姓名：______________________________

________________系

作业要求

关于高压隔离开关运行维护不当事故案例：

1. 事故经过

2. 产生原因

3. 暴露问题

4. 预防措施

5. 处罚情况

6. 心得体会

任务三 高压负荷开关与熔断器的运行与维护

学习目标

知识目标：

- 理解负荷开关的基本概述。
- 掌握不同类型负荷开关工作原理。
- 掌握高压负荷开关的运行与维护。
- 理解熔断器的基本概念。
- 掌握熔断器的种类及用途、技术参数及型号。
- 掌握高压熔断器的基本结构及工作原理。
- 了解熔断器的选择及校验。
- 掌握高压熔断器的运行与维护。

技能目标：

- 能够完成高压负荷开关和熔断器的选型及校验。
- 具备团队合作能力。
- 具备较好的语言表达能力。
- 具备较好的组织协调能力。

素养目标：

- 培养安全意识、规范意识、爱岗敬业精神。

任务要求

通过前两个任务的学习，知道了高压断路器和高压隔离开关的基本概念、结构形式以及运行维护，本任务的学习要求如下：

（1）明确高压负荷开关和熔断器的基本概念，高压负荷开关和熔断器的作用、种类、型号及其结构和工作原理。

（2）掌握不同工况下，高压负荷开关和熔断器的操作方法及其运行与维护过程。

（3）掌握不同工况下，高压负荷开关和熔断器的选型、操作和巡检。

实训设备

（1）SLBDZ－1 型变电站综合自动化实训系统。

（2）SL－XGN66－12 成套高压开关柜。

（3）SLGPD－3 型低压供配电拆装实训装置。

（4）伯努利仿真软件。

知识准备

一、高压负荷开关与熔断器的基本概念

（一）负荷开关的概述

高压负荷开关的运行维护 ppt

高压负荷开关是一种功能介于高压断路器和高压隔离开关之间的电器，高压负荷开关常与高压熔断器串联配合使用，用于控制电力变压器。高压负荷开关具有简单的灭弧装置，因为能通断一定的负荷电流和过负荷电流。但是它不能断开短路电流，所以它一般与高压熔断器串联配合使用，借助熔断器来进行短路保护。

负荷开关及组合电器适用于三相交流 10 kV、50 Hz 的电力系统中，或与成套配电设备及环网开关柜、组合式变电站等配套使用，广泛用于域网建设改造工程、工矿企业、高层建筑和公共设施等，可作为环网供电或者终端，起着电能的分配、控制和保护的作用。

（二）负荷开关工作原理

高压负荷开关的运行维护视频

负荷开关种类较多，从使用环境上分，有户内式、户外式；从灭弧形式和灭弧介质上分，有压气式、产气式、真空式、六氟化硫式等。对于 10 kV 高压用户来说，老用户用的多为户内压气式或产气式；新用户采用环网柜，用的多为六氟化硫式。10 kV 架空线路上用的是户外式。

下面以 FN4－10 型真空负荷开关（图 3－3－1）为例介绍负荷开关的工作原理。

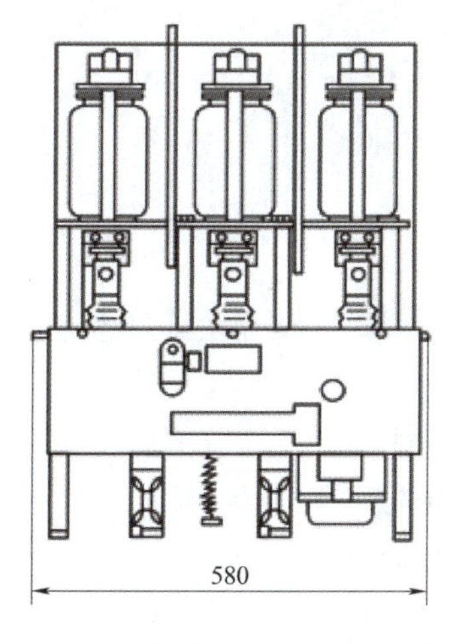

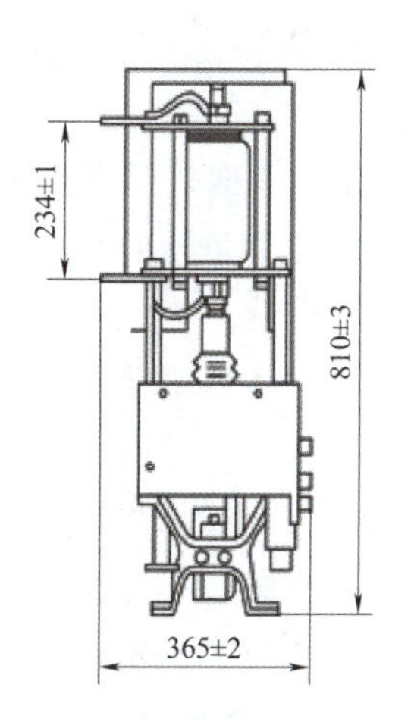

图 3－3－1　FN4－10 型负荷开关外形图

FN4－10 型采用真空灭弧室，因而具有频繁操作能力，适用于电炉变压器、高压电动机、高压电容器组等设备的控制与保护。

FN4－10 由真空灭弧室和机构两部分组成，机构采用落地式结构。机构底架的下部有分闸及合闸电磁铁、分闸弹簧、辅助开关；机构底架的上部有断路器主轴、合闸支架、分闸跳板。三个环氧树脂绝缘子通过内、外连接头与真空灭弧室的动导电杆相连接。机构外部有钢板外罩，罩上有手动分、合闸装置，供调整时分合闸用。真空灭弧室装于绝缘撑板上，用八根绝缘杆与底架绝缘。板上用九根绝缘杆及压板固定三相灭弧室。

（三）其他负荷开关工作原理

其他负荷开关工作原理及知识拓展

（四）高压熔断器的概述

1. 高压熔断器的概念及用途

熔断器是一种最原始和最简单的保护电器，俗称保险。它是在电路中人为地设置一个易熔断的金属元件，当电路发生短路或者过负荷时，元件会因为本身过热达到它的熔点而自行熔断，从而切断电路，使回路中的其他电气设备得到保护。

高压熔断器的运行维护 ppt

熔断器具有结构简单、体积小、质量小、价格低廉、使用灵活、维护方便等优点，一般应用在 60 kV 及以下的电压等级的小容量装置中，主要作为小功率辐射型电网和小容量变电所等电路的保护，也常用来保护电压互感器。在 3～60 kV 系统中，还与负荷开关及断路器等其他开关电器配合使用，用来保护电力线路、变压器及电容器组。在 1 kV 及以下的装置中，熔断器使用最多，一般与刀开关电器在一个壳体内组合成负荷开关或熔断器或刀开关。

高压熔断器的运行维护视频

2. 高压熔断器的种类

熔断器的种类很多，一般按以下方法进行分类：

（1）按电压等级，分为低压和高压两类。

（2）按使用环境，分为户内式和户外式。

（3）按结构形式，分为螺旋式、插入式、管式以及开敞式、半封闭式和封闭式等。

跌落式熔断器认知

（4）按有无填料，分为填充料式和无填充料式。

（5）按工作特性，分为有限流作用和无限流作用。

（6）按动作性能，可分为固定式和自动跌开式。

熔断器 VR 操作演示

（五）高压熔断器的基本结构及工作原理

1. 熔断器的基本结构

如图 3－3－2 所示，高压熔断器由金属熔体（熔丝）、触头、灭弧装置（熔管）、绝缘底座组成。

（1）熔断体（熔体、熔丝、核心）：正常工作时起导通电路的作用，在故障情况下，熔体将首先熔化，从而切断电路，实现对其他设备的保护。

（2）熔断器载熔件：用于安装和拆卸熔体，常采用触点的形式。

（3）熔断器底座：用于实现各导电部分的绝缘和固定。

（4）熔管：用于放置熔体，限制熔体电弧的燃烧范围，并可灭弧。

（5）充填物：一般采用固体石英砂，用于冷却和熄灭电弧。

（6）熔断指示器：用于反映熔体的状态，即完好或已熔断。

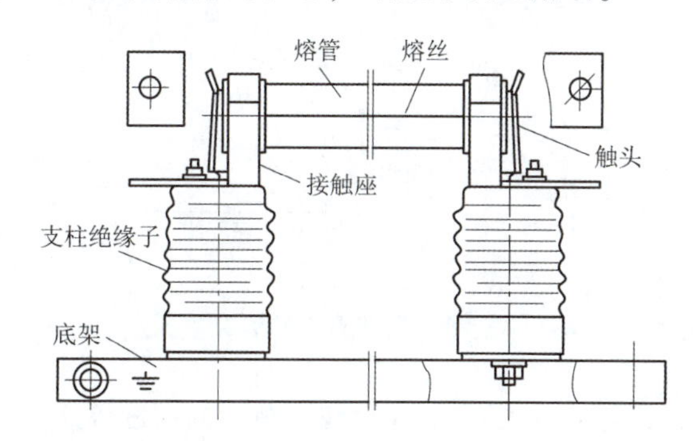

图 3－3－2　RN1 型熔断器的外形图

熔体是熔断器内的主要元件。它由金属制成，具有一定的截面。常用金属材料有铜、银、铅、铅锡合金和锌。铅、铅锡合金和锌的熔点低，电阻率较大，所以制成的熔体截面积大，形成的电弧截面也大，不易熄弧。铜、银的电阻率小，热传导率高，制成的熔体截面小，缺点是熔点高，小而持久地过负荷时不易熔化。

解决方法：在铜或银熔体的表面焊上小锡球或小铅球，当熔体发热到锡或铅的熔点时，锡或铅的小球先熔化，渗入铜或银的内部，形成合金（电阻大，熔点低），在小球处熔断，即冶金效应法。

2. 熔断器的工作原理

1）熔断器的保护特性

熔断器熔体的熔断时间与熔体的材料及熔断电流的大小有关。熔断时间与电流的大小关系，称为熔断器的安秒特性，也称为熔断器的保护特性，如图 3－3－3 所示。

熔断器的保护特性曲线为反时限的保护特性曲线，其规律是熔断时间与电流的平方成反比，如图 3－3－4 所示。I_m 称为最小熔化电流或称临界电流。熔体的额定电流 I_{mx} 应小于1。

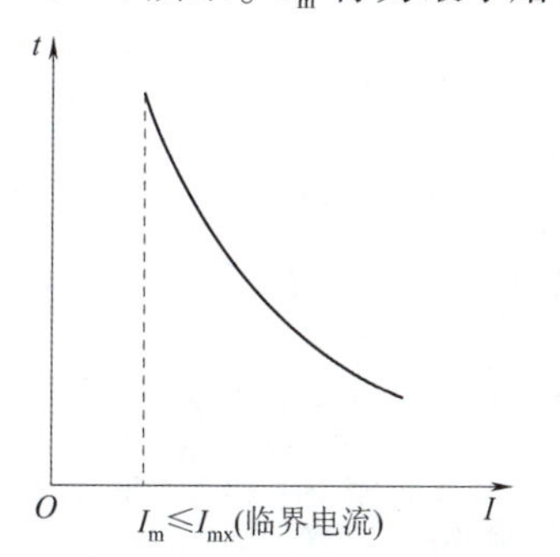

图 3－3－3　熔断时间与电流关系

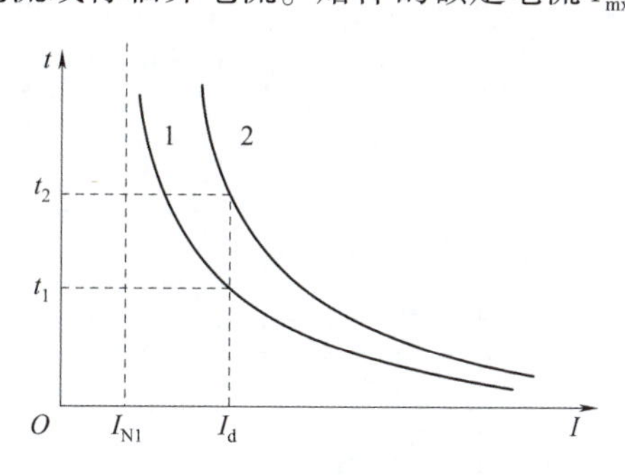

图 3－3－4　熔断器保护特性曲线

2）选择特性

选择特性指当电网中有几级熔断器串联使用时，分别保护各电路中的设备，如果某一设备发生过负荷或短路故障，应当由保护该设备（离该设备最近）的熔断器熔断，切断电路，即为选择性熔断。如果保护该设备的熔断器不熔断，而由上级熔断器熔断或者断路器跳闸，即为非选择性熔断，如图 3 -3 -5 所示。

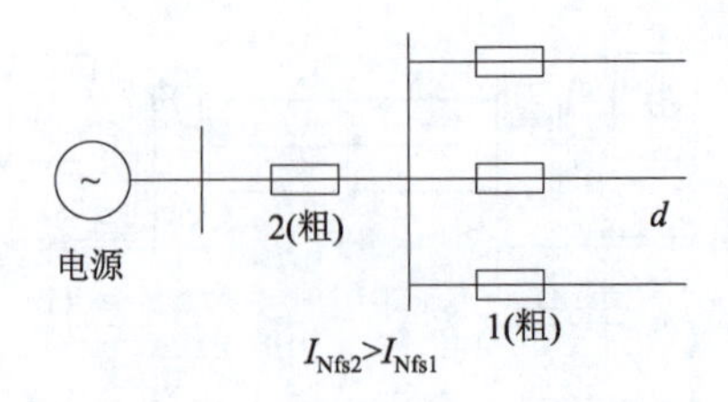

图 3 -3 -5　熔断器之间的保护配合

对于 d 点短路而言，熔断器 1 熔断是选择性熔断，而熔断器 2 熔断则是非选择性熔断。

3. 高压熔断器的技术参数

1）额定电压

它既是绝缘所允许的电压等级，又是熔断器允许的灭弧电压等级。

2）额定电流

它指一般环境（≤40 ℃）下熔断器壳体载流部分和接触部分允许通过的长期最大工作电流。

3）额定开断电流

它指熔断器能够正常开断的最大电流。若被开断的电流大于此电流，有可能导致熔断器损坏，由于电弧不能熄灭而引起相间短路。

4）熔体的额定电流

它指熔体允许长期通过而不致发生熔断的最大有效电流。该电流可以不大于熔断器的额定电流，但不能超过。

4. 高压熔断器的型号

高压熔断器型号一般由英文字母和阿拉伯数字组成，表示方法如图 3 -3 -6 所示。

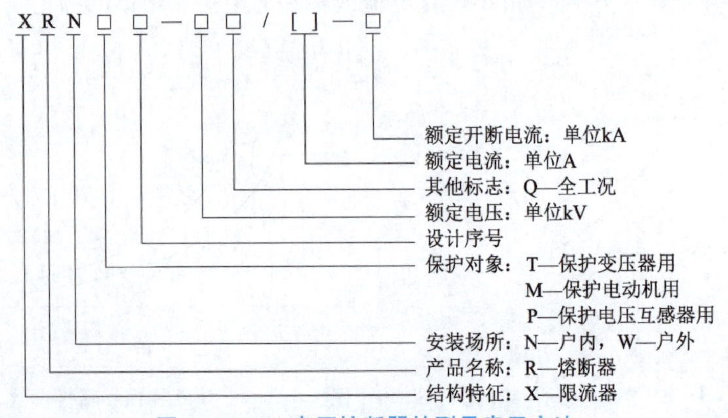

图 3 -3 -6　高压熔断器的型号表示方法

例如：RW4－10/50 型，即指额定电流 50 A、额定电压 10 kV、户外 4 型高压熔断器。

二、高压负荷开关的运行与维护

【全国职业院校技能大赛】
模块二 新型电力系统组网与运营调度
任务一 低压配电系统的设计、安装与运维
一、低压断路器单元接线图设计

（一）负荷开关运行巡视检查的内容

高压负荷开关检修

（1）观察有关的仪表指示应正常，以确定负荷开关现在的工作条件正常。如果负荷开关的回路上装有电流表，则可知道该开关是轻载还是重载，甚至是过负荷运行，如果是过负荷运行，并且有电压表指示母线电压，则可知道是在额定电压下还是在过电压下运行。这些都表明了该开关目前实际运行条件，会直接影响到负荷开关的工作状态。

（2）运行中，负荷开关应没有异常响声，如放电声、过大的震动声等。

（3）运行中的负荷开关应没有异常气味，如果出现有绝缘漆或者塑料护套的气味，说明与负荷开关连接的母线在连接点附近过热。

（4）连接点应无腐蚀、无过热变色现象。

（5）在合闸位置时，应接触良好，切、合深度适当，无侧击。

（6）在分闸位置时，分开的垂直距离应合乎要求。

（7）动静触头的工作状态到位。

（8）传动机构、操作机构的零部件完整，连接件紧固，操作机构的分合指示应与负荷开关的实际工作一致。

（二）负荷开关的维护注意事项

检查操作机构有无卡住。合闸时，三相触头是否同期接触，其中心有无偏移现象；负荷开关主触头的接触应该良好，触点无发热现象。安全分闸时，刀开关张开角度应大于 58°，以达到可靠隔离的作用。断开时应有明显的断开点。

负荷开关应垂直安装，运行时，分闸加速弹簧不可拆除。投入运行前，应把绝缘子擦拭干净，并检查是否有外伤、缺损、闪络痕迹，绝缘是否良好。

定期检查灭弧装置的完好情况。当负荷开关操作到一定次数后，灭弧装置的灭弧腔将逐渐损坏，使灭弧能力降低，甚至不能灭弧，如发现和更换不及时，严重时会造成接地或相间短路事故。因此，必须定期停电检查灭弧腔的完好情况并进行检修。

对油浸式负荷开关，要检查油面，缺油时要及时加油，以防操作时引起爆炸。在和高压熔断器配合使用时，应选择合理的熔断器进行使用。

检查并拧紧紧固件，以防在多次操作后松动。负荷开关的操作一般比较频繁，在运行时要保证传动部件的运行良好，防止生锈，要经常检查螺栓有无松动现象。

拓展阅读
融入点：高压负荷开关操作规范、高压负荷开关巡视与检查
观看微视频“最美电力人”，教育学生在学习和工作中要遵守职业规范，具备安全意识和规范意识，具备精益求精、追求卓越的工匠精神。
参考资料：  最美电力人

说明： 在运行维护过程中，不管出现什么样的问题，一定要严格按照规范和标准进行操作，及时汇报，及时处理，否则就容易出现严重事故。

三、高压熔断器的运行与维护

（一）高压熔断器运行时的注意事项

为使熔断器能更可靠、安全地运行，除了应按规定要求严格选择合格产品及配件外，在进行运行和维护时，也应该注意以下事项：

（1）检查瓷绝缘部分有无损伤和放电痕迹。

（2）检查熔断器的额定值与熔体的配合和负荷电流是否相适应。

（3）检查室内型熔断器瓷管的密封是否完好，导电部分与固定底座静触头的接触是否紧密。

（4）检查室外型熔断器导电部分接触是否紧密，弹性触点的推力是否有效，熔体本身是否有损伤，绝缘管有无损坏和变形。

（5）检查室外型熔断器的安装角度有无变化，分、合闸操作时应动作灵敏，熔体熔断时熔丝管掉落应迅速，以形成明显的隔离间隔，上、下触点应对准。

（二）停电检修时对熔断器检查内容

（1）检查熔断器上下连接引线有无松动、放电、过热现象。

（2）检查熔断器转动部位是否灵活，有无锈蚀、转动不灵等异常，零部件是否损坏。

（3）检查熔管经多次动作后管内产气用消弧管是否烧伤及日晒雨淋后是否损伤变形。

（4）检查静、动触点接触是否吻合，紧密完好。

（5）清扫绝缘子并检查是否有伤，拆开上、下引线后，用2 500 V摇表测试，绝缘电阻应大于300 MΩ。

<table>
<tr>
<td>【思考感悟】
认真阅读新闻——国网江西进贤县供电公司：供电质量“百日攻坚”只为群众用电更安心，谈谈你的感想。

供电质量“百日攻坚”</td>
<td>谈一谈你的感想：</td>
</tr>
</table>

任务实施

根据给出的高压开关柜完成高压负荷开关的检修操作任务，填写检修操作步骤，完成检修项目工单。

高压负荷开关检修操作步骤

检修时间：　　　　年　　月　　日

√	顺序	操作项目
	1	
	2	
	3	
	4	
	5	
	6	
	7	
	8	
	9	
	10	

小组分工：________________________________

高压负荷开关的检修项目工单

变电所			安装位置		
型号			检验日期		
工序	检验项目		质量标准	检验方法及器具	检验结果
型号参数检查	外观检查		清洁，无裂纹	观察检查	
	型号检查		符合要求		
	参数检查		符合要求		
	绝缘介质检查		符合要求		
导电部分	可挠软连接检查		连接可靠，无折损	扳动检查	
	接线端子检查		清洁，平整，并涂有电力复合脂	观察检查	
	接触部位检查	触头表面镀银层	完整，无脱落	观察检查	
		接触面宽度		用塞尺检查	
传动装置检查	传动部分	部件安装	连接正确，固定牢固	观察检查	
		操作检查	咬合准确，轻便灵活	操动检查	
	定位螺钉调整		可靠，能防止拐臂过死点		
	辅助开关检查		动作可靠，触点接触良好		
	机械或电气闭锁		准确可靠		
	限位装置动作检查		在分、合闸极限位置可靠切除电源	操动检查	
	机构箱密封垫检查		完整	观察检查	
本体检查	合闸状态	触头间相对位置	按制造厂规定检查	对照厂家规定检查	
		备用行程			
		触头两侧接触压力			
	分闸状态触头间净距或拉开角度		按制造厂规定检查	对照厂家规定检查	
	触头接触时不同期允许值				
	引弧触头与主触头动作顺序		正确	操动检查	
	本体与机构联动试验		动作平稳，无卡阻		
接地	底座接地		牢固，导通良好	扳动并导通检查	
	机构箱接地				
其他	防松件检查		防松螺母紧固，开口销打开	观察检查	
	相色标志		正确、清晰		
	孔洞处理		密封良好		

任务评价

任务评价表如表 3－3－1 所示，总结反思如表 3－3－2 所示。

表 3－3－1 任务评价表

评价类型	赋分	序号	具体指标	分值	得分		
					自评	组评	师评
职业能力	55	1	读懂操作任务	5			
		2	操作票顺序正确	10			
		3	操作票用词准确，要有统一确切的调度术语及操作术语	10			
		4	操作票应使用钢笔或圆珠笔填写，字迹不得潦草和涂改，票面整洁	10			
		5	操作票步骤完整	10			
		6	操作人审核操作票，监护人复审签字	10			
职业素养	20	1	坚持出勤，遵守纪律	5			
		2	协作互助，解决难点	5			
		3	按照标准规范操作	5			
		4	持续改进优化	5			
劳动素养	15	1	按时完成，认真填写记录	5			
		2	保持工位卫生、整洁、有序	5			
		3	小组分工合理	5			
思政素养	10	1	完成思政素材学习	4			
		2	规范意识（从文档撰写的规范性考量）	6			
总分				100			

表 3－3－2 总结反思

总结反思	
• 目标达成：知识□□□□□□ 能力□□□□□□ 素养□□□□□□	
• 学习收获：	• 教师寄语： 签字：________
• 问题反思：	

课后任务

1. 问答与讨论

（1）熔断器有哪些技术参数？

（2）熔断器的基本结构是什么？

（3）熔断器的保护特性是什么？与哪些因素有关？

（4）高压熔断器的分类有哪些？各自适用哪些场合？

（5）高压熔断器运行维护时，应注意的检查项目有哪些？

（6）负荷开关有何特点？它为什么经常与熔断器串联使用？

（7）负荷开关在结构上应满足哪些要求？

（8）负荷开关的作用是什么？

（9）负荷开关在结构原理上与隔离开关有哪些区别？

（10）高压负荷开关运行与维护应该注意哪些事项？

2. 巩固与提高

通过本任务的学习，掌握了高压负荷开关和熔断器的基本概念、结构、分类以及工作原理，学会了高压负荷开关和熔断器的运行与维护，能够根据给定的条件完成高压负荷开关和熔断器的检修与运维，明白了检修工作步骤的撰写规范及操作过程。利用课余时间，小组自行查阅因熔断器运行维护不当引发的事故案例，阐述事故经过，分析产生事故原因、暴露的问题、预防措施、处罚情况、心得体会，案例撰写见任务模板。

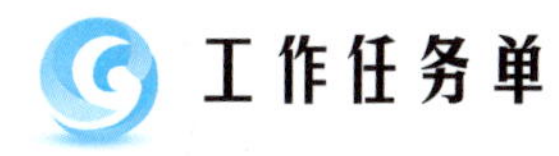

工作任务单

《发电厂变电所电气设备》工作任务单

<table>
<tr><td>工作任务</td><td colspan="3"></td></tr>
<tr><td>小组名称</td><td></td><td>工作成员</td><td></td></tr>
<tr><td>工作时间</td><td></td><td>完成总时长</td><td></td></tr>
<tr><td colspan="4">工作任务描述</td></tr>
<tr><td colspan="4"></td></tr>
<tr><td rowspan="3">小组分工</td><td>姓名</td><td colspan="2">工作任务</td></tr>
<tr><td></td><td colspan="2"></td></tr>
<tr><td></td><td colspan="2"></td></tr>
<tr><td colspan="4">任务执行结果记录</td></tr>
<tr><td>序号</td><td>工作内容</td><td>完成情况</td><td>操作员</td></tr>
<tr><td>1</td><td></td><td></td><td></td></tr>
<tr><td>2</td><td></td><td></td><td></td></tr>
<tr><td>3</td><td></td><td></td><td></td></tr>
<tr><td>4</td><td></td><td></td><td></td></tr>
<tr><td colspan="4">任务实施过程记录（附工作票、检修票）</td></tr>
<tr><td colspan="4"></td></tr>
<tr><td>上级验收评定</td><td></td><td>验收人签名</td><td></td></tr>
</table>

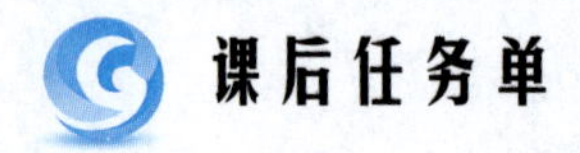

《发电厂变电所电气设备》
课后作业

内容：______________________

班级：______________________

姓名：______________________

______________系

作业要求

关于熔断器运行维护不当事故案例：

1. 事故经过

2. 产生原因

3. 暴露问题

4. 预防措施

5. 处罚情况

6. 心得体会

任务四 载流导体的运行与维护

学习目标

知识目标：

- 理解裸导线的基本概述。
- 掌握不同裸导线的运行与维护。
- 了解高压电缆的发展。
- 掌握电缆的用途及分类。
- 掌握电缆的结构及型号。
- 掌握电力电缆的运行与维护。

技能目标：

- 具备载流导体基本运行与维护的能力。
- 具备区分不同载流导体类别的能力。
- 具备团队合作能力。
- 具备较好的语言表达能力。
- 具备较好的组织协调能力。

素养目标：

- 培养巡检维修人员精益求精的工匠精神。

任务要求

通过前三个任务的学习，知道了高压断路器、隔离开关、负荷开关以及熔断器的基本概念、结构形式以及运行维护。本任务的学习要求如下：

（1）明确各种载流导体的基本概念、作用、种类、型号以及其结构和工作原理。

（2）掌握不同工况下，载流导体的使用方法及其运行与维护过程。

（3）掌握不同工况下，载流导体的选型、操作和巡检。

实训设备

（1）SLBDZ－1 型变电站综合自动化实训系统。

（2）SL－XGN66－12 成套高压开关柜。

（3）SLGPD－3 型低压供配电拆装实训装置。

（4）伯努利仿真软件。

知识准备

一、载流导体的基本概念

（一）裸导线概述

没有绝缘包皮的导电线叫裸导电线。电力系统中的裸导线有硬导线和软导线两种。裸导电线分为单股线和多股绞合线两种，主要用于室外架空线路。其中，位于系统中汇集和分配电能的裸导线称为母线；位于户外长距离输送电能的裸导线称为架空导线。

裸导线的运行维护视频

裸导电线的材料、形状和尺寸常用如下方法表示：铜用字母“T”表示；铝用“L”表示；钢用“G”表示；硬型材料用“Y”表示；软型材料用“R”表示；绞合电线用“J”表示；截面面积用数字表示；单线线径用“ϕ”表示。例如 LJ－35 表示截面为 35 mm^2 的铝质绞合电线；Tϕ4 表示直径为 4 mm 的单股铜导线。

裸导线的运行维护 ppt

圆单线：常用的有铜质和铝质两类，铝质单线有 LY、LR 两种，一般用作电线、电缆的线芯。铜质单线有 TY、TR 两种。

裸绞线：裸绞线是将多根圆单线绞合在一起的绞合线，这种导线较软并有足够的强度。架空电力线、电缆芯线大都采用绞合线，其股数和单股直径的表示方法是将股数和直径写在一起，如 7×2.11 表示 7 股直径为 2.11 mm 的单线绞合而成。架空线路中常用的绞线有 LJ 型硬铝绞线、LGJ 钢芯铝绞线及 TJ 型硬铜绞线。LJ 和 TJ 主要用于低压及高压架空输电，LGJ 主要用于提高拉力强度的架空输电线路。

铁线：铁线常用于小功率架空线路中，其中以镀锌铁线应用较广泛。

（二）母线概述

1. 母线的用途及种类

在变电所中，各级电压配电装置的连接，以及变压器等电气设备和相应配电装置的连接，大都采用矩形或圆形截面的裸导线或绞线，统称为母线。母线的作用是汇集、分配和传送电能。由于母线在运行中有巨大的电能通过，短路时，承受着很大的发热和电动力效应，因此，必须合理地选用母线材料、截面形状和截面积，以符合安全、经济运行的要求。

母线按结构，分为硬母线和软母线。硬母线又分为矩形母线和管形母线。

矩形母线一般使用于主变压器至配电室内，其优点是施工方便，运行中变化小，载流量大，但造价较高。

软母线用于室外，因空间大，导线有所摆动也不至于造成线间距离不够。软母线施工简便，造价低廉。

1）铜母线

铜的电阻率低，机械强度高，防腐蚀性能好，是很好的母线材料。

但我国铜的储量不多，比较贵重，因此，除在含有腐蚀性气体（如靠近化工厂、海岸等）或有强烈震动的地区应采用铜母线之外，一般都采用铝母线。

2）铝母线

铝的密度只有铜的30%，电阻率约为铜的1.7～2倍。所以，在长度和电阻相同的情况下，铝母线的重量只有铜母线的一半。而铝的储量较多，价格比铜低。总的来说，用铝母线比用铜母线经济。因此，目前我国在室内和户外配电装置中都广泛采用铝母线。

3）钢母线

钢的优点是机械强度高，焊接简便，价格低。但钢的电阻率很大，为铜的7倍，用于交流时会产生很强的趋肤效应，并造成很大的功率损耗，因此仅用于高压小容量电路，如电压互感器、避雷器回路的引接线以及接地网的连接线等。

近年来，在变电所的设计中，对于35 kV以上的母线，有采用铝合金材料制成的管形母线。这种母线结构可以减小母线相间距离；结线清晰，维护量小。但母线固定金具比较复杂。

电流通过母线时，是要发热的，发热量与母线通过的电流平方成正比。硬母线因热胀冷缩将对母线瓷瓶产生危险的应力。加装母线补偿器就可以有效地减弱这种应力作用。

补偿器可用0.2～0.5 mm铜片或铝片（用于铝母线）制成，其总截面不应小于原母线截面的1.2倍。补偿器不得有裂纹、折皱或断片现象，各片间应去除氧化层，铝片应涂中性凡士林或复合脂，铜片应搪锡。

固定母线的夹板，如果采用铁质材料，会形成闭合磁路。在交流电流的作用下，将在闭合回路中产生感应电流，即涡流。它会使母线局部发热，并且增加电能损耗，母线电流越大，则损耗越严重。所以，固定母线的夹板，不应形成闭合磁路。

为了防止产生涡流，母线固定夹板处应采取下列措施：

（1）两块夹板可以一块是铁质的，另一块是铝质或铜质的。

（2）当两块夹板为铁质时，则两个紧固螺栓应该一个为铁质的，另一个为铜质的。

（3）可用铁质材料做成开口卡子来固定母线。

2. 母线的截面与排列

母线的截面形状有圆形、管形、矩形、槽形等。

（1）圆形截面母线的曲率半径均匀，无电场集中表现，不易产生电晕，但散热面积小，曲率半径不够大，作为硬母线则抗弯性能差，故采用圆形截面的主要是钢芯铝绞线。

（2）管形截面母线是空芯导体，集肤效应小，曲率半径大，不易电晕，材料导电利用率、散热、抗弯强度和刚度都较圆形截面好。

（3）矩形截面母线的优点是散热面积大，集肤效应小，安装和连接方便。但矩形截面母线周围的电场很不均匀，易产生电晕。

（4）槽形截面母线的电流分布均匀，比矩形母线载流量大。当工作电流很大，每相需要三条以上的矩形母线才能满足要求时，一般采用槽形母线。

母线的排列应按设计规定，如无设计规定时，应按下述要求排列。

（1）垂直布置的母线。交流：A、B、C相的排列由上向下；直流：正、负的排列由上向下。

（2）水平布置的母线。交流：A、B、C相的排列由内向外（面对母线）；直流：正、负的排列由内向外。

（3）引下线排列。交流：A、B、C 相的排列由左向右（面对母线）；直流：正、负的排列由左向右。

3. 母线的定相与着色

户内母线安装完毕后，均要刷漆。刷漆的目的是便于识别相序、防止腐蚀、提高母线表面散热系数。实验结果表明：按规定涂刷相色漆的母线可增加载流量 12% ~15% 。

母线应按下列规定刷漆着色。

（1）三相交流母线：A 相刷黄色，B 相刷绿色，C 相刷红色。由三相交流母线引出的单相母线，应与引出相的颜色相同。

（2）直流母线：正极刷赭色，负极刷蓝色。

（3）交流中性线：不接地者刷白色，接地者刷紫色。

户外母线为了减小对太阳辐射热的吸收，所以不刷漆。

（三）电力电缆概述

1. 高压电缆的发展概况

1890 年世界首次出现电力电缆，英国开始用 10 kV 单相电力电缆，1908 年英国有了 20 kV 的电缆网，1910 年德国的 30 kV 电缆网已具有现代结构，1924 年法国首先使用了单芯 66 kV 电缆，1927 年美国开始采用 132 kV 充油电缆，并于 1934 年完成第一条 220 kV 电缆的敷设。1952—1955 年，法国制成了 380 ~425 kV 充油电缆，并于 1960 年左右试制了 500 kV 大容量充油电缆，至 70 年代初期已在一些国家投入运行。

电缆的运行维护 ppt

我国电力电缆的生产是 20 世纪 30 年代开始的，1951 年研制成功了 6.6 kV 橡胶绝缘护套电力电缆。在此基础上，生产了 35 kV 及以下黏性油浸绝缘电力电缆。1968 年和 1971 年先后研制生产了 220 kV 和 330 kV 充油电力电缆。1983 年研制成功 500 kV 充油电缆。

电缆的运行维护视频

随着绝缘材料的快速发展，在发达的资本主义国家。20 世纪 30 年代已能生产中低压交联聚乙烯电缆，特别是第二次世界大战后期，聚乙烯、交联聚乙烯发展速度很快，电压等级越来越高。1965 年，国外已能生产 77 kV 交联聚乙烯电缆。1969 年即可生产 110 kV 等级。目前已有大量的 500 kV 电缆使用。

由于交联聚乙烯电缆的优良性能。从 20 世纪 70 年代开始，国外已在用量上超过油纸电缆。20 世纪 80 年代末至 20 世纪 90 年代初，油纸电缆基本被淘汰。我国是从 20 世纪 80 年代后期快速发展交联电缆，特别是 20 世纪 90 年代后期已淘汰传统的油纸电缆。交联电缆目前占绝对优势，在中低压等级完全取代油纸电缆。

2. 电力电缆的用途及分类

电力电缆线路是电网能量传输和分配的主要元件之一，与架空线相比，电缆的结构较复杂，具有承受电网电压的绝缘层，还有使其不受外界环境影响和防止机械损伤的铠装层、金属屏蔽层。

电力电缆的种类很多，一般按构成绝缘材料不同，可分为以下几种。

1）油浸纸绝缘电力电缆

油浸纸绝缘电力电缆是历史最久、应用最广泛和最常用的一种电缆。其成本低，寿命长，耐热、耐电性能稳定，适用于35 kV及以下的输配电线路。

油浸纸绝缘电力电缆是以纸为主要绝缘材料，以绝缘浸渍剂充分浸渍制成的。根据浸渍情况的不同，油浸纸绝缘电力电缆又可以分为黏性浸渍纸绝缘电缆和不滴流浸渍纸绝缘电缆。黏性浸渍纸绝缘电缆又称为普通油浸纸绝缘电力电缆，电缆的浸渍剂是由矿物油和松香混合而成的黏性浸渍剂，它的优点是成本低、工作寿命长、结构简单、制造方便、绝缘材料来源充足、易于安装和维护。不滴流浸渍绝缘电缆的浸渍剂在工作温度下不滴流，适宜高落差敷设，结构如图3－4－1所示。

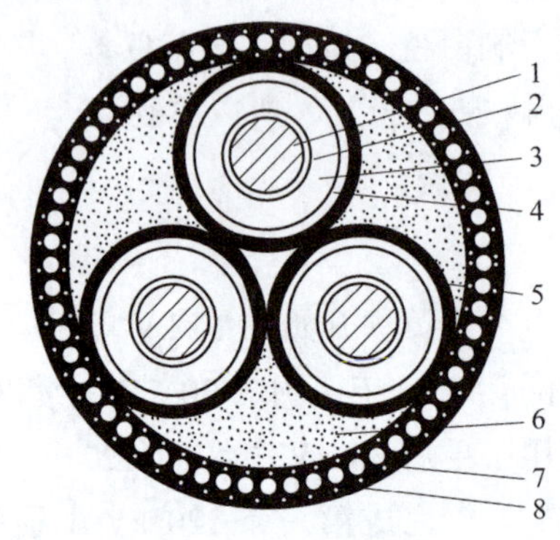

图3－4－1　油浸纸绝缘电力电缆结构

1—导电线芯；2—相绝缘；3—带绝缘；4—填充材料；5—铅层；6—内衬层；7—铠装；8—外被层

2）聚氯乙烯绝缘电力电缆

电缆结构如图3－4－2所示。它的主要绝缘材料采用聚氯乙烯，内护套大多也是采用聚氯乙烯。安装工艺简单，聚氯乙烯化学稳定性高，具有非燃性，材料来源充足，能适应高落差敷设，敷设维护简单方便。聚氯乙烯电气性能低于聚乙烯，主要用于6 kV及以下的电压等级的线路。

3）交联聚乙烯电力电缆

电缆结构如图3－4－3所示。为提高局部放电起始电压和绝缘耐冲击特性，改善绝缘层与外半导电层界面光滑度和黏着度，在封闭型、全干式交联生产流水线上，导体屏蔽、绝缘层和绝缘屏蔽采用三层同时挤出工艺。实行“三层共挤”，能使层间紧密结合，减少气隙、防止杂质和水分污染。具有优良的电气性能、耐电强度（长期工频20～30 MV/m，冲击击穿强度40～65 MV/m）。损耗小、介电常数小、耐热性能好（连续工作温度90 ℃）、载流量大、不受落差限制，但也有明显缺点：热膨胀系数大、热机械效应严重。

3. 电力电缆的结构

电缆线路由电缆本体、电缆附件（户内、户外、中间接头、可分离终端、可分离连接器）、其他设备及材料（支架、包箍，井盖、防火设施、监控设备等）组成。

电缆本体主要由导体、绝缘层和防护层三大部分组成。导体是电缆中具有传导电流特定功能的部件，常用金属铜和铝制成。为了满足电缆的柔软性和可曲度，导体由多根导线绞合

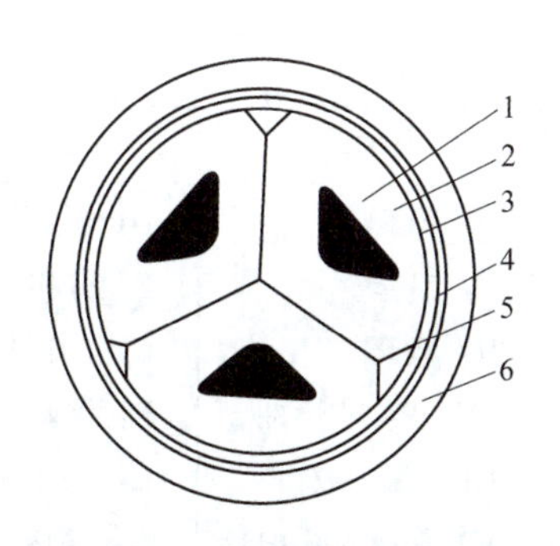

图 3－4－2　聚氯乙烯绝缘电力电缆结构

1—线芯；2—聚氯乙烯绝缘；3—聚氯乙烯内护套；
4—铠装层；5—填充料；6—聚氯乙烯外护套

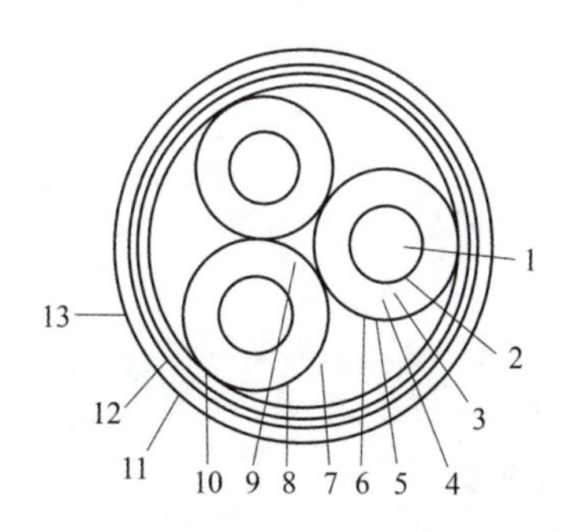

图 3－4－3　交联聚乙烯绝缘电力电缆结构

1—线芯；2—线芯屏蔽；3—交联聚乙烯；4—绝缘屏蔽；
5—保护带；6—铜丝屏蔽；7—螺旋铜带；8—塑料带；
9—中心填芯；10—填料；11—内护套；12—铠装层；13—外护层

而成。绞合后导体根据需要可制成圆形、扁形、腰圆形和中空圆形等几何形状。绞合导体再经过紧压模紧压成为紧压型导体。

绝缘层具有耐受电网电压的特点功能，要求具有较高的绝缘电阻和工频、脉冲击穿强度，优良的耐树枝放电和耐局部放电性能，较低的介质损耗，抗高温、抗老化和一定的柔软性和机械强度。主要有油纸绝缘、塑料绝缘、压力绝缘电缆等。

护层是覆盖在绝缘层外面的保护层，其作用是电缆在使用寿命期间保护绝缘层不受水分、潮气及其他有害物质侵入，承受敷设条件下的机械力。保证一定的防外力破坏能力和抗环境能力，确保电缆长期稳定运行。

屏蔽层是改善电缆绝缘内电力线分布，降低故障电流的有效措施。具体根据作用可分为：导体屏蔽（也称内屏蔽），其作用是均匀线芯表面不均匀电场，减少因导丝效应所增加的导体表面最大场强；绝缘屏蔽（也称外屏蔽），它是包覆于绝缘表面的金属或金属屏蔽，使被屏蔽的绝缘层有良好的界面；与金属护套等电位，减少绝缘层与护套之间产生局放，使电场方向与绝缘半径方向相同，承担不平衡电流，防止轴向表面放电等功能。

4. 电力电缆的型号

电缆型号的内容包含有用途类别、绝缘材料、导体材料、铠装保护层等，电缆型号含义如表 3－4－1 所示，一般型号表示如图 3－4－4 所示。

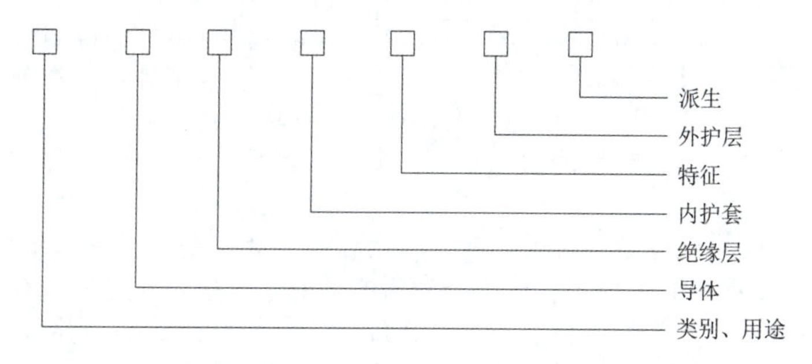

图 3－4－4　一般型号表示

表 3－4－1　电缆型号的意义

用途类别	导体材料	绝缘材料	内护套	特征
电力电缆（省略不表示） K：控制电缆 P：信号电缆 YT：电梯电缆 U：矿用电缆 Y：移动式软缆 H：市内电话缆 UZ：电钻电缆 DC：电气化车辆用电缆	T：铜线（可省略） L：铝线	Z：油浸纸 X：天然橡胶 （X）D：丁基橡胶 （X）E：乙丙橡胶 VV：聚氯乙烯 Y：聚乙烯 YJ：交联聚乙烯 E：乙丙胶	Q：铅套 L：铝套 H：橡套 （H）P：非燃性 HF：氯丁胶 V：聚氯乙烯护套 Y：聚乙烯护套 VF：复合物 HD：耐寒橡胶	D：不滴油 F：分相 CY：充油 P：屏蔽 C：滤尘用或重型 G：高压

例如：

10 kV 电缆型号为 YJLV22－8.7/103×240，表示额定电压为 8.7/10 kV，导体截面为 240 mm^2 的三芯交联聚乙烯绝缘，聚氯乙烯护套铝芯钢带铠装电力电缆。

35 kV 电缆型号为 YJV－26/351×300，表示额定电压为 26/35 kV，导体截面为 300 mm^2 的单芯交联聚乙烯绝缘，聚氯乙烯护套铜芯非铠装电力电缆。

（四）架空导线概述

架空导线概述

二、母线的运行与维护

【1＋X 证书考点】

2.1.1　能检查母线名称、电压等级、编号、相序等标识是否齐全、完好、清晰。

2.1.2　能检查母线外观是否完好，表面是否清洁，连接是否牢固，有无异物悬挂。

2.1.3　能检查母线引流线有无断股或松股现象，连接螺栓有无松动脱落、腐蚀现象，有无异物悬挂；线夹、接头有无过热、异常；有无绷紧或松弛现象。

2.1.4　能检查母线金具有无锈蚀、变形、损伤；伸缩节有无变形、散股及支撑螺杆脱出现象。

2.1.5　能检查母线绝缘子防污闪涂料有无大面积脱落、起皮现象；绝缘子各连接部位有无松动现象、连接销子有无脱落；绝缘子表面有无裂纹、破损和电蚀，有无异物附着。

2.1.6　能检查母线有无异常振动和声响，线夹、接头有无过热、异常；软母线有无断股、散股及腐蚀现象，表面是否光滑、整洁；硬母线是否平直，焊接面有无开裂、脱焊，伸缩节是否正常；绝缘母线表面绝缘是否包敷严密，有无开裂、起层和变色现象。

（一）产品安装场所为户内或户外，并应符合下列要求

（1）环境温度：−30～40 ℃。

（2）海拔：不超过 1 000 m。

（3）风速：平均 45 m/s。

（4）相对湿度：90%。

（二）运行前的检查

（1）投入运行前应对产品全面仔细检查一次，特别注意以下几点：

①母线表面的损伤。

②接地连接的正确性（单独接地或串联接地）。

③所有电气连接的接触质量。

④紧固件的转矩。

（2）绝缘电阻测量：绝缘母线安装完毕后，要用兆欧表测量各相绝缘母线绝缘电阻，要求绝缘电阻值在 3 000 MΩ 以上。

（3）工频耐压试验（耐压：1 min）：

如果要进行工频耐压试验，变压器应适应母线系统的电容。单根母线或绝缘套筒的电容可以在试验报告中找到，可以计算出总的电容。

进行高压试验的试验值应与铭牌所提供的数值相符。当进行第二次试验时，试验值应按铭牌所提供的数值的 80% 进行。

（4）测量产品的介质损耗因数（$\tan\delta$），测量电压为 10 kV，产品的 $\tan\delta$ 不得大于 0.007，测量时温度应在 10～30 ℃。可以对单根母线或绝缘套筒分别进行测量。

（5）测量局部放电量，预加 80% 工频耐受电压，持续时间不少于 60 s，视在放电量不大于 5 pC 时。可以对单根母线或绝缘套筒分别进行测量。

（三）运行维护

【全国职业院校技能大赛】
模块二　新型电力系统组网与运营调度
任务一　低压配电系统的设计、安装与运维
三、低压配电装置故障排查

（1）正常情况绝缘母线是免维护的，在重污染的情况下，必要时所有暴露的耐电部分和伞裙应进行清理。

（2）日常巡视注意绝缘母线运行时有无放电声响、电晕及影响绝缘母线正常运行的情况发生。同时，可用远红外测温仪对各段绝缘母线及接头测量表面温度，记录温度变化情况。在额定电流下，绝缘母线表面温度限值为 65 ℃左右。

（3）拆装、换件及长时间停运应对绝缘母线进行第 5.2 条绝缘电阻测量及第 5.3 条工频耐压试验（试验电压为出厂试验电压的 80%）。

（4）必要时可以停电后对绝缘筒进行拆装检查（要有厂家技术人员指导和有一定安装

该母线经验的安装人员操作)。

(5) 母线运行一年后，或主变检修时，随时对绝缘母线绝缘电阻测量：3 000 MΩ 以上。工频耐压试验：出场工频耐压值的 80%，1 min。以后隔 3 ~5 年检修时，对绝缘母线进行一次工频耐压试验，耐压值可以递减。

(四) 运行规则

绝缘母线在运行过程中，接地连接须可靠，否则不仅影响产品绝缘性能，还会危及人身和设备的安全。

储存期间，母线应该存放在干燥的环境中，应避免直接遭受日晒雨淋，存放处应高出地面 50 mm 以上，其最低气温不得低于该产品规定的环境温度。

案例：因违反操作规程导致的安全事故

案例：在某市 220 kV 铝厂，其主接线图如图 3-4-5 所示。220 kV 铝厂为双母线单分段接线方式，分别由 500 kV 某城中变、220 kV 某市郊变供电。其中，城铝线 202 断路器、1 号整流变 211 断路器、3 号整流变 213 断路器运行于 220 kV Ⅰ母；市铝线 209 断路器、2 号整流变 212 断路器、4 号整流变 214 断路器、1 号动力变 215 断路器运行于 220 kVⅡ母。图中所有断路器按正常运行方式全部处于运行状态，均为合位，相关保护均正常运行方式投入。

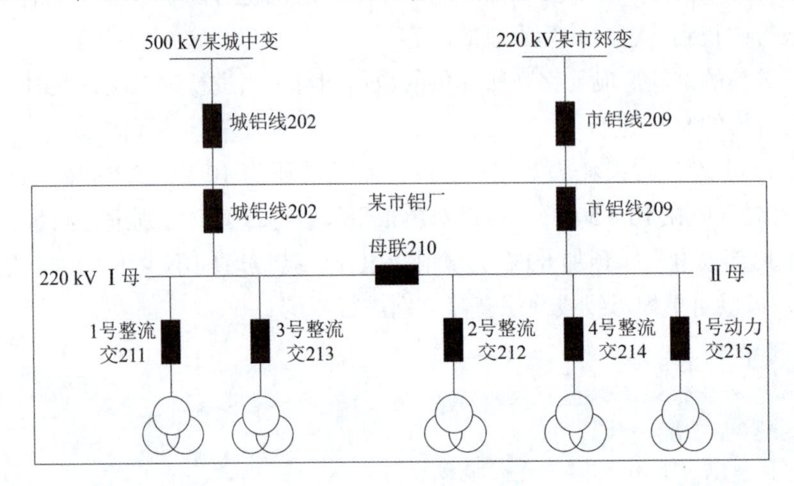

图 3-4-5 主接线图

某年 04 月 08 日 07 时 05 分，某市铝厂 220 kV 母差保护Ⅰ母、Ⅱ母小差同时动作，跳开 220 kV 母联 210 及 220 kV Ⅰ母、Ⅱ母上所有间隔，铝厂全站失压。同时，500 kV 某城中变侧 220 kV 城铝线主一、主二保护收对侧远方跳闸命令三跳 202 断路器，220 kV 某市郊变侧 220 kV 市铝线主一保护收对侧远方跳闸命令三跳 209 断路器。

事故发生的原因

由上述分析可知，三侧继电保护装置均正确动作，而铝厂现场故障点仅发现 1 号动力变 215 断路器与 220 kVⅡ母之间 C 相有接地故障。按母差保护逻辑分析，此故障仅跳 210 母联断路器及Ⅰ母上所有间隔。然而本次事故母差保护Ⅰ母、Ⅱ母小差同时动作，跳开 220 kV

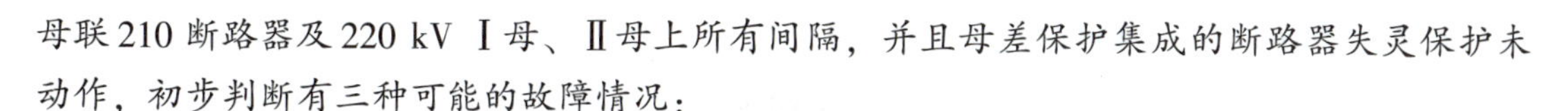

母联210断路器及220 kV Ⅰ母、Ⅱ母上所有间隔，并且母差保护集成的断路器失灵保护未动作，初步判断有三种可能的故障情况：

（1）220 kV母联210断路器与其CT之间的死区故障（包括断路器与CT）。

（2）某个线路或变压器间隔的220 kV Ⅰ母刀闸、Ⅱ母刀闸位置同时开入母差保护。

（3）母差保护所使用的220 kV母联210断路器C相二次电流绕组有故障。

暴露问题

（1）某市铝厂现场运维人员技术水平薄弱，对于220 kV母差保护发出的长期有差流告警未及时引起注意并上报。

（2）某市铝厂部分二次设备运行年限长，多为国外老旧设备，尤其是220 kV母差保护等装置面板指示及告警信息为专用英文缩写，增加了操作及巡视维护的风险。

事故防范和整改措施

（1）针对某市铝厂220 kV母差保护等设备，市供电局继电保护班通过查找说明书、咨询厂家及试验，制定出直观、清晰的巡视指南，将该指南粘贴于装置面板及屏后，便于现场运维人员巡视维护。

（2）加强对某市铝厂现场运维人员的技能及风险意识培训，告知平时可能出现并应及时关注上报的告警信号与应对措施。

（3）提高某市铝厂现场运维人员安全意识，减少并杜绝因人为原因导致的误操作、漏操作等情况。

说明：在正常使用过程中，出现任何告警信息都要引起重视，运维人员要增强安全意识，否则就容易出现严重事故。

三、架空线路的运行与维护

架空线路的运行与维护

<table>
<tr><th>拓展阅读</th></tr>
<tr><td>融入点：载流导体巡视与检查</td></tr>
<tr><td>观看“电力线路出故障 工作人员忙抢修”视频和微视频“《大国工匠》——王进”，教育学生在学习和工作中要遵守职业规范，具备安全意识和规范意识，具备精益求精的工匠精神。</td></tr>
<tr><td>参考资料：

《电力线路出故障　工作人员忙抢修》

《工匠精神——王进》</td></tr>
</table>

四、电缆的运行与维护

电缆的运行与维护

【思考感悟】

守记电力电缆操作规范、操作注意事项及其敷设并认真阅读新闻“擅自变更设计使用铝合金电缆引发故障”，谈谈感想。

擅自变更设计使用铝合金电缆引发故障

谈一谈你的感想：

思考：对电缆进行巡视时，应注意哪些事项？

案例：输电线路监测和数字化服务

特高压输电是解决我国能源资源与电力负荷逆向分布问题、电力跨区域大范围输送的核心技术。目前我国在运架空线路长度超160万千米，国网及南网拥有超350万座输电铁塔，沿线经过山林、草原、沙漠等复杂地形，导致输电数字化运维极其困难。

高性能的Mesh产品（图3－4－6），针对Mesh链状组网多跳后吞吐率下降快、功耗高等痛点问题，从芯片、算法入手进行深度优化，大幅提升了多跳组网吞吐率，同时引入Mesh无线自组网睡眠技术，大幅降低通信设备功耗，解决特高压输电场景取电难的问题。

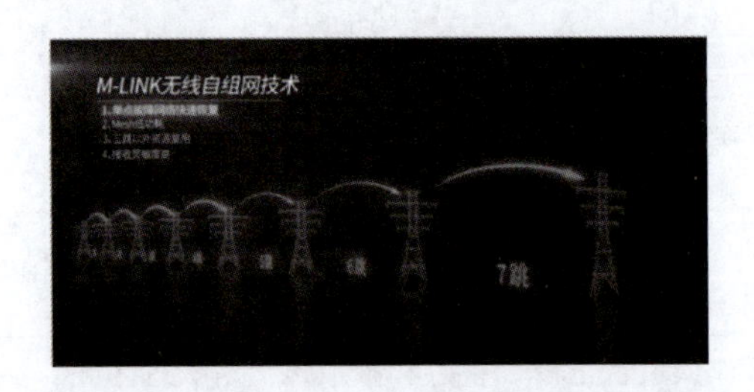

图3－4－6　M－LINK无线自组网技术示意图

施工便利：采用全向天线，避免在山区天线角度的问题，大幅降低设备安装难度、缩短工期。

广覆盖：支持31跳链状组网，簇与簇之间支持有线级联，双无区域输电线路全覆盖。

低功耗：采用低功耗技术设计，工作功耗低至6 W，睡眠状态下功耗1 W，采用小电池方案即可满足无光照下设备30天稳定运行。相比微波、网桥设备，可大幅降低锂电池及太阳能光伏板等供电系统成本。

远程易维护：支持远程查看线路所有设备状态、太阳能运行状态，故障及时预警。

2022年3月18日，某科技Mesh无线自组网产品已经稳定运行在福建某特高压输电线路的40座铁塔上，解决了该山林区域输电线路在线监测无信号的难题，完全满足输电数字化运维通信需求。

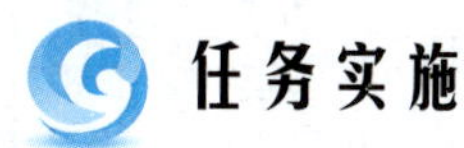

任务实施

根据给出的电力电缆完成电力电缆相间绝缘测试及相对地绝缘测试任务，填写具体操作步骤，完成绝缘测试任务。

电力电缆绝缘测试操作步骤

完成时间：　　　　年　　月　　日

√	顺序	操作项目
	1	
	2	
	3	
	4	
	5	
	6	
	7	
	8	
	9	
	10	

注意事项：________________________________

任务评价

任务评价表如表3-4-2所示，总结反思如表3-4-3所示。

表3-4-2　任务评价表

评价类型	赋分	序号	具体指标	分值	得分		
					自评	组评	师评
职业能力	55	1	读懂测试任务	5			
		2	工作票顺序正确	10			
		3	工作票用词准确，要有统一确切的调度术语及操作术语	10			
		4	工作票应使用钢笔或圆珠笔填写，字迹不得潦草和涂改，票面整洁	10			
		5	步骤完整	10			
		6	填好操作注意事项	10			
职业素养	20	1	坚持出勤，遵守纪律	5			
		2	协作互助，解决难点	5			
		3	按照标准规范操作	5			
		4	持续改进优化	5			
劳动素养	15	1	按时完成，认真填写记录	5			
		2	保持工位卫生、整洁、有序	5			
		3	小组分工合理	5			
思政素养	10	1	完成思政素材学习	4			
		2	规范意识（从文档撰写的规范性考量）	6			
总分				100			

表 3-4-3 总结反思

<table>
<tr><td colspan="2">总结反思</td></tr>
<tr><td colspan="2">• 目标达成：知识□□□□□ 能力□□□□□ 素养□□□□□</td></tr>
<tr><td>• 学习收获：</td><td rowspan="2">• 教师寄语：

签字：________</td></tr>
<tr><td>• 问题反思：</td></tr>
</table>

课后任务

1. 问答与讨论

(1) 简述裸导线的定义及表示方法。

(2) 简述母线的用途及种类。

(3) 架空导线在运行维护上有注意哪些事项？

(4) 母线着色有何规定？

(5) 电力电缆和架空线路相比有哪些优点？

(6) 电力电缆有哪几种分类？

(7) 电力电缆常见的故障有哪些？

(8) 电缆的结构包括哪些？各有什么作用？

2. 巩固与提高

通过本任务的学习，已经掌握了裸导线、架空线路、母线以及电力电缆的基本概念、结构、分类、工作原理及其敷设，学会了裸导线、架空线路、母线以及电力电缆的运行与维护，能够根据给定的条件完成裸导线、架空线路、母线以及电力电缆的检修与运维，明白了电力电缆绝缘测试的操作过程。利用课余时间，小组自行查阅因载流导体运行维护不当而引发的事故案例，阐述事故经过，分析产生事故原因、暴露的问题、预防措施、处罚情况、心得体会，案例撰写见任务模板。

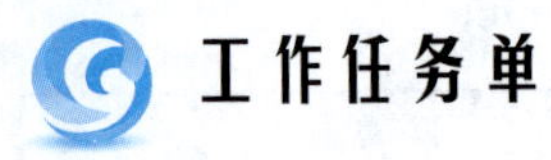

工作任务单

《发电厂变电所电气设备》工作任务单

<table>
<tr><td>工作任务</td><td colspan="4"></td></tr>
<tr><td>小组名称</td><td colspan="2"></td><td>工作成员</td><td></td></tr>
<tr><td>工作时间</td><td colspan="2"></td><td>完成总时长</td><td></td></tr>
<tr><td colspan="5">工作任务描述</td></tr>
<tr><td colspan="5"></td></tr>
<tr><td rowspan="3">小组分工</td><td>姓名</td><td colspan="3">工作任务</td></tr>
<tr><td></td><td colspan="3"></td></tr>
<tr><td></td><td colspan="3"></td></tr>
<tr><td colspan="5">任务执行结果记录</td></tr>
<tr><td>序号</td><td colspan="2">工作内容</td><td>完成情况</td><td>操作员</td></tr>
<tr><td>1</td><td colspan="2"></td><td></td><td></td></tr>
<tr><td>2</td><td colspan="2"></td><td></td><td></td></tr>
<tr><td>3</td><td colspan="2"></td><td></td><td></td></tr>
<tr><td>4</td><td colspan="2"></td><td></td><td></td></tr>
<tr><td colspan="5">任务实施过程记录（附工作票、检修票）</td></tr>
<tr><td colspan="5"></td></tr>
<tr><td>上级验收评定</td><td colspan="2"></td><td>验收人签名</td><td></td></tr>
</table>

《发电厂变电所电气设备》
课后作业

内容：________________________________

班级：________________________________

姓名：________________________________

____________________系

作业要求

关于载流导体运行维护不当事故案例：

1. 事故经过

2. 产生原因

3. 暴露问题

4. 预防措施

5. 处罚情况

6. 心得体会

任务五　绝缘子的运行与维护

学习目标

知识目标：

- 掌握绝缘子的定义及作用。
- 掌握绝缘子的分类及特点。
- 熟悉绝缘子的电气性能及防污闪。
- 掌握绝缘子的运行与维护。

技能目标：

- 具备绝缘子简单清扫、更换的能力。
- 具备团队合作能力。

素养目标：

- 培养安全意识、严谨细致的职业意识。

任务要求

通过前四个任务的学习，知道了高压断路器、隔离开关、负荷开关、熔断器以及载流导体的基本概念、结构形式以及运行维护等。本任务的学习要求如下：

（1）掌握绝缘子的基本概念、作用、种类以及运行维护。

（2）绝缘子的更换方法及其清扫方法。

绝缘子的运行维护视频

实训设备

（1）SLBDZ－1 型变电站综合自动化实训系统。

（2）SL－XGN66－12 成套高压开关柜。

（3）SLGPD－3 型低压供配电拆装实训装置。

（4）伯努利仿真软件。

绝缘子的运行维护 ppt

知识准备

一、绝缘子的基本概念

（一）绝缘子的定义及作用

绝缘子俗称绝缘瓷瓶，用于悬吊和支持接触悬挂，并使带电体与接地体间保持电气绝缘。

绝缘子是接触网中应用非常广泛的重要部件之一。它用来保持接触悬挂对地（或接地体）的绝缘以及接触悬挂之间的绝缘，同时，又起机械连接的作用，承受着很大的机械负荷。绝缘子的性能好坏，对接触网能否正常工作有很大的影响。它广泛地应用在水电站和变电所的配电装置、变压器、各种电器以及输电线路中。

（二）绝缘子的分类及特点

1. 绝缘子的构造

绝缘子一般为瓷质，即在瓷土中加入石英和长石烧制而成，表面涂有一层光滑的釉质。

由于绝缘子承受接触悬挂的负载且经常受拉伸、压缩、弯曲、扭转、振动等机械力，故在制造时其机械破坏负荷均应留有裕度，一般安全系数按2.0~2.5选取。

2. 绝缘子的分类

按安装地点，可分为户内式或者户外式两种。户外式绝缘子由于它的工作环境条件要求，应有较大的伞裙，用于增长沿面放电距离。并且能够阻断水流，保证绝缘子在恶劣的雨、雾等气候条件下可靠地工作。在有严重的灰尘或有害绝缘气体存在的环境中，应选用具有特殊结构的防污型绝缘子。户内式绝缘子表面无伞裙结构，故只适用于室内电气装置中。

接触网常用的绝缘子从形状上分为悬式绝缘子、棒式绝缘子、针式绝缘子和柱式绝缘子四大类；从材质上分为瓷绝缘子、钢化玻璃绝缘子及硅橡胶绝缘子等。下面从形状分类分别进行介绍。

1）悬式绝缘子

在接触网上，悬式绝缘子用量最多，其主要用于承受拉力的悬吊部位，如线索下面处、软横跨上、电分段处等。使用时，一般由3个或4个悬式绝缘子连接在一起形成悬式绝缘子串，在污染严重地区可加设1个绝缘子或改用防污型绝缘子。悬式绝缘子按其材质，可分为瓷质、钢化玻璃、硅橡胶等几种。

目前所用的绝缘子多数是瓷质的。瓷质绝缘子由瓷土加入石英砂和长石烧制而成，表面涂一层光滑的釉质，以防水分渗入体内。绝缘子的材质要求质地紧密而均匀，在任何断面上都不应有裂纹和气孔。由于绝缘子要承受机械负荷，故钢连接件与瓷体之间是用高标号（525#）水泥浇注在一起的，以保证足够的机械强度。

悬式绝缘按其钢连接件的形状，可分为耳环悬式绝缘子和杵头悬式绝缘子，按其抗污能力，又可分为普通型和防污型，外形如图3-5-1和图3-5-2所示。普通型适用于一般地区和轻污区，在污染严重地区采用防污型，接触悬挂主绝缘都采用防污型，附加悬挂或用于接地跳线的副绝缘可采用普通型。

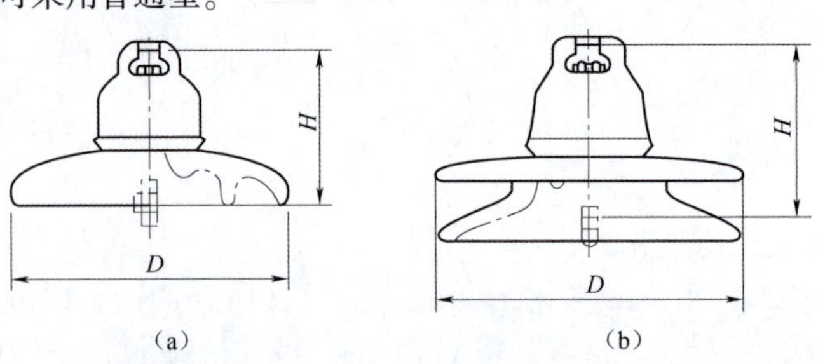

图3-5-1　耳环悬式绝缘子外形图

（a）普通型；（b）防污型

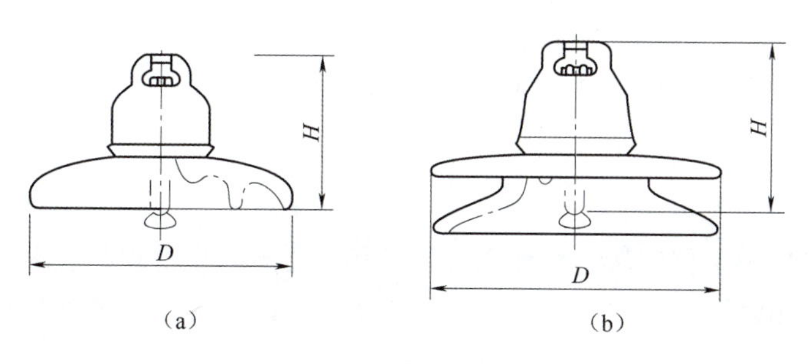

图 3-5-2　杵头悬式绝缘子外形图

(a) 普通型；(b) 防污型

2）棒式绝缘子

瓷质棒式绝缘子按其使用场所及安装方式，分为腕臂支撑用和隧道悬挂、定位用两类；按其抗污能力，分为普通型和防污型；按其绝缘方式，分为单绝缘方式和双重绝缘方式两种。

棒式绝缘子一般用于承受压力和弯矩的部位，如用在腕臂、隧道定位和隧道悬挂等地方。近年来腕臂不管受拉或受压，都采用水平腕臂加棒式绝缘子形式，为防止受拉脱落，棒式绝缘子与水平腕臂连接处多用螺栓固定，也可在铁帽压板上做一小柱，以防脱落，如图 3-5-3 所示。

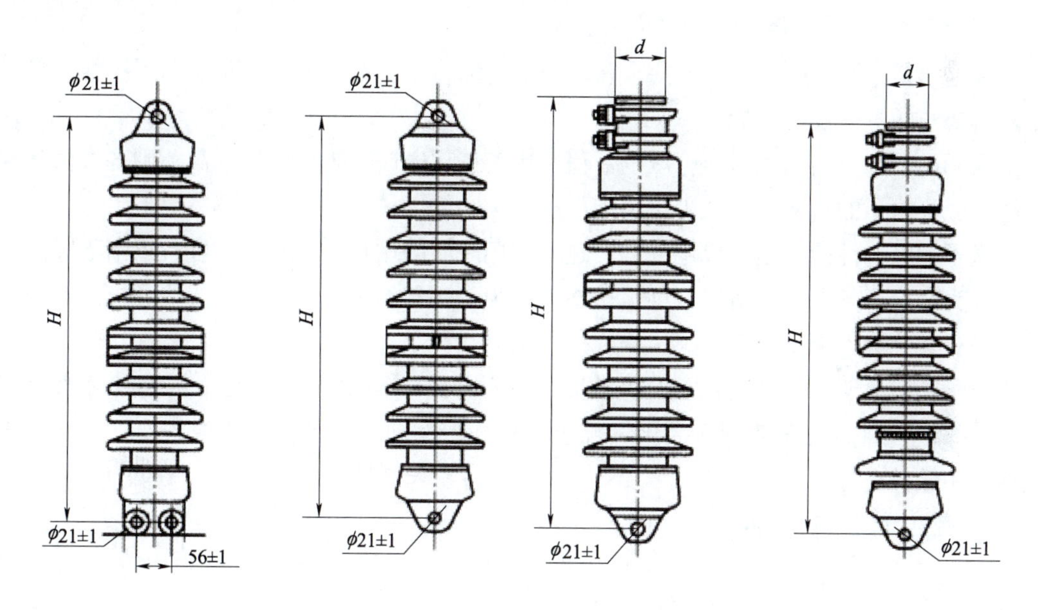

图 3-5-3　棒式绝缘子外形图

3. 绝缘子的特点

高压绝缘子一般是用电工瓷制成的绝缘体，电工瓷的特点是结构紧密均匀、不吸水、绝缘性能稳定、机械强度高。绝缘子也有采用钢化玻璃制成的，具有质量小、尺寸小、机电强度高、价格低廉、制造工艺简单等优点。

一般高压绝缘子应可靠地在超过其额定电压 15% 的电压下安全运行。绝缘子的机械强度用抗弯破坏荷重表示。抗弯破坏荷重，对支柱绝缘子而言是将绝缘子底端法兰盘固定，在绝缘子顶帽的平面加上与绝缘子轴线相垂直的机械负荷，在该机械负荷作用下，绝缘子被破坏。

（三）绝缘子的电气性能

绝缘子在接触网中不仅起着绝缘作用，而且还承受着一定的机械负荷，特别是在下锚处所用的绝缘子，承担着下锚线索的全部张力，所以对绝缘子的电气性能和机械性能都有严格的要求。

绝缘子的电气性能用干闪电压、湿闪电压和击穿电压来表示。

1. 绝缘子的干闪电压

干闪电压是指绝缘子表面在清洁和干燥状态时，施工电压使其表面达到闪络时的最低电压。干闪电压主要对室内绝缘子有意义。

2. 绝缘子的湿闪电压

湿闪电压指雨水的降落方向与绝缘子表面呈45°时，施加电压使其表面闪络的最低电压。

绝缘子发生闪络时，只是沿瓷体表面放电，而瓷体本身未受损害，闪络消失后，绝缘性能仍能恢复。但发生闪络后，会使其绝缘性能有所下降，容易再次发生闪络。

3. 绝缘子的击穿电压

击穿电压是指绝缘子瓷体被击穿损害而失去绝缘作用的最低电压，是表示了绝缘子满足一定防雷要求的电气性能指标。

绝缘子的干闪、湿闪和击穿电压的数值取决于工作电压。工作电压越高，则各数值的要求就越高，绝缘子的击穿电压至少比干闪电压高1.5倍。

绝缘子的电气性能不是一成不变的，随着使用时间的增长，其绝缘强度且逐渐下降，这种现象称为绝缘子的老化。所以，绝缘子在使用中，每年至少应进行一次绝缘子电压分布测量，以检查其绝缘性能是否正常。

绝缘子不但要能承受规定要求的机械负荷，还应有一定的安全系数，一般安全系数规定为2.5～3。这样即使在负荷剧烈变化下或接触悬挂在振动和摆动时，绝缘子偶然承受较大的负荷也不致被破坏。

二、绝缘子的运行与维护

（一）绝缘子的防污

绝缘子表面污秽的主要原因有：环境污染；货物装载运行中煤、炭、化学粉尘；内燃电力混合牵引时内燃机排放的烟尘；列车闸瓦磨损产生的金属屑等。解决污闪问题的主要措施为：采用防污绝缘子。

（二）绝缘子的使用与检查

绝缘子连接件不允许机械加工和热加工处理。绝缘子在安装使用前应严格检查，当发现绝缘子瓷体与连接件间的水泥浇注物有辐射状裂纹及瓷体表面破损面积过大时，应禁止使用该绝缘子。

为了保证绝缘子性能可靠，应对每个绝缘子按具体情况进行定期或不定期的清扫和检查。

为了将绝缘子固定在支架上和将载流导体固定在绝缘子之上，绝缘子的瓷质绝缘体两端还要牢固地安装金属配件。金属配件与瓷制绝缘体之间多用水泥胶合剂黏合在一起。瓷制绝缘体表面涂有白色或棕色的硬质瓷釉，用于提高其绝缘性能和防水性能。运行中的绝缘子表面瓷釉遭到损坏之后，应尽快处理或更换绝缘子。绝缘子的金属附近与瓷制绝缘体胶合处黏合剂的外露表面应涂有防潮剂，以阻止水分浸入黏合剂中去。金属附件表面需镀锌处理，以防金属锈蚀。

拓展阅读
融入点：绝缘子运行维护
观看电力“蜘蛛人”高空“穿针引线”视频，教育学生在工作中要遵守职业规范，严格按照操作规范实施岗位工作任务。无论何时何地都要遵纪守法：大到国家电力安全生产法律法规、社会准则，小到企业规章制度；同时，也要树立个人的道德规范、行为准则，爱岗敬业。
参考资料： “蜘蛛人”高空“穿针引线”

（三）绝缘子使用注意事项

（1）绝缘子的瓷体易碎，所以，在运输和安装使用中应防止瓷体与瓷体或瓷体与其他物体发生碰撞，造成绝缘损坏。

（2）绝缘子的金属连接部件不允许机械加工或进行热加工处理（如切削、电焊焊接等），不应锤击与绝缘子直接连接的部件。

（3）绝缘子在安装使用前应严格进行下列检查：

①铁件镀锌良好，与瓷件结合紧密，不松动。

②绝缘子瓷件与金属连接间浇注的水泥不得有辐射状裂纹。

③瓷釉表面光滑，无裂纹、气泡、斑点和烧痕等缺陷，瓷釉剥落面积不得超过 300 m^2。

（4）为使使用中的绝缘子保持良好的电气性能，应对绝缘子按具体使用情况进行定期和不定期的检查及清除表面的污尘。

案例：输电线路合成绝缘子无人机人工智能带电检测方法研究

2023 年 7 月 12 日，国网青海省电力公司在西宁市召开国网海南供电公司 2023 年度科研项目“输电线路合成绝缘子无人机人工智能带电检测方法研究”启动会，此项启动会标志着该科研项目进入研发阶段。

该项目拟结合试验研究，采用红外和紫外联合检测的方法研究缺陷绝缘子的放电和发热特性，建立多种环境因素影响下的红外、紫外成像归一化模型，得到各种环境因素下的复合绝缘子运行状态；研究绝缘子红外、紫外图像智能评估算法，形成基于红外、紫外检测方法的复合检测方案，开发基于绝缘子红外、紫外的绝缘状态诊断软件，以实现红外、紫外对绝缘子运行状态的诊断评估。截至2023年年底发表或录用核心期刊或三大检索论文6篇；申请发明专利7项，软件著作权1项；形成基于红外、紫外检测方法的复合检测方案1套；开发绝缘子红外、紫外后台诊断软件一套。

据悉，本次项目搭建的无人机航拍巡检平台（图3-5-4）结合低值复合绝缘子智能识别系统，可对红外、紫外检测的大量数据和图片进行合理、有效管理，而且可实现红外图片、紫外图像智能识别，智能诊断和标识低值绝缘子的位置，提高了低值绝缘子检测的自动化程度，并且减少了人为因素的影响，增加了低值绝缘子检测的准确性，提高了高压电网的安全性；同时，运用无人机进行航拍，可大大提高绝缘子检修效率，减少工人工作强度。

图3-5-4　无人机航拍巡检平台

说明： 在选择绝缘子时，要按照选型要求，严格按规定进行选择，同时，需要增强施工、验收运维人员的安全意识，否则就容易出现严重事故。

任务实施

根据给出的绝缘子事故案例，阐述事故产生的直接原因和间接原因，分析该变电站暴露出的问题及事故防范和整改措施有哪些。

案例：因违章操作导致的绝缘子炸裂事故

案例：某年4月3日，南杜变电站倒母线操作的内容是110 kV开关141恢复送电，旁路母线开关142恢复备用，由主值班员监护，副值班员操作，当操作到最后几项时，按操作票的顺序应先拉刀闸1422，再拉刀闸1412，但监护人与操作人商定先拉刀闸1412，再拉刀闸1422，结果误入刀闸1411间隔，在未核对设备编号、未唱票未开锁的情况下，连销子和锁一起拔出，将刀闸1411拉开，造成带负荷拉刀闸事故。11时46分，110 kV母线差动保护动作，母联开关130及三条110 kV开关跳闸。因刀闸1411为断开状态下，所以开关141未跳闸，监护人已意识到带负荷拉刀闸，即报告省调度所，经同意后合上开关130给1号母线充电。11时49分将各跳闸的开关合上，恢复正常运行。事故后检查发现，刀闸1411的B、C相支持绝缘子炸裂，立即组织抢修，于19时20分恢复正常。

分析上述案例，阐述事故产生的直接原因和间接原因，分析该变电站暴露出的问题及事故防范和整改措施有哪些。

事故发生的直接原因

事故发生的间接原因

暴露问题

事故防范和整改措施

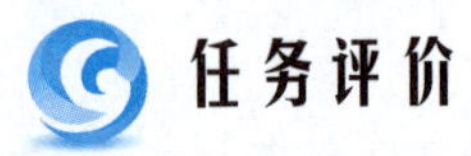

任务评价

任务评价表如表 3－5－1 所示，总结反思如表 3－5－2 所示。

表 3－5－1　任务评价表

评价类型	赋分	序号	具体指标	分值	得分		
					自评	组评	师评
职业能力	55	1	读懂案例分析任务	5			
		2	能正确分析案例事故发生的直接原因	10			
		3	能正确分析案例事故发生的间接原因	10			
		4	能正确分析案例事故发生后暴露的问题	10			
		5	能正确分析事故防范和整改措施	10			
		6	应使用钢笔或圆珠笔填写，字迹不得潦草和涂改，票面整洁	10			
职业素养	20	1	坚持出勤，遵守纪律	5			
		2	协作互助，解决难点	5			
		3	按照标准规范操作	5			
		4	持续改进优化	5			
劳动素养	15	1	按时完成，认真填写记录	5			
		2	保持工位卫生、整洁、有序	5			
		3	小组分工合理	5			
思政素养	10	1	完成思政素材学习	4			
		2	规范意识（从文档撰写的规范性考量）	6			
总分				100			

表 3-5-2　总结反思

<table>
<tr><td colspan="2">总结反思</td></tr>
<tr><td colspan="2">• 目标达成：知识□□□□□　能力□□□□□　素养□□□□□</td></tr>
<tr><td>• 学习收获：</td><td rowspan="2">• 教师寄语：

签字：________</td></tr>
<tr><td>• 问题反思：</td></tr>
</table>

课后任务

1. 问答与讨论

（1）简述绝缘子的作用。

（2）简述绝缘子的分类及每种类型的结构特点。

（3）绝缘子在使用时，应注意哪些事项？

（4）绝缘子的电气性能包括哪三方面？定义分别是什么？

（5）绝缘子表面污秽主要形成原因有哪些？

（6）绝缘子在运行维护时应注意哪些事项？

2. 巩固与提高

通过本任务的学习，已经掌握了绝缘子的基本概念、结构、分类、工作原理及其清扫，学会了绝缘子的运行与维护，能够根据给定的条件完成绝缘子的检修与运维。利用课余时间，小组自行查阅绝缘子的更换过程视频，阐述更换绝缘子的注意事项和操作过程，案例撰写详见任务模板。

工作任务单

《发电厂变电所电气设备》工作任务单

<table>
<tr><td>工作任务</td><td colspan="3"></td></tr>
<tr><td>小组名称</td><td></td><td>工作成员</td><td></td></tr>
<tr><td>工作时间</td><td></td><td>完成总时长</td><td></td></tr>
<tr><td colspan="4">工作任务描述</td></tr>
<tr><td colspan="4"></td></tr>
<tr><td rowspan="3">小组分工</td><td>姓名</td><td colspan="2">工作任务</td></tr>
<tr><td></td><td colspan="2"></td></tr>
<tr><td></td><td colspan="2"></td></tr>
<tr><td colspan="4">任务执行结果记录</td></tr>
<tr><td>序号</td><td>工作内容</td><td>完成情况</td><td>操作员</td></tr>
<tr><td>1</td><td></td><td></td><td></td></tr>
<tr><td>2</td><td></td><td></td><td></td></tr>
<tr><td>3</td><td></td><td></td><td></td></tr>
<tr><td>4</td><td></td><td></td><td></td></tr>
<tr><td colspan="4">任务实施过程记录（附工作票、检修票）</td></tr>
<tr><td colspan="4"></td></tr>
<tr><td>上级验收评定</td><td></td><td>验收人签名</td><td></td></tr>
</table>

《发电厂变电所电气设备》
课后作业

内容：________________________

班级：________________________

姓名：________________________

____________系

作业要求

关于绝缘子更换操作过程：

1. 操作过程

2. 注意事项

3. 心得体会

任务六　互感器的运行与维护

学习目标

知识目标：

- 掌握互感器的分类、作用。
- 掌握不同类型电流互感器的工作特性、型号、结构、工作原理。
- 掌握不同类型电压互感器的工作特性、型号、结构、工作原理。
- 掌握互感器的运行原则。

技能目标：

- 具备电流互感器运行、监视、故障分析和故障处理能力。
- 具备电压互感器运行、监视、故障分析和故障处理能力。
- 具备电路分析能力。
- 具备良好的职业素养。
- 具备较好的组织协调能力。

素养目标：

- 培养安全意识、工匠精神和良好的职业素养。

任务要求

通过前五个任务的学习，知道了高压断路器、隔离开关、负荷开关、熔断器、载流导体以及绝缘子的基本概念、结构形式以及运行维护等。本任务的学习要求如下：

（1）掌握电流互感器和电压互感器的基本概念、作用、种类以及运行维护方法。

（2）知道互感器的运行原则。

（3）能分析互感器的异常运行原因并处理其故障。

实训设备

（1）SLBDZ－1 型变电站综合自动化实训系统。

（2）SL－XGN66－12 成套高压开关柜。

（3）伯努利仿真软件。

知识准备

一、互感器的基本概念

（一）互感器的概念

1. 互感器的分类

互感器分为电压互感器（TV）和电流互感器（TA），是电力系统中一次系统和二次系统之间的联络元件，用于变换电压或电流，分别为测量仪表、保护装置和控制装置提供电压或电流信号，反映电气设备的正常运行和故障情况。

2. 互感器的作用

（1）将一次回路的高电压和大电流变为二次回路的标准值。电压互感器的额定二次电压为 100 V 或 100 V，电流互感器的额定二次电流为 5 A、1 A 或 0.5 A。

（2）利用互感器使所有二次设备可用低电压、小电流的控制电缆来连接，可以实现远距离控制和测量。

（3）二次回路不受一次回路的限制，对二次设备进行维护、调换以及调整试验时，不需要中断一次系统的运行。

（4）使一次设备和二次设备实现电气隔离，保证了设备和人身安全，提高了一次系统和二次系统的安全性与可靠性。

（5）取得零序电流、电压分量供反应接地故障的继电保护装置使用。

3. 互感器与系统的连接

互感器是一种特殊的变压器，其基本结构与变压器的相同，工作原理也相同。它的一次、二次绕组与系统的连接方式如图 3 -6 -1 所示。

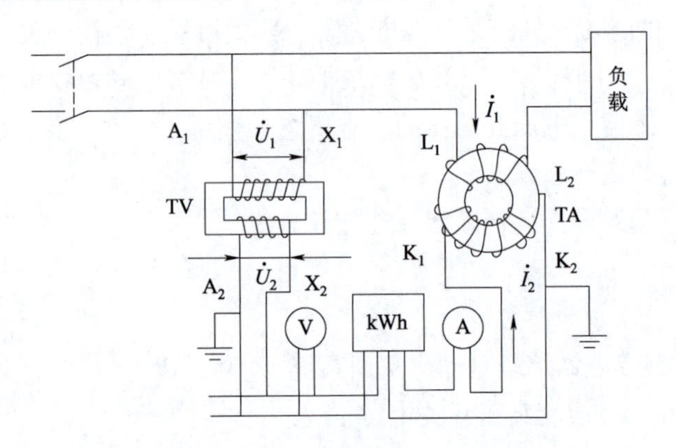

图 3 -6 -1　互感器与系统连接

电流互感器一次绕组串接于电网，二次绕组与测量仪表或继电器的电流线圈相串联。电压互感器一次绕组并接于电网，二次绕组与测量仪器或继电器电压线圈并联。

思考：互感器的作用有哪些？

（二）电流互感器

电流互感器是依据电磁感应原理的。电流互感器由闭合的铁芯和绕组组成。它的一次绕组匝数很少，串在需要测量的电流的线路中，因此，它经常有线路的全部电流流过。二次绕组匝数比较多，串接在测量仪表和保护回路中，电流互感器在工作时，它的二次回路始终是闭合的，因此测量仪表和保护回路串联线圈的阻抗很小。

电流互感器的运行维护视频

1. 电流互感器的特性

（1）一次绕组串接于一次回路，匝数少、阻抗小，其一次侧电流由负荷电流决定。

（2）二次侧所接表计阻抗小。

（3）使用时，二次侧严禁开路。

（4）电流互感器的结构应满足热稳定和动稳定的要求。

（5）电流互感器一次电流变化范围很大。

电流互感器的运行维护 ppt

2. 电流互感器的种类及型号

（1）电流互感器的分类。

按结构型式分：正立式（二次绕组在互感器下部）和倒立式（二次绕组在互感器上部）。正立式抗地震性能好，倒立式抗短时电流冲击的性能较好。

电流互感器 VR 操作演示

按绝缘介质分：充油和充 SF_6 气体。

按外绝缘型式分：瓷质和硅橡胶。瓷质表面稳定性能较好，硅橡胶外套的抗污闪和抗震性能较好。

按密封型式分：微正压和全密封（充 SF_6 或氮气）。目前充油互感器大多采用微正压型式。

按设备类型分：户外和室内。

（2）电流互感器的型号（图 3－6－2）。

220 kV 瓷箱油浸式 U 型绕组电流互感器

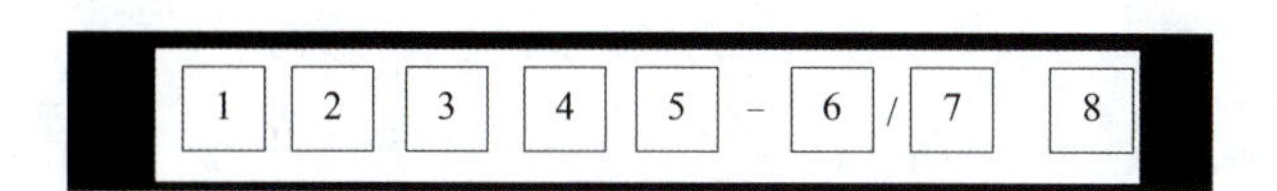

图 3－6－2　电流互感器的型号

1　产品名称：L—电流互感器。

2　一次绕组形式：M—母线式；F—贯穿复匝式；D—贯穿单匝式；Q—线圈式。安装形式：A—穿墙式；B—支持式；Z—支柱式；R—装入式。

3　绝缘形式：Z—浇注结构；C—瓷绝缘；J—树脂浇注；K—塑料绝缘。

4　结构形式：W—户外式；M—母线式；G—改进式；Q—加强式。

用途：B—保护用；D—差动保护用；J—接地保护用；X—小体积柜用；S—手车柜用。

5　设计序号：表示同类产品在技术性能和结构尺寸变化的改型设计次数。为了与原设计相区别，在型号的字母之后加注阿拉伯数 1、2、3、…，表示第几次改型设计。

6　额定电压（kV）。

7　准确度等级。

8　额定电流（A）。

例如，LQ－0.5－100，表示线圈式、准确度等级为0.5级、一次额定电流为100 A的电流互感器。

3. 电流互感器的技术参数

（1）额定电压：是指一次绕组对二次绕组和地的绝缘额定电压。

（2）额定电流：设计生产厂家规定的运行状态下，通过电流互感器一次、二次绕组的电流。

（3）额定二次负载：是指在二次电流为额定值、二次负载为额定阻抗时，二次侧输出的视在功率。

（4）额定电流比：电流互感器一、二次侧额定电流之比称为电流互感器的额定电流比，也称为额定互感比。

（5）准确度等级：电流互感器的测量误差。可以用准确度等级来表示。根据测量误差的不同，划分出不同的准确级。电流互感器的准确度等级分为0.2、0.5、1.0、3.0、10和D/B/C几级。

4. 电流互感器的结构及工作原理

电流互感器的结构及工作原理

（三）电压互感器

电压互感器的运行维护视频

目前电力系统广泛应用的电压互感器，用TV表示。按其工作原理，可分为电磁式和电容分压式两种。对于500 kV电压等级，我国只生产电容分压式。

1. 电压互感器的工作特性

（1）正常运行时，电压互感器二次绕组近似工作在开路状态。

（2）运行中的电压互感器二次绕组不允许短路。

电压互感器的运行维护ppt

（3）电压互感器一次侧电压决定一次电力网的电压，不受二次负载的影响。

2. 电压互感器的种类及型号

按安装地点分：户内式、户外式。20 kV及以下电压等级一般为户内式，35 kV及以上电压等级一般为户外式。

按相数分：单相式、三相式。20 kV以下电压等级制成三相式，35 kV及以上电压等级制成单相式。

电压互感器VR操作演示

按绕组数分：双绕组、三绕组、四绕组式。

按结构原理分：电磁式、电容式。

按绝缘方式分：干式、浇注式、油浸式、气体绝缘式。

电压互感器的型号如图 3-6-3 所示。

电容式电压互感器

1　产品名称：J—电压互感器。

2　相数：D—单相；S—三相。

3　绝缘形式：J—油浸式；G—空气干式；Z—浇注成型固体；Q—气体；C—瓷绝缘；R—电容分压式。

三相五注油浸式电压互感器

4　结构形式：X—带剩余绕组；B—三柱带补偿绕组式；W—五柱三绕组；C—串极式带剩余绕组；F—测量和保护分开的二次绕组。

5　设计序号。

6　额定电压（kV）。

3. 电压互感器的技术参数

（1）额定一次电压：作为电压互感器性能基准的一次电压值。供三相系统相间连接的单相电压互感器，其一次额定电压应为国家标准额定线电压；对于接在三相系统相与地间的单位电压互感器，其额定一次电压应为上述值的 1/3，即相电压。

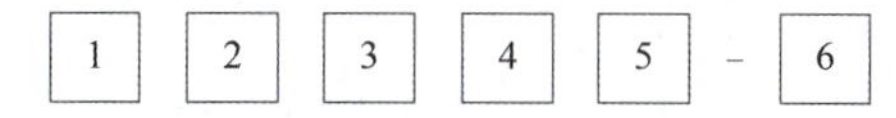

图 3-6-3　电压互感器的型号

（2）额定变比：电压互感器的额定变比是指一次、二次绕组额定电压之比，也称额定电压比或者额定互感器比。

（3）额定容量：电压互感器的额定容量是指对应于最高准确度等级时的容量。额定容量通常以视在功率的伏安值表示。

（4）额定二次负载：保证准确等级为最高时，电压互感器二次回路所允许接带的阻抗值。

（5）电压互感器的准确度等级：指在规定的一次电压和二次负载变化范围内，负载的功率因数为额定值时电压误差的最大值。测量用电压互感器的准确级有 0.1、0.2、0.5、1、3，保护用电压互感器的准确度等级规定有 3P 和 6P 两种。

电压互感器的准确度等级和误差限值如表 3-6-1 所示。

表 3-6-1　电压互感器的准确度等级和误差限值

准确度等级	误差限值		一次电压变化范围	频率、功率因数及二次负荷变化范围
	电压误差/±%	角误差/（′）		
0.1 0.2 0.5 13	0.1 0.2 0.5 1.0 3.0	3 10 20 40 不规定	$(0.8\sim1.2)U_w$	$(0.25\sim1)S_v\cos\varphi=0.8$ $f=f_w$
3P 6P	3.0 6.0	120 240	$(0.25\sim1)U_v$	

4. 电压互感器的结构及原理

电压互感器的结构及原理

二、互感器的运行要求

互感器在变电站中属于高压配电装置，称为四小器（电流互感器、电压互感器、耦合电容器、避雷器）。虽是小型电器，但是其一次侧直接连接在母线上，一旦发生事故，往往造成全厂或全站停电，甚至引起系统故障。高压互感器爆炸是一种威胁很大的恶性事件，可能会引起大火，损坏其他电气设备，甚至威胁人身安全。因此，运行中的维护和检查是十分重要的。

（1）互感器的二次侧应按规定有可靠的一点保护接地；电压互感器二次侧不能短路，电流互感器二次侧不能开路。

（2）多组电压互感器合用一组绝缘监视表时，禁止同处于测量位置。

（3）两组母线电压互感器在倒闸操作中，在高压侧未并联前，不得将二次并联，以免发生电压互感器反充电、保险熔断等引起保护误动作。

（4）正常运行时，电压互感器本体发热或高压保险连续熔断两次，则应测量绝缘电阻和直流电阻值，无问题后，方可恢复运行。

（5）在倒换电压互感器或电压互感器停运前，应注意防止其所带的保护装置、自动装置的失压或误动。

（6）经开关联络运行的两组电压互感器，不允许二次侧长期并列运行。

（7）中性点不直接接地电网单相接地运行期间，应注意监视电压互感器的发热情况。如有两台，可倒换运行。

（8）与电压互感器连接的设备检修时，应拔下电压互感器低压侧熔断器，以免低压回路窜电而经互感器升压危及安全。

三、互感器的运行原则

【1+X证书考点】

2.5.1　能检查出厂铭牌、设备标识牌、相序标识、接地标识是否齐全、清晰；底座接地是否可靠，有无锈蚀、脱焊现象，整体有无倾斜。

2.5.2　能检查互感器有无异常振动、异常声响及异味；金属部位有无锈蚀，底座、支架、基础有无倾斜变形。

2.5.3　能检查油浸电流互感器油位指示是否正常，各部位有无渗漏油现象；金属膨胀器有无变形，膨胀位置指示正常。

2.5.4　能检查油浸电压互感器油色、油位指示是否正常，各部位有无渗漏油现象；金属膨胀器有无变形，膨胀位置指示正常。

2.5.5　能检查 SF_6 电流互感器压力表指示是否在规定范围，有无漏气现象，密度继电器是否正常，防爆膜有无破裂。

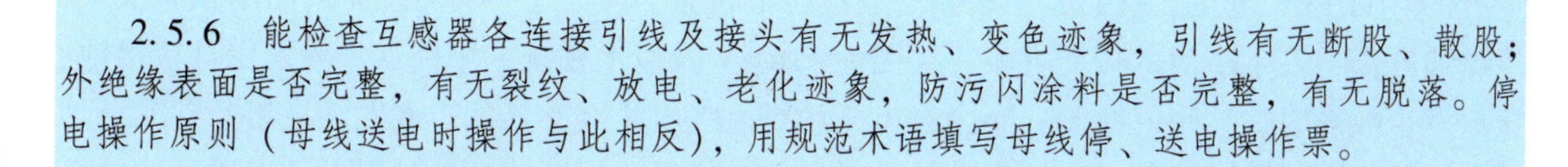

2.5.6　能检查互感器各连接引线及接头有无发热、变色迹象，引线有无断股、散股；外绝缘表面是否完整，有无裂纹、放电、老化迹象，防污闪涂料是否完整，有无脱落。停电操作原则（母线送电时操作与此相反），用规范术语填写母线停、送电操作票。

（一）电流互感器运行原则与维护

1. 电流互感器运行原则

（1）电流互感器在运行中不得超过额定容量长期运行。如果电流互感器过负荷运行，则会使铁芯磁通密度饱和或过饱和，造成电流互感器误差增大，表计指示不正确，不容易掌握实际负荷。

（2）电流互感器的负荷电流，对独立式电流互感器，应不超过其额定值的110%；对套管式电流互感器，应不超过其额定值的120%。

（3）电流互感器在运行时，它的副边电路始终是闭合的，副边线圈应该经常接有仪表。

（4）电流互感器的二次线圈在运行中不允许开路。因为出现开路时，将使二次电流消失，这时，全部一次电流都成为励磁电流，使铁芯中的磁感应强度急剧增加，其有功损耗增加很多，因而引起铁芯和绕组绝缘过热，甚至造成互感器的损坏。

（5）油浸式电流互感器应装设油位计和吸湿器，以监视油位在减少时免受空气中水分和杂质的影响。

（6）电流互感器的二次绕组，至少应有一个端子可靠接地，防止电流互感器主绝缘故障或击穿时，二次回路上出现高电压，危及人身和设备安全。

2. 电流互感器的运行维护

（1）按规定做必要的测量和试验工作。

（2）各部分接线正确、无松动及损坏现象。

（3）外壳和中性点接地良好。

（4）瓷瓶无放电、裂纹现象。

（5）试验端子接触牢固，无开放现象。

（6）运行声音是否正常。

（7）内外部有无放电现象及放电痕迹。

（8）干式电流互感器应无潮湿现象。

（9）二次回路有无开路现象。

（二）电压互感器运行原则及维护

1. 电压互感器运行原则

（1）电压互感器在额定容量下能长期运行，在制造时，要求能承受其额定电压的1.9倍而无损坏，但实际运行电压不应超过额定电压的1.1倍，最好是不超过额定电压的1.05倍。

（2）电压互感器在运行中，副线圈不能短路。因为如果副线圈短路，副边电路的阻抗大大减小，就会出现很大的短路电流，使副线圈因严重的发热而烧毁。

（3）110 kV 电压互感器，一次侧一般不装熔断器，因为这一类互感器采用单相串级式，绝缘强度高，发生事故的可能性小；又因为 110 kV 及以上系统，中性点一般采用直接接地，接地发生故障时，会瞬时跳闸，不会过电压运行。在电压互感器的二次侧装设熔断器或自动空气开关，当电压互感器二次侧发生故障时，使之能迅速熔断或切断，以保证电压互感器不遭受损坏。

（4）油浸式电压互感器应装设油位计和吸湿器，以监视油位在减少时免受空气中水分和杂质的影响。

（5）启用电压互感器时，应检查绝缘是否良好，定相是否正确，油位是否正常，接头是否清洁。

（6）停用电压互感器时，应先退出相关保护和自动装置，断开二次侧自动空气开关，防止反充电。

2. 电压互感器运行维护

（1）设备周围应无影响送电的杂物。

（2）各接触部分良好，无松动、发热和变色现象。

（3）充油式的电压互感器，油位正常，油色清洁，各部分无渗油、漏油现象。

（4）瓷瓶无裂纹及积灰。

（5）二次侧的 B 相或中性点接地良好。

（6）熔丝接触是否良好。

（7）各部分有无放电声及烧损现象。

（8）限流电阻丝有无松动，接线是否良好。

拓展阅读
融入点：电流互感器巡检、电压互感器巡检
整体嵌入安全意识、规范意识教育，阅读新闻——国内首台高可靠自主化光纤电流互感器通过技术鉴定，观看微视频“高精度电流互感器”，提高学生的爱国精神和科研精神。
参考资料：  国内首台高可靠自主化光纤电流互感器通过技术鉴定  高精度电流互感器

四、互感器的异常运行分析及故障处理

（一）电流互感器的异常运行和故障处理

1. 电流互感器异常的现象

（1）电流互感器本体严重发热、冒烟、变色、有异味。

（2）电流互感器运行声音异常，震动大。

（3）电流互感器内部线圈开路。

（4）电流互感器有绝缘破裂放电等。

2. 电流互感器本体异常的故障处理

（1）若电流互感器异常是由二次回路开路引起的，可以按以下方法处理：

①查找或发现电流回路断线情况，应按要求穿好绝缘鞋，戴好绝缘手套，并配好绝缘封线。

②分清故障回路，汇报调度，停用可能受影响的保护，防止保护误动。

③查找电流回路断线可以从电流互感器本体开始，按回路逐个环节进行检查，若是本体有明显异常，应汇报调度，申请转移负荷，停电进行检修。

④若本体无明显异常，应对端子、元件逐个检查，如发现松动，可用螺丝刀紧固。若出现火花或发现开路点，应用绝缘封线将电流端子的电源封死，封好后再对开路点进行处理。

⑤若封线时有火花，说明短接有效，开路点在电源到封点以下回路中；若封线时没有火花，则可能短接无效，开路点在封点与电源之间的回路中。

⑥若开路点在保护屏外，应对保护屏上的电流端子进行查找并紧固；若在保护屏内部，应汇报上级部门，由继电保护人员处理。

⑦若为运行人员能自行处理的开路故障，如端子松脱、接触不良等，回路断线现象消失，可将封线拆掉，投入退出的保护，恢复正常运行；不能自行处理的，应汇报调度及上级派专业人员处理。

（2）若故障程度较轻，可汇报调度降低负荷，维持运行并加强监视。

案例：因雷击导致电流互感器烧毁的安全事故

在电力系统中，有些单位为了使继电保护动作准确，在使用电流互感器（以下简称TA）时尽量采用较小的变化，使TA一次额定电流接近线路实际电流。这种做法固然正确，但是应和其他电气设备一样考虑其热稳定性，否则将引发事故造成严重后果。

某日，某变电所值班员听见接地铃响，发现母线起火，出线10 kV侧TA烧坏，66 kV主变开关跳闸，全所停电，并且周围几个有关的变电所停电。

当天下雨，并伴有雷声。TA烧损时，值班员曾听见雨声由远而近。调查时发现，离变电所3 km处28号杆有一台10 kV、100 kVA变压器高压侧B、C相套管闪络，离变电所300 m处有一台100 A的跌落式熔断器断开，变电所10 kV线避雷器动作（对3个避雷器重新做工频放电，放电电压都在合格值内；又取B相避雷器单独进行解剖，解剖时发现间隙有轻微放电痕迹）；配电柜A、C相TA均被烧毁。

事故发生的原因

以上种种迹象似乎说明TA烧毁是雷击所致。但是再仔细分析，又觉得不对。因为虽然事故发生的同时确有雷声，并且确实发现28号杆上变压器套管闪络，但变压器套管闪络是由于该变压器未装避雷器保护所致，而TA装设地点的变电所内装了避雷器，避雷器动作已将残压限制在50 kV以内。解剖避雷器可以看出，避雷器本身过电流并不严重，说明没有更大的续流通过。这样，残压一定更低。因此，该次雷击不足以将TA烧毁。

此外，该TA刚进行过定期试验，试验时耐压为38 kV。距定期试验时间不过一个月，所以，内部过电压引起绝缘击穿的可能性一般不存在。

那么，究竟是什么原因导致TA烧毁的呢？从解体的一台TA可以看出，线圈铜导线（该TA两线并绕，共19匝，导线直径为3.0 mm）断线处有的发黑，有的发亮，这说明断线的原因有烧断和拉断两种；进一步查看又发现，线圈缠绕时，紧紧地卡在瓷套拐弯的棱角处，并有两根导线被卡变形，这说明该TA线圈受力过大；此外，发现线圈的焊接点有几处恰在受力最大的拐弯处，并且焊接点已断裂，这也说明线圈断裂的主要原因是受力过大。

事故防范和整改措施

（1）从上例事故可以看出，投入运行的电流互感器（特别是电流比较小，热稳定倍数不高的电流互感器）在投运前应该进行热稳定校验。

如果热稳定校验时发现原来选用的TA不符合要求，可采取以下措施：

①为限制短路电流，可以在线路上加装电抗器。

②选用热稳定倍数更高的电流互感器。

（2）强化责任落实，抓细抓实抓好安全生产工作。

认真学习习近平总书记关于安全生产的重要论述、指示批示精神，深刻认识安全生产的极端重要性，厚植安全第一理念，始终把安全工作摆在首位，深刻吸取事故教训，克服侥幸心理、麻痹思想，压紧压实责任链条。

说明： 在选择互感器时，要按照选型要求，严格按规定进行选择，同时，需要增强施工、验收运维人员的安全意识，否则就容易出现严重事故。

（二）电压互感器的异常运行和故障处理

1. 电压互感器本体异常的现象

（1）电压互感器的高压熔断器连续熔断。

（2）电压互感器内部发热温度高。

（3）电压互感器内部有冒烟、着火现象。

（4）电压互感器内部有放电声及其他异常声音。

（5）电压互感器内部有严重的喷油、漏油现象等。

2. 电压互感器本体异常的故障处理

（1）退出可能误动的保护（如距离保护和电压保护等）及自动装置（如BZT自投装置和按频率自动减负荷装置等）。

（2）断开该电压互感器二次断路器，取下二次熔断器，若高压熔断器已熔断，可拉开隔离开关，将该电压互感器隔离。

（3）故障程度较轻时（如漏油、内部发热、声音异常等），若高压侧熔电器未熔断，取下低压侧熔断器后，可以直接拉开隔离开关，隔离故障。

（4）故障程度较严重时（如冒烟、着火和绝缘损坏等），若高压侧熔断器上装有合格的限流电阻，可按现场规程拉开隔离开关进行隔离，若无限流电阻时，应用断路器切除故障，不能直接拉开隔离开关，以防止在切断故障时引起母线短路及人身事故。如在双母线接线系统中，一台电压互感器发生严重故障时，可以倒母线，用母线断路器切除故障。

（5）故障隔离后，通过方式倒换（如合上电压互感器二次并列断路器，重新投入所退保护及自动装置）维持一次系统的正常运行。

案例：智能高压在线负荷监测系统

智能高压在线负荷监测系统由高压负荷监测仪、低压数据采集器、高压在线负荷监测系统（简称主站系统）三大部分组成。高压负荷监测仪分别安装在用电大客户专用变压器一次侧的高压线缆或架空线上的 A 相、B 相和 C 相，用于采集、处理和存储一次侧的三相电流数据。智能高压在线负荷监测系统由高压负荷监测仪、低压数据采集器、高压在线负荷监测系统（简称主站系统）三大部分组成。

高压负荷监测仪分别安装在用电大客户专用变压器一次侧的高压线缆或架空线上的 A 相、B 相和 C 相，用于采集、处理和存储一次侧的三相电流数据。并且通过微功率无线模块将处理后的数据传送给低压侧计量柜（箱）的数据采集器，每分钟定时向高压侧监测仪发出同步采集命令，延时 5 s 后再轮抄监测仪的电能数据。数据采集器完成高压侧的三相电流分析、视在功率的计算、异常告警的判断等，对重要数据进行 15 min 曲线、日冻结、月冻结保存，经由 GPRS/CDMA 无线网络或者有线网络直接传送到供电部门的主站系统。

高压负荷监测仪是一种创新型的高压电流测量装置，采用高压 CT 取电技术，由高压线路通过的电流在 CT 上感应出电压，对自带的超级电容进行充电，为监测仪的运行提供工作电源，并实现了低功耗电源管理与通信机制。通过配套的安装工具可直接带电安装在 10 kV 的高压线缆或架空线上，将电能计量芯片电路安置在高压端，采用高压一次侧传感取样、测量与计量相融合的整体式绝缘设计，实现了小型化的高压侧电流直接测量。

低压侧数据采集器经由微功率无线自动抄读监测仪、经由 RS485 总线自动抄读外部用户表计或主动采集内部计量数据，然后通过目前非常成熟的 GPRS/CDMA 无线网络将监测数据上传到主站系统，实现远程实时监测与分析，为供电企业的用电稽查、线损考核、设备故障、打击窃电、查漏追缴提供了必要的技术防范手段，实现配电网络的智能化管理。

思考：数据监测已经逐渐向智能化的方向发展，电压互感器的作用会不会被取代？

任务实施

案例：因违反操作规程导致的安全事故

某年某月某日，某化工生产企业的尿素变电所内，发生了一次爆炸事故，10 kV 高压配电室工股电压互感器严重烧坏，该电压互感器柜的小车面板及相门炸开，高压配电室的部分门窗也被冲开，本段母线上正在运行的几台高压电动机全部跳闸，尿素装置被迫停车，对全厂生产造成严重影响。

该化工生产企业的尿素变电所 10 kV 高压配电室，共有高压柜 17 台（2 台进线柜、2 台电压互感器柜、1 台母联柜、2 台变压器柜、10 台电动机柜），分别布置在Ⅰ、Ⅱ两段母线上分列运行，从投运后，Ⅰ段电压互感器经常烧坏。更换过几次，怀疑是电压互感器容量小所致，然后把容量 30 VA 的换成 50 VA 的互感器。在 2011 年 4 月 29 日 14 时 10 分左右，变电所发出 10 kV 系统接地。3 号循环水电动机（该电动机接在Ⅰ段母线上）接地信号，随后因母线电压互感器柜的小车面板及柜门（5 mm 厚的钢板）被炸开，高压配电室的部分门窗也被冲开，玻璃碎片飞出院外几米远，电压互感器严重烧坏，段母线上正在运行的 5 台高压电动机全部跳闸，尿素系统被迫停车，严重影响生产。

事故发生的直接原因

事故发生的间接原因

暴露的问题

事故防范和整改措施

任务评价

任务评价表如表 3－6－2 所示，总结反思如表 3－6－3 所示。

表 3－6－2　任务评价表

评价类型	赋分	序号	具体指标	分值	得分		
					自评	组评	师评
职业能力	55	1	读懂案例分析任务	5			
		2	能正确分析案例事故发生的直接原因	10			
		3	能正确分析案例事故发生的间接原因	10			
		4	能正确分析案例事故发生后暴露的问题	10			
		5	能正确分析事故防范和整改措施	10			
		6	应使用钢笔或圆珠笔填写，字迹不得潦草和涂改，票面整洁	10			
职业素养	20	1	坚持出勤，遵守纪律	5			
		2	协作互助，解决难点	5			
		3	按照标准规范操作	5			
		4	持续改进优化	5			
劳动素养	15	1	按时完成，认真填写记录	5			
		2	保持工位卫生、整洁、有序	5			
		3	小组分工合理	5			
思政素养	10	1	完成思政素材学习	4			
		2	规范意识（从文档撰写的规范性考量）	6			
总分				100			

表 3-6-3 总结反思

总结反思	
• 目标达成：知识□□□□□ 能力□□□□□ 素养□□□□□	
• 学习收获：	• 教师寄语： 签字：________
• 问题反思：	

课后任务

1. 问答与讨论

（1）电压互感器、电流互感器的作用各有哪些？

（2）电压互感器和电流互感器使用时应该注意哪些事项？

（3）什么是电流互感器的变比？一次电流为 1 200 A，二次电流为 5 A，计算电流互感器的变比。

（4）电流互感器是如何分类的？

（5）电压互感器的接线方式有哪些？如何分类？

（6）电压互感器与变压器有什么区别？

（7）运行中电流互感器二次侧为什么不允许开路？

2. 巩固与提高

通过本任务的学习，已经掌握了电流互感器和电压互感器的基本概念、结构、分类、工作原理及其清扫，学会了电流互感器和电压互感器的运行与维护，能够根据给定的条件完成电流互感器和电压互感器的检修及运维。利用课余时间，小组自行查阅因电压互感器运行维护不当而引发的事故案例，阐述事故经过，分析产生事故原因、暴露的问题、预防措施、处罚情况、心得体会，案例撰写见任务模板。

工作任务单

《发电厂变电所电气设备》工作任务单

<table>
<tr><td>工作任务</td><td colspan="3"></td></tr>
<tr><td>小组名称</td><td></td><td>工作成员</td><td></td></tr>
<tr><td>工作时间</td><td></td><td>完成总时长</td><td></td></tr>
<tr><td colspan="4">工作任务描述</td></tr>
<tr><td colspan="4"></td></tr>
<tr><td rowspan="3">小组分工</td><td>姓名</td><td colspan="2">工作任务</td></tr>
<tr><td></td><td colspan="2"></td></tr>
<tr><td></td><td colspan="2"></td></tr>
<tr><td colspan="4">任务执行结果记录</td></tr>
<tr><td>序号</td><td>工作内容</td><td>完成情况</td><td>操作员</td></tr>
<tr><td>1</td><td></td><td></td><td></td></tr>
<tr><td>2</td><td></td><td></td><td></td></tr>
<tr><td>3</td><td></td><td></td><td></td></tr>
<tr><td>4</td><td></td><td></td><td></td></tr>
<tr><td colspan="4">任务实施过程记录（附工作票、检修票）</td></tr>
<tr><td colspan="4"></td></tr>
<tr><td>上级验收评定</td><td></td><td>验收人签名</td><td></td></tr>
</table>

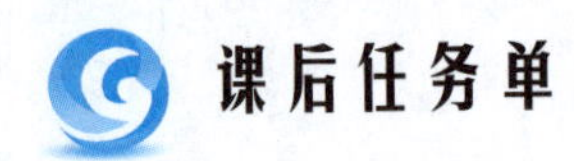

《发电厂变电所电气设备》
课后作业

内容：________________

班级：________________

姓名：________________

________________系

作业要求

关于电压互感器运行维护不当事故案例：

1. 事故经过

2. 产生原因

3. 暴露问题

4. 预防措施

5. 处罚情况

6. 心得体会

任务七 无功补偿装置的运行与维护

学习目标

知识目标：

- 了解无功补偿装置的基本概念、特点、发展历史。
- 掌握电抗器的类型及用途。
- 掌握并联电抗器、限流电抗器的作用、分类、结构等。
- 掌握电抗器的运行与维护。
- 熟悉接地装置、接地体接地电阻的基本概念、种类及技术要求、敷设要求。
- 熟悉接地装置接地线的截面规定及安装工艺。
- 掌握接地装置的运行与维护。
- 了解运行中的电容器的维护和保养。
- 掌握电力电容器组倒闸操作时必须注意的事项、处理故障电容器应注意的安全事项。

技能目标：

- 具备分析无功补偿装置特点、发展历史的能力。
- 能够分析电抗器的作用、分类、结构以及运行与维护的能力。
- 具备接地装置故障分析判断能力和维护处理能力。
- 具备对电容器进行维护和保养、处理故障、修理的能力。

素养目标：

- 培养尊重宽容、团结友善、推己及人的优良品质。

任务要求

无功补偿装置的运行维护视频

（1）根据了解的电抗器运行与维护内容，能够进行电抗器的运行及基本维护检查的工作。

（2）根据了解的接地装置的运行与维护内容，能够进行接地装置的维护检查的工作。

（3）通过了解电力电容器组倒闸操作、处理故障的内容，能够对电容器进行维护和保养、故障处理、修理等工作。

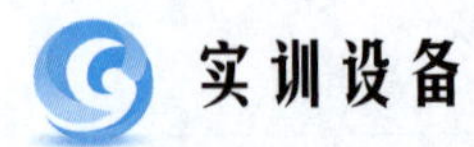

实训设备

SLGPD－Ⅲ型低压供配电拆装实训装置。

无功补偿装置的运行维护 ppt

知识准备

一、无功补偿装置的基本概念

改善电能质量措施涉及面很广，主要包括无功补偿、抑制谐波、降低电压波动和闪变、解决三相不平衡等方面。

【全国职业院校技能大赛】
模块二　新型电力系统组网与运营调度
任务二　电网设计、检修、运维与实施
一、交流配电网设计
二、配电网检修运维及实施

（一）发展历程

用于无功补偿和谐波治理的装置，如无源电力滤波器，该设备兼有无功补偿和调压功能，一般要根据谐波源的参数和安装点的电气特性以及用户要求专门设计；静止无功补偿装置（SVC）是一种综合治理电压波动和闪变、谐波以及电压不平衡的重要设备。有源电力滤波器（APF）是一种新型的动态抑制谐波和补偿无功的电力电子装置，它能对频率和幅值都发生变化的谐波及无功电流进行补偿，主要应用于低压配电系统。

其中，无功补偿技术的发展经历了同步调相机→开关投切固定电容→静止无功补偿器（SVC）→引人注目的静止无功发生器 SVG（STATCOM）几个不同阶段。

根据结构原理的不同，SVC 技术又分为自饱和电抗器型（SSR）、晶闸管相控电抗器型（TCR）、晶闸管投切电容器型（TSC）、高阻抗变压器型（TCT）和励磁控制的电抗器型（AR）。

随着电力电子技术，特别是大功率可关断器件技术的发展和日益完善，国内外还在研制、开发一种更为先进的静止无功补偿装置——静止无功功率发生装置（SVG），虽然它们尚处在开发及试运行阶段，尚未形成商品化，但 SVG 凭借着其优越的性能特点，在电力系统中的应用将越来越广泛。

（二）特点

各种无功设备各自特点如下：

（1）同步调相机：响应速度慢，噪声大，损耗大，技术陈旧，属淘汰技术。

（2）开关投切固定电容：慢响应补偿方式，连续可控能力差。

（3）静止无功补偿器（SVC）：相对先进、实用的技术，在输配电电力系统中得到了广泛应用。

（4）静止无功发生器 SVG（STATCOM）：虽然有技术上的局限性，属少数示范工程阶段，但 SVG 是一种更为先进的新型静止型无功补偿装置，是灵活柔性交流输电系统（FACTS）技术和定制电力（CP）技术的重要组成部分，是现代无功功率补偿装置的发展方向。

（三）考虑因素

1. 谐波含量及分布

配电系统可能产生的电流谐波次数与幅值及电压谐波总畸变率，根据谐波含量确认补偿方案。

2. 负荷类型

配电系统线性负荷和非线性负荷占总负荷比例，根据比例确定补偿方案。

3. 无功需求

配电系统中如果感性负荷比例大，则无功需求大，补偿容量应增大。

4. 负荷变化情况

配电系统中，若静态负荷多，则采用静态补偿；若频繁变化负荷多，则采用动态跟踪补偿较合适。

5. 三相平衡性

配电系统中，若三相负荷平衡，则采用三相共补；若三相负荷不平衡，则采用分相补偿或混合补偿。

（四）高压滤波补偿装置

高压滤波补偿装置主要作为变电站 110 kV 母线无功补偿兼滤波之用，装置的设计根据系统和谐趣波源特点，利用专用程序进行滤波器优化设计，使无功补偿和滤波效果最佳。该装置安全可靠，配置合理投资较少。

其可广泛用于电力、冶金、化工、煤矿、轻工、建材等行业中进行具有相对稳定负荷的功率因数补偿和谐波抑制。

（五）主要技术指标

（1）电压等级：6 ~ 110 kV。

（2）滤波效果满足国标 GB/T 14549—1993 的要求。

（3）补偿后，功率因数提高到 0. 92 以上。

（4）额定容量和外形尺寸均以用户要求为准。

（六）技术特点

（1）滤波电容选用全膜或膜纸复合绝缘介质，损耗小，可靠性高；滤波电抗值采用空芯筒式结构，电抗值 ±7% 连续可调；滤波电阻器采用无感编织式电阻器。

（2）为了达到最佳滤波效果，根据实测提供的短路容量、电压等级和谐波含量，经过 CHP 谐波分析程序住址计算，提出最佳补偿方案。

（3）滤波装置可配 BS 系列滤波器自动投切控制器。

①可按照负荷的无功电流、谐波电流进行调节。

②可实现快速跟踪。

③实时显示系统的功率因数。

④母线电压及保护动作信号。

⑤具有通信功能。

⑥具有手动、自动切换功能。

（4）滤波装置配 FB 系列滤波器微机保护，具有较全面的保护功能，可自动识别故障类型并与控制器相协调。图 3－7－1 所示为无功补偿装置实物图。

①滤波器组过电流保护。

②滤波器组电流速断保护。

③三相电流不平衡保护。

④过电压保护。

⑤欠电压保护。

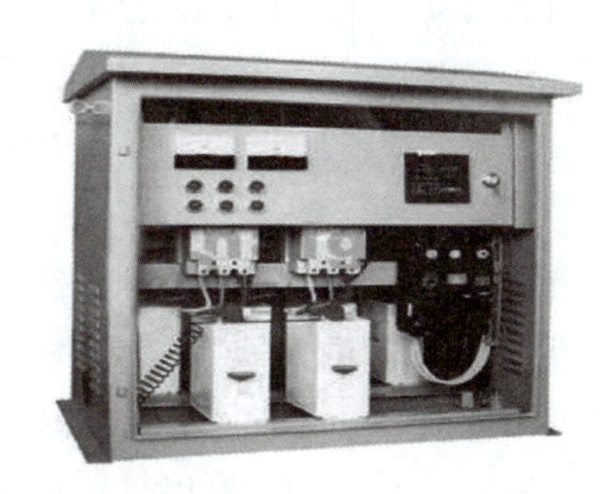

图 3－7－1　无功补偿装置

思考：无功补偿装置在电力系统中的应用有哪些？

拓展阅读
融入点：电抗器、电容器、接地装置运行与维护
学生通过不同任务的运行与维护内容，协调任务分工，相互沟通、倾听交流、相互帮助、相互配合，理性地解决问题和意见冲突，从而养成相互尊重、欣赏、平等、宽容、谦逊、推己及人的品格和团队协作精神。在协作劳动的过程中，培养尊重宽容、团结友善、和睦友好的品质，学会换位思考、设身处地为他人着想，努力形成社会主义的新型劳动关系。
参考资料：  社会主义核心价值观

二、限流电器的运行与维护

（一）电抗器的类型及用途

限流电器的作用是增加电路的短路阻抗，从而达到限制短路电流的作用。常用的限流电器有限流电抗器和分裂电抗器。

电抗器也叫电感器，一个导体通电时就会在其所占据的一定空间范围产生磁场，所以所有能载流的电导体都有一般意义上的感性。然而通电长直导体的电感较小，所产生的磁场不强，因此实际的电抗器是导线绕成螺线管形式，称为空心电抗器；有时为了让这只螺线管具有更大的电感，便在螺线管中插入铁芯，称为铁芯电抗器。电抗分为感抗和容抗，比较科学的归类是将感抗器（电感器）和容抗器（电容器）统称为电抗器。然而，由于过去先有了电感器，并且被称为电抗器，所以现在人们所说的电容器就是容抗器，而电抗器专指电感器。

电抗器的分类：

（1）按结构及冷却介质，可分为空心式、铁芯式、干式、油浸式等电抗器。例如干式空心电抗器、干式铁芯电抗器、油浸铁芯电抗器、油浸空心电抗器、夹持式干式空心电抗器、绕包式干式空心电抗器、水泥电抗器等。

（2）按接法，可分为并联电抗器和串联电抗器。

（3）按功能，可分为限流电抗器和补偿电抗器。

（4）按用途，可分为限流电抗器、滤波电抗器、平波电抗器、功率因数补偿电抗器、串联电抗器、平衡电抗器、接地电抗器、消弧线圈、进线电抗器、出线电抗器、饱和电抗器、自饱和电抗器、可变电抗器（可调电抗器、可控电抗器）、并联谐振电抗器等。

电抗器常用符号如图 3－7－2 所示。

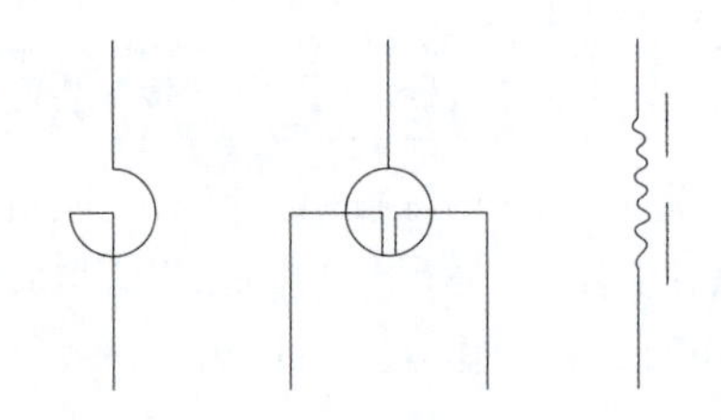

图 3－7－2　电抗器常用的符号

电力系统中所采取的电抗器，常见的有串联电抗器和并联电抗器。串联电抗器主要用来限制短路电流，也有在滤波器中与电容器串联或并联来限制电网中的高次谐波。220 kV、110 kV、35 kV、10 kV 电网中的电抗器是用来吸收电缆线路的充电容性无功功率的。可以通过调整并联电抗器的数量来调整运行电压。超高压并联电抗器有改善电力系统无功功率有关运行状况的多种功能，主要包括：

（1）轻空载或轻负荷线路上的电容效应，以降低工频暂态过电压。

（2）改善长输电线路上的电压分布。

（3）使轻负荷时线路中的无功功率尽可能就地平衡，防止无功功率不合理流动，同时，也减轻了线路上的功率损失。

（4）在大机组与系统并列时，降低高压母线上工频稳态电压，便于发电机同期并列。

（5）防止发电机带长线路可能出现的自励磁谐振现象。

（6）当采用电抗器中性点经小电抗接地装置时，还可用小电抗器补偿线路相间及相地电容，以加速潜供电流自动熄灭，便于采用。

电抗器的接线分为串联和并联两种方式。串联电抗器通常起限流作用，并联电抗器经常用于无功补偿。

（二）并联电抗器

1. 并联电抗器的作用

（1）中压并联电抗器一般并联接于大型发电厂或110～500 kV变电站的6～63 kV母线上，用来吸收电缆线路的充电容性无功，通过调整并联电抗器的数量，向电网提供可阶梯调节的感性无功，补偿电网剩余的容性无功，调整运行电压，保证电压稳定在允许范围内。

（2）超高电压并联电抗器一般并联于330 kV及以上的超高压线路上，主要作用如下：

①降低工频过电压。装设并联电抗器吸收线路的充电率，防止超高压线路空载或轻负荷运行时，线路的充电率造成线路末端电压升高。

②降低操作电压。装设并联电抗器可限制由于突然甩负荷或接地故障引起的过电压，避免危及系统的绝缘。

③避免发电机带长线出现的自励磁谐振现象。

④有利于单相自动重合闸。并联电抗器与中性点小电抗配合，有利于超高压长距离输电线路单相重合闸过程中故障相的消弧，从而提高单相重合闸的成功率。

2. 并联电抗器的结构

1）空芯式电抗器

空芯式电抗器没有铁芯，只有线圈，磁路为非导磁体，磁阻很大，电感值很小，并且为常数。空芯电抗器的结构形式多种多样，用混凝土将绕好的电抗线圈浇装成一个牢固整体的，称为水泥电抗器；用绝缘压板和螺杆将绕好线的线圈拉紧的，称为夹持式空芯电抗器；将线圈用玻璃丝包绕成牢固整体的，称为绕包式空心电抗器。空芯电抗器通常是干式的，也有油浸式结构的。

2）芯式电抗器

铁芯电抗器的主要结构由铁芯和线圈组成。由于铁磁介质的磁导率极高，而且它的磁化曲线是非线性的，所以用在铁芯电抗器中的铁芯必须带有气隙。带气隙的铁芯，其磁阻主要取决于气隙的尺寸。由于气隙的磁化特性基本上是线性的，所以铁芯电抗器的电感值将不取决于外在电压或电流，而取决于自身线圈匝数以及线圈和铁芯气隙的尺寸。对于相同的线圈，铁芯式电抗器的电抗值比空心式的大。当磁密较高时，铁芯会饱和，而导致铁芯电抗器的电抗值变小。

芯柱由铁芯饼和气隙垫块组成。铁芯饼为辐射型叠片结构，铁芯饼与铁轭由压紧装置通过非磁性材料制成的螺杆拉紧，形成一个整体。铁芯采用了强有力的压紧和减震措施，整体性能好，震动及噪声小，损耗低，无局部过热。邮箱为钟罩式结构，便于用户维护和检修。

3）干式半芯电抗器

绕组选用小截面圆导线多股平行绕制，涡流损耗和漏磁损耗明显减少，绝缘强度高，散热性好，机械强度高，耐受点时间电流的冲击能力强，能满足热稳定性的要求。线圈中放入由高导磁材料做成的芯柱，磁路中磁导率大大增加，与空心电抗器相比较，在同等容量下，线圈直径、导线用量大大减少，损耗大幅度降低。

铁芯结构为多层绕组并联的筒形结构，铁芯柱经整体真空环氧浇注成型后，密实整体性很好，运行时震动极小，噪声很低。采用机械强度高的铝质的星形接线架，涡流损耗小，可以满足对线圈分数匝的要求。所有的导线引出全部焊接在星形接线臂上，不用螺钉连接，提高了运行的可靠性。干式半芯电抗器在超高压远距离输电系统中，连接在变压器的3次线圈上，用于补偿线路的电容性充电电流，限制系统电压升高和操作过电压，保证线路可靠运行。

（三）限流电抗器

1. 限流电抗器的作用

在电力系统中，限流电抗器的主要作用是当电力系统发生短路故障时，利用其电感特性，限制系统的短路电流，降低短路电流对系统的冲击，同时，降低断路器选择的额定开断容量，节省投资费用。限流电抗器串联连接在系统母线上，用来限制系统的故障短路电流，使得短路电流降低到其后设备的允许值。

2. 限流电抗器的分类

（1）线路电抗器。串接在线路或电缆馈线上，使出线能选用轻型断路器以及减小馈线电缆的截面。

（2）母线电抗器。串接在发电机电压母线的分段处或主变压器的低压侧，用来限制厂内、外短路时的短路电流，又称为母线分段电抗器。当线路上或一段母线上发生短路时，它能限制另一端母线提供的短路电流。

（3）变压器回路电抗器。安装在变压器回路中，用于限制短路电流，以便变压器回路能选用轻型断路器。

3. 限流电抗器的结构类型

1）混凝土柱式限流电抗器

其主要由绕组、水泥支柱及支柱绝缘子构成，如图3－7－3所示。没有铁芯，绕组采用空芯电感线圈，由沙包纸绝缘的多芯铝线在同一平面上绕成螺线形的饼式线圈叠在一起构成。在沿线圈周围位置均匀对称的地方设有水泥支架，用来固定线圈。

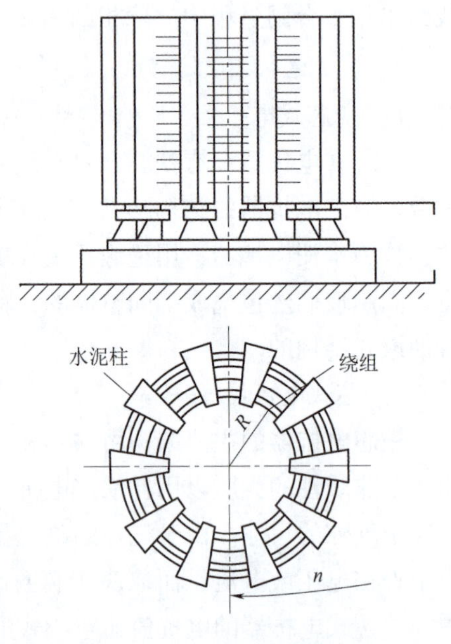

图3－7－3　水泥电抗器结构

2）分裂电抗器

分裂电抗器在结构上和普通的电抗器没有大的区别，只是在电抗线圈的中间有一个抽头，用来连接电源，两端头接负荷侧或厂用母线，切丁电流相等，如图3－7－4所示。

正常运行时，由于两分支里电流方向相反，使两分支的电抗减小，因而电压损失减小。当一个分支的负荷电流相对于短路电流来说很小，可以忽略其作用时，则流过短路电流的分支电抗增大，降压增大，使母线的残余电压较高。

这种电抗器的优点是，正常运行时，分裂电抗器每个分段的电抗相当于普通电抗器的1/4，使负荷电流造成的电压损失较普通电抗器小。

另外，当分裂电抗器的分支端短路时，分裂电抗器每个分段电抗正常运行值增大4倍，故限制短路的作用比正常运行值大，有限制短路电流的作用，缺点是当两个分支负荷不相等或者负荷变化过大时，将引起分段电压偏差增大，使分段电压波动较大，造成用户电动机工作不稳定，甚至分段出现过电压。

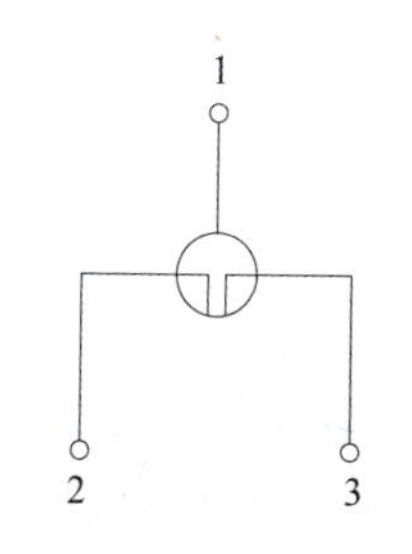

图3-7-4　分裂电抗器

3）干式空芯限流电抗器

绕组采用多根并联小导线多股并行绕制，如图3-7-5所示。匝间绝缘度高，损耗低；采用环氧树脂浸透的玻璃纤维包封，整体高温固化，整体性强、质量小、噪声低、机械强度高，可承受大短路电流的冲击；线圈层间有通风道，对流自然冷却性能好，由于电流均匀分布在各层，动、热稳定性高；电抗器外表面涂以特殊的抗紫外线老化的耐气候树脂涂料，能承受户外恶劣的气候条件，可在室内、户外使用。

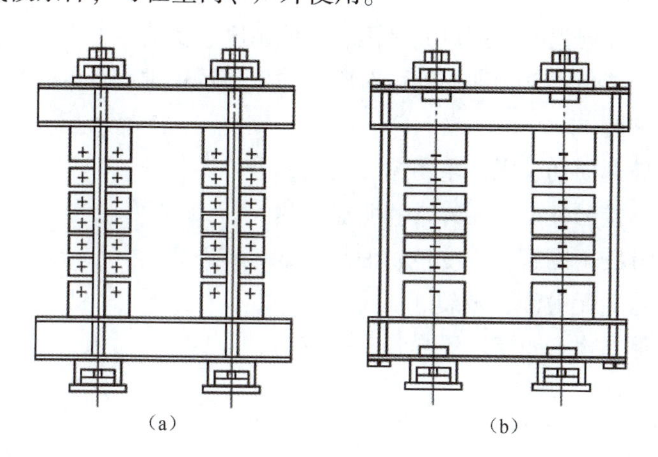

图3-7-5　干式空芯限流电抗器

【全国职业院校技能大赛】
模块二　新型电力系统组网与运营调度
任务二　电网设计、检修、运维与实施
一、交流配电网设计
二、配电网检修运维及实施

（四）电抗器的运行维护

1. 电抗器的布置安装

线路电抗器的额定电流较小，通常做垂直布置。各电抗器之间及电抗器与地之间用支柱绝缘子绝缘。中间一相电抗器的绕线方向与上下两边的绕线方向相反，这样在上中或中下两相短路时，电抗器间的作用力为吸引力，不易使支柱绝缘子断裂。母线电抗器的额定电流较大，尺寸也较大，可做水平布置或品字形布置。

2. 电抗器的运行与维护

1）允许运行方式

并联电抗器正常运行方式：

（1）允许温度和温升。A 级绝缘材料，油箱上层油温度一般小于 85 ℃，最高小于 95 ℃；允许温升为：绕组温升小于 65 ℃，上层油温升小于 55 ℃，铁芯本体、油箱及结构件表面温升小于 80 ℃。当上层油温度达到 85 ℃时报警，达到 105 ℃时跳闸。

（2）允许电压和电流。按不超过铭牌的 U_e 和 I_e 长期连续运行。运行电压的允许变化范围为 ±5% U_e。当超过 U_e 时，在不超过允许温升的条件下，过电压允许运行时间遵照规定；当运行电压低于 $0.95U_e$ 时，应考虑退出部分并联电抗器运行，以保证系统的电压水平。

（3）直接并联接在线路上的电抗，线路与并联电抗器必须同时运行，不允许线路脱离电抗器运行。

2）运行维护和巡视检查

并联电抗器正常巡视：

（1）温度：上层油温温升不超过允许值、环境温度、负荷。

（2）油枕：油位油色正常，油温油位对应，油位指示正常。

（3）油箱：无渗漏。

（4）套管：无破裂损伤、无严重污垢、放电、电晕。

（5）电气接头：接触良好，无异常和明显过热。

（6）呼吸器：硅胶不潮解、不变色、油封正常、不破裂。

（7）压力释放器：无喷油、破裂。

（8）电抗器主体：声音正常，无异音，无震动。

特殊巡视：

（1）每次跳闸后应进行检查。

（2）电抗器过电压和异常运行，每小时至少检查一次。

（3）天气异常和雷雨后。

并联电抗器常见故障：

（1）一般故障。电抗器油枕油位与温度对应值不符合规定（超过规定的 10% 范围）；套管一般破损，但能继续运行；套管污染灰垢较严重；金具连接螺丝少量松脱；油枕呼吸器管道堵塞，油封杯泊位缺油，硅胶变色超过 70%；油箱渗油。

（2）重大故障。正常负荷下，电抗器上层油温超过 85 ℃，油温升超标；正常负荷情况下，引出线断股、抛股，引出线接头严重发热，超过 70 ℃；油枕油位低于正常泊位的 3/4；套管油位降低至 1/4；套管严重破损，但不放电；瓦斯继电器内含有气体；电抗器试验不合格，能暂时运行；压力释放装置漏油；本体严重漏油。

（3）紧急故障。油温急剧上升或超过 105 ℃；正常负荷下，引线接头发红或引线断脱落；油枕油位指示为零；本体内部有异常声音或放电、爆炸声；电抗器冷却装置油路堵塞

（包括阀门故障）；套管油位无指示；套管严重破损，并有放电闪络现象；电抗器主保护跳闸；压力释放装置、温度监视测量装置任一动作或跳闸；电抗器爆炸、着火或本体喷油；电抗器试验严重不合格，不能继续运行。

并联电抗器异常及事故：

（1）电抗器温度高告警。应立即检查电抗器的电压和负荷（无功功率）；到现场检查温度计指示，与控制屏上远方测温仪表指示值相对照；对电抗器的三相进行比较，以查明原因；检查电抗器的油位、声音及各部位有无异常；如果现场温度并未上升，而远方指示温度上升，则可能测温回路有问题，如果现场和远方温度指示都未上升而出现“温度高”告警，则可能是温度继电器或二次回路故障，应立即向调度报告，申请停用温度保护，以免误跳闸。如果检查电抗器本体无异常，可继续运行，但应加强监视，注意油温上升及运行情况。

（2）电抗器轻瓦斯动作告警。应检查其温度、油位、外观及声音有无异常，检查气体继电器内有无气体，用专用的注射器取出少量气体，试验其可燃性。如气体可燃，可断定电抗器内部有故障，应立即向调度报告，申请停用电抗器。在调度未下令将其退出之前，应严密监视电抗器的运行状态，注意异常现象的发展与变化。气体继电器内的大部分气体应保留，不要取出，由化验人员取样进行色谱分析。如气体继电器内并无气体，可能是轻瓦斯误动，应进一步检查误动原因，如震动、二次回路短路等。

（3）电抗器跳闸。

①立即检查是否仍带有电压，即线路对侧是否跳闸。如对侧未跳闸，应报告调度通知对侧紧急切断电源。

②立即检查温度、油面及外壳有无故障迹象，压力释放阀是否动作；如气体、差动、压力、过流保护有两套或以上同时动作，或明显有故障迹象，应判断内部有短路故障，在未查明原因并消除前，不得投入运行。气体继电器保护动作，按前述步骤检查；差动保护动作，如无其他迹象，应检查电流互感器二次回路端子有无开路现象；压力保护动作，应检查有无喷油现象，压力释放阀指示器是否射出。

（4）电抗器着火。应立即切断电源（包括线路对侧电源），并用灭火器快速进行灭火，如溢出的油使火在顶盖上燃烧，可适当降低油面，避免火势蔓延。如电抗器内部起火，则严禁放油，以免空气进入引起严重的爆炸事故。

（5）下列情况应停用电抗器：

①内部有强烈的爆炸声和放电声。

②压力释放装置向外喷油或冒烟。

③在正常情况下，温度不断上升，并超过 105 ℃。

④严重漏油使油位下降，并低于油位计的指示限度。停用时，应向调度报告，按调度令，先断开对侧断路器，后断开本侧断路器。

思考：并联电抗器的作用是什么？

三、接地装置的运行与维护

（一）基本概念

（1）接地就是将电力系统中电气设备、设施应该接地的部分，经接地装置与大地做良好的电气连接。

（2）接地体是埋入地下与大地直接接触的金属导体。接地体有人工接地体和自然接地体两类。前者包括垂直埋入地中的钢管、角钢、槽钢，水平敷设的圆钢、扁钢、铜带等，一般是为接地的目的而敷设的。后者主要用于别的目的，同时起到接地体的作用，如钢筋混凝土基础、电缆的金属外皮、轨道、各种地下金属管道等都属于自然接地体。连接接地体与电气装置中必须接地部分的金属导体，称为接地体。

（3）接地电阻是电流经接地体流入大地时，接地线、接地体和电流所遇到的全部电阻之和。

（二）接地装置

1. 接地装置的定义

接地装置是由接地体和接地线两部分组成的。由垂直和水平接地体组成的供发电厂、变电站使用的兼有泄放电和均压作用的大型的水平网状接地装置，称为接地网。

（1）架空线路的接地装置。

线路每一级杆塔下一般都设有接地装置，并通过引线与避雷线相连，其目的是使击中避雷线的雷电流通过较低的接地电阻而进入大地。线路杆塔都有混凝土基础，起着接地体的作用，称为自然接地体。

（2）变电站的接地装置。

变电站内需要良好的接地装置以满足工作、安全和防雷保护的接地要求。一般的做法是根据安全和工作接地要求敷设一个统一接地网，然后在避雷针和避雷器下面增加接地体，以满足防雷接地的要求，或者是在防雷装置下敷设单独的接地体。一般避雷器的防雷接地与工作接地共用一个接地网。

2. 接地装置的分类

电力系统中电气设备、设施的某些可导电部分应接地。电气装置的接地，按用途可分为工作接地、保护接地、防雷接地和防静电接地。

（1）工作接地。正常或事故情况下，为了保证电气设备可靠运行而必须在电力系统中某一点进行接地，称为工作接地。这种接地有可直接接地或经特殊装置接地。

（2）保护接地。为防止因绝缘损坏而遭受触电的危险，将与电气设备带电部分相绝缘的金属外壳或构架同接地体之间做良好的连接，称为保护接地。

（3）防雷接地。为雷电保护装置向大地泄漏雷电流而设的接地。避雷针、避雷线和避雷器的接地就属于防雷接地。

（4）防静电接地。为防止静电对易燃油、天然气储罐等危险作用而设的接地。

（三）接地装置的技术要求

（1）充分利用并严格选择自然接地体，要特别重视使用安全及良好的接地电阻。利用自然接地体时，必须在它们的接头处另行跨接导线，使其成为具有良好导电性能的连续性导体，以取得合格的接地电阻值。

（2）凡直流回路，均不能利用自然接地体作为电流回路的零线、接地线或接地体。直流回路专用的中性线、接地体及接地线也不能与自然接地相接。因为直流的电介作用，容易使地下建筑物和金属管道等受侵蚀而损坏。恰恰是这一点常为人们所忽略。

（3）人工接地体的布置应使接地体附近的电位分布尽可能均匀。如可布置成环形等，以减小接触电压和跨步电压。由于接地短路时，接地体附近会出现较高的分布电压，危及人身安全，有时需挖开地面检修接地装置。故人工接地体不宜埋设在车间内，应离建筑物及其入口和人行道 3 m 以上。不足 3 m 时，要铺设砾石或沥青路面，以减小接触电压和跨步电压。此外，埋设地点还应避开烟道或其他热源处，以免土壤干燥，电阻率增高；也不要埋设在垃圾、灰渣及对接地体有腐蚀的土壤中。

（4）装设接地装置时，由于设备与环境等条件或因素不同，其具体要求也各不相同。

①电缆线路：电缆绝缘若有损坏，其外皮、接头盒上都可能带电，因此，高压电缆外皮在任何情况下都要实行接地；低压电缆除在危险场所如潮湿、有腐蚀性气体、有导电尘埃场所外，一般可不接地；地下敷设的电缆，其外皮两端都应接地；截面为 16 mm^2 及以上的单芯电缆。为消除涡流，其一端应接地，两根单芯电缆平行敷设时，为限制产生过高的感应电压，则应多点接地。

②携带式用电设备：凡用软线接到电源插座上的各种携带式电气设备、仪表、电动工具（如手提电钻、砂轮、电熨斗、台灯等），其接地和接零的要求如下：

a. 用电设备的插头和金属外壳应有可靠的电气连接，接地线要用软铜线，其截面与相线一样。

b. 接地触头和金属外壳应有可靠的电气连接，接地线要有软铜线。其截面与相线一样。

c. 接地（零）线应正确连接，即应将设备外壳的接地（零）线直接放线，接到地（零）干线上（称直放接）。

③有爆炸与火灾危险场所的设备：为防止电气设备外壳产生较高的对地电压，以及金属设备与管道间产生火花，对危险场所内电气设备接地和接零的要求是：

a. 将整个电气设备、金属设备、管道、建筑物金属结构全部接地，并且在管道接头处敷设跨接线。

b. 接地或接零的导线要采用裸导线、扁钢或电缆芯线，并有足够截面。在 1 000 V 以下中性点接地的配电网络内，为保证能迅速、可靠地切断接地短路故障。当线路采用熔断器保护时，熔体额定电流应小于接地短路电流的 1/4；若线路上装设了自动开关，自动开关瞬时脱扣器的额定电流应小于接地短路的电流 1/2。

c. 对所装用的电动机、电器及其他电气设备的接线头，导线或电缆芯的电气连接等，都应可靠地压接，并采取防止接触松弛的措施。

d. 为防止测量接地电阻时产生火花，测试要在没有爆炸危险的建筑物内进行，或者将测量端钮用的线引接至户外进行测量。

（四）接地装置的敷设要求

（1）为减少相邻接地体的屏蔽作用，垂直接地体的间距不宜小于其长度的两倍，水平接地体的间距不宜小于5 m。

（2）接地体与建筑物的距离不宜小于1.5 m。

（3）围绕屋外配电装置、屋内配电装置、主控制楼、主厂房及其他需要装设接地网的建筑物，敷设环形接地网。这些接地网之间的相互连接不应少于两根干线。对大接地短路电流系统的发电厂和变电所，各主要分接地网之间宜多根连接。

为了确保接地的可靠性，接地干线至少应在两点与地网相连接。自然接地体至少应在两点与接地干线相连接。

（4）接地线沿建筑物墙壁水平敷设时，离地面宜保持250～300 mm的距离。接地线与建筑物墙壁间应有10～15 mm的间隙。

（5）接地线应防止发生机械损伤和化学腐蚀。与公路、铁道或化学管道等交叉或有可能发生机械损伤的地方，对接地线应采取保护措施。在接地线引进建筑物的入口处，应设标志。

（6）接地网中均压带的间距 D 应考虑设备布置的间隔尺寸，尽量减少埋设接地网的土建工程量及节省钢材。视接地网面积的大小，一般可取5 m、10 m。对330 kV及500 kV大型接地网，也可采用20 m间距。但对经常需巡视操作的地方和全封闭电器，则可局部加密（如取 $D=2\sim3$ m）。

（7）接地线的连接需注意以下几点：

①接地线连接处应焊接。如采用搭接焊，其搭接长度必须为扁钢宽度的2倍或圆钢直径的6倍。在潮湿或有腐蚀性蒸气或气体的房间内，接地装置的所有连接处应焊接。该连接处如不宜焊接，可用螺栓连接，但应采取可靠的防锈措施。

②直接接地或经消弧线圈接地的主变压器、发电机的中性点与接地体或接地干线连接，应采用单独的接地线。其截面及连接宜适当加强。

③电力设备每个接地部分应以单独的接地线与接地干线相连接。严禁在一个接地线中串接几个需要接地的部分。

（五）接地线的截面规定及安装工艺

1. 自然接地体的利用及选用

接地装置的安装分为接地体的安装和接地线的安装。接地体的安装又分为自然接地体的利用和人工接地体的装设。

在设计和安装接地装置时，首先应充分利用自然接地体，以节约投资，节约钢材。自然接地体是用于其他目的，但与土壤保持紧密接触的金属导体。如果实地测量所利用的自然接地体电阻已能满足要求，而且这些自然接地体又满足热稳定条件，就不必再装设人工接地装置，否则，应装设人工接地装置。对于大接地电流系统的发电厂和变电所，则不论自然接地体的情况如何，仍应装设人工接地体。自然接地体至少应由两根导体在不同地点与接地网相连（线路杆塔除外）。

在建筑物钢结构的结合处，除已焊接者外，都要采用跨接线焊接。跨接线采用扁钢作为接地干线时，其截面不得小于100 mm²；作为接地支线时，不得小于48 mm²；对于暗敷管道和作为接零线的明敷管道，其接合处的跨接线可采用直径不小于6 mm的圆钢。利用电缆的金属外皮作接地线时，一般应有两根。若只有一根，则应敷设辅助接地线，若无可利用的自然接地线，或虽有能利用的，但不能满足运行中电气连接可靠的要求及接地电阻不能符合规定时，则应另设人工接地线。

用来作为自然接地体的有：上下水的金属管道；与大地有可靠连接的建筑物和构筑物的金属结构；敷设于地下，其数量不少于两根的电缆金属外皮及敷设于地下的非可燃可爆的各种金属管道；非绝缘的架空地线；等等。对于变配电所来说，可利用其建筑物钢筋混凝土基础作为自然接地体。

利用自然接地体时，一定要保证电气良好连接，在建筑物结构的接合处，除已焊接者外，凡用螺栓连接或其他连接的，都要采用跨接焊接，而且跨接线不得小于规定值。图3－7－6所示是接地体埋设图。

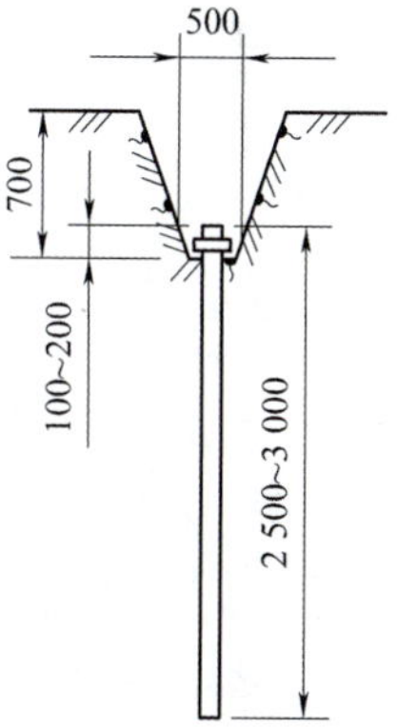

图3－7－6　接地体埋设图（单位 mm）

接地线是接地装置中的另一组成部分。在设计接地线时，为节约有色金属，减少施工费用，应尽量选择自然导体作为接地线。只有当自然导体在运行中电气连续性不可靠或有危险发生的可能，以及阻抗较大不能满足接地要求时，才考虑采用人工接地线或增设辅助接地线，并检验其热稳定及机械强度。

2. 人工接地线的利用及选用

用来作为人工接地体的一般有钢管、角钢、扁钢和圆钢等钢材（图3－7－7）。如有化学腐蚀性的土壤中，则应采用镀锌钢材或铜质的接地体。人工接地体有垂直埋设和水平埋设两种基本结构型式，接地体宜垂直埋设；多岩石地区接地体可水平埋设。

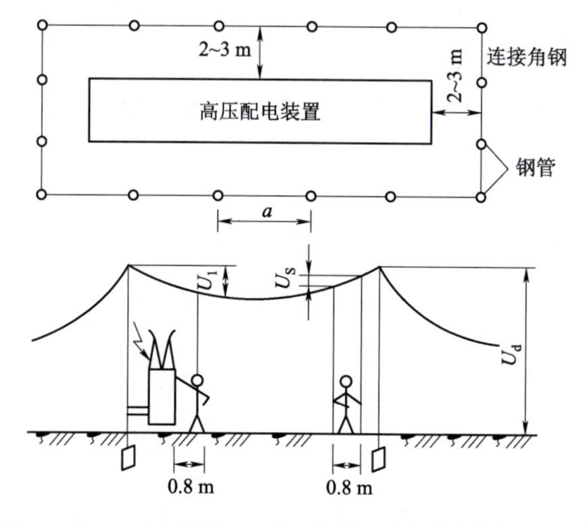

图3－7－7　由钢管和扁钢组成的环形接地网及电位分布

在普通沙土壤地区，因地电位分布衰减较快，可以采用以棒形垂直接地 体为主的棒带接地装置。垂直接地体常采用的规格有：直径为 48 ~ 60 mm 的钢管，管壁厚度不小于 3.5 mm；直径为 19 ~ 25 mm 的圆棒，垂直接地体长度为 2 ~ 3 m。

接地体的布置根据安全、技术要求，因地制宜，可以组成环形、放射形或单排布置。为了降低接地体相互间的散流屏蔽作用，相邻垂直接地体之间的距离不应小于 2.5 ~ 3 m，垂直接地体的顶部采用扁钢或直径圆钢相连，上端距地面不小于 0.6 m，通常取 0.6 ~ 0.8 m。常用的几种垂直接地体布置形式如图 3 - 7 - 8 所示。

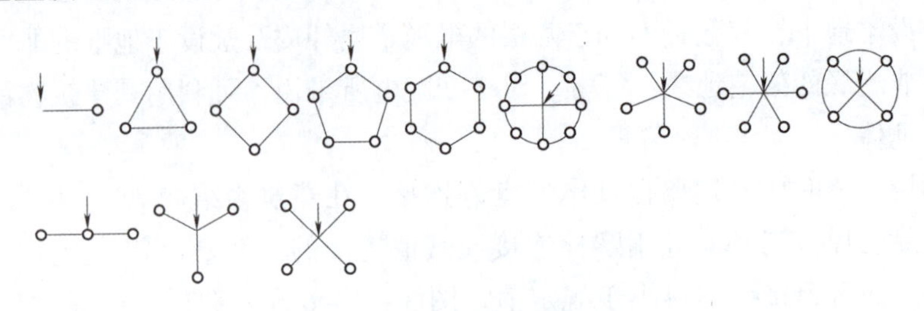

图 3 - 7 - 8　常用垂直接地体的布置

发电厂和变电所常采用以水平接地体为主的复合接地体，即人工接地网，对面积较大的接地网，可通过增加水平接地体的面积来实现降低接地电阻。既有均压、减小接触电压和跨步电压的作用，又有散流作用。复合接地体的外缘应闭合，并做成圆弧形。

埋入土中的接地棒之间用扁钢带焊接相连，形成地下接地网。扁钢带敷设在地下的深度不小于 0.3 m，扁钢带截面不得小于 48 mm^2，厚度不得小于 4 mm^2。

装设保护接地时，为了尽量降低接触电压和跨步电压，应使装置地区内的电位分布尽可能均匀。为了达到此目的，可在装置区域内适当地布置钢管、角钢和扁钢等，形成环形接地网。

用来作为自然接地线的有：数量为两根的电缆的金属外皮，若只有一根，则应敷设辅助接地线；各种金属构件、金属管道、钢筋混凝土等，其全长应为完好电气通路。若金属构件、金属管道串联后作接地线，应在其串接部位焊接金属跨接线。

为使连接可靠并有一定的机械强度，人工接地线一般采用钢质扁钢或圆钢接地线。

有色金属可做人工接地线，但铝线不能作为地下的接地线。

为防止机械损坏及锈蚀情况，接地线要有足够大的尺寸。对于 1 000 V 以上的系统，一般要根据单相短路电流校验其热稳定性。对于 1 000 V 以下中性点不接地系统，其接地干线的截面，根据载流量来说，不应小于相线中最大负荷相负荷的 50%；单独用电设备则不应小于其分支供电线容许负荷的 1/3，在任何情况下，钢质接地线的截面不大于 100 mm^2，铝质接地线则为 35 mm^2，铜质接地线则为 25 mm^2。

为了能在低压接地电网中自动断开线路故障段，接地线和零线的截面应能保证在导电部分与接地部分（或零线）间发生单相短路时，网内任意点的最小短路电流不小于最近处熔断器熔体额定电流的 4 ~ 5 倍、自动开关瞬时动作电流的 1.5 倍，并应能符合热稳定要求。同时，接地线和零线的电导一般不小于本线路中最大相线电导的 1/2。

接地线应该敷设在易于检查的地方，并须有防止机械损伤及防止化学作用的保护措施。

从接地体或从接地体连接干线引出的接地干线应明设，并涂漆标明，一般涂上紫色；穿越楼板或墙壁时，应穿管保护；接地干线要支持牢固；若采用多股导线连接，要采用接线耳。从接地干线敷设处到用电设备的接地支线的距离越短越好。

接地线相互之间及接地体之间的连接应采用焊接，并且无虚焊。接地线与电气设备可采用焊接或用螺栓连接。接地线与接地体之间的连接应采用焊接或压接，连接应牢固可靠。电气装置中的每一个接地元件，应采用单独的接地线与接地体或接地干线相连接。

采用焊接时，扁钢的搭接长度应为宽度的 2 倍且至少焊接 3 个棱边；圆钢的搭接长度应为直径的 6 倍。采用压接时，应在接地线端加金属夹头夹牢，夹头与接地体相接触的一面应镀锌，接地体连接夹头的地方应擦拭干净。

接地线应涂漆，以使标志明显，其颜色一般规定是：黑色为保护接地，紫色底黑色为接地中性线（每隔 15 cm 涂一黑色条，条宽为 1 ~ 1.5 cm）。接地线应该装设在明显处，以便于检查。对日常中容易碰触到的部分，要采取措施妥加防护。

（1）用于输配电系统工作接地的接地线。

①10 kV 避雷器的接地支线宜采用多股导线，可选用铜芯或铝芯绝缘电线和裸线，也用扁钢、圆钢或多股镀锌绞线，截面不小于 16 mm^2；用作避雷针或避雷线的接地线截面不应小于 25 mm^2。接地干线则通常用扁钢或圆钢，扁钢截面不小于 4 mm × 12 mm，圆钢直径不小于 6 mm。

②配电变压器低压侧中性点的接地支线，要采用裸铜绞线，其截面不应该小于35 mm^2；变压器容量在 100 kVA 以下时，接地支线的截面可采用 25 mm^2。

（2）用于设备金属外壳保护接地的接地线。

接地线所用材料的最小截面和最大截面如表 3 - 7 - 1 所示。

表 3 - 7 - 1　设备保护接地线的截面积

材料	接地线类别	最小截面/mm^2	最大截面/mm^2
铜	移动电具引线的接地芯线	生活用 0.2	25
		生产用 1.0	
	绝缘铜线	1.5	
	裸铜线	4.0	
铝	绝缘铝线	2.5	35
	裸铝线	6.0	
扁钢	户内厚度不小于 3 mm	24.0	100
	户外厚度不小于 4 mm	48.0	
圆钢	户内直径不小于 5 mm	9.0	100
	户外直径不小于 6 mm	28.0	

当接地线最小截面的安全载流量不能满足表地规定时，则接地支线必须按相应的电源相线截面的1/3选用，接地干线必须按相应的电源相线截面的1/2选用。

低压配电系统中，接地或接零干线的载流量一般不小于容量最大线路的相线允许载流量的1/2；支线载流量不小于分支相线允许载流量的1/3。

低压电力设备的接地线截面，在中性点接地或不接地配电系统中，一般分别不应大于低压电力设备的接地线截面最大值（mm^2）。具体参照表3－7－2。

表3－7－2　低压电力设备的接地线截面最大值　　mm^2

中性点方式	钢	铝	铜
不接地	100	35	25
直接接地	800	70	50

（六）接地装置的运行维护

【全国职业院校技能大赛】
模块二　新型电力系统组网与运营调度
任务二　电网设计、检修、运维与实施
一、交流配电网设计
二、配电网检修运维及实施

接地装置在日常运行中容易受自然界及外力的影响与破坏，致使接地线锈蚀中断、接地电阻变化等现象，这将影响电气设备和人身的安全。因此，在正常运行中的接地装置，应该有正常的管理、维护和周期性的检查，测试和维修，以确保其安全性能。

1. 接地装置的检查及测量周期

接地电阻的测试应在当地较干燥的季节，土壤电阻率最高的时期进行。当年测试后，于冬季土壤冰冻时期再测一次，以掌握其因地温变化而引起的接地电阻的变化差值，具体规定如下：

（1）变、配电所的接地网，每年检查、测试一次。

（2）车间电气设备的接地线、接零线，每年至少检查两次；接地装置的接地电阻，每年测试一次。

（3）各种防雷保护的接地装置，每年至少应检查一次；架空线路的防雷接地装置，每两年测试一次。

（4）独立避雷针的接地装置，一般也是每年在雷雨季前检查一次；接地电阻每五年测试一次。

（5）10 kV及以上线路上的变压器、工作接地装置，每两年测试一次。

2. 接地装置的维护检查

接地装置的良好与否，直接关系到人身及设备的安全，甚至涉及系统的正常与稳定运行。切勿以为已经装设了接地装置，就此太平无事了。实践中，应对各类接地装置进行定期维护与检查，平时也应根据实际情况需要进行临时性检查及维护。

接地装置维护检查的周期一般是：对变配电所的接地网或工厂车间设备的接地装置，应每年测量一次接地电阻值，查看是否合乎要求，并对比上次测量值分析其变化。对其他的接地装置，则要求每两年测量一次，根据接地装置的规模、在电气系统中的重要性及季节变化等 因素，每年应对接地装置 1 ~2 次全面性维护检查。

其具体内容是：

（1）接地线是否有折断、损伤或严重腐蚀。

（2）接地支线与接地干线的连接是否牢固。

（3）接地点土壤是否因受外力影响而有松动。

（4）重复接地线、接地体及其连接处是否完好无损。

（5）检查全部连接点的螺栓是否有松动，并应逐一加以紧固。

（6）挖开接地引下线周围的地面，检查地下 0.5 m 左右地线受腐蚀的程度，若腐蚀严重，应立即更换。

（7）检查接地线的连接线卡及跨接线等的接触是否完好。

（8）对移动式电气设备，每次使用前须检查接地线是否接触良好，有无断股现象。

（9）接地装置在巡视检查中，若发现有下列情况之一时，应予以修复：

①遥测接地装置，发现其接地电阻值超过原规定值时。

②接地线连接处焊接开裂或连接中断时。

③接地线与用电设备压接螺丝松动，压接不实或连接不良时。

④接地线有机械性损伤、断股、断线以及腐蚀严重（截面减小 30%）时。

⑤地中埋设件被水冲刷或由于挖土而裸露地面时。

3. 接地装置的故障处理

1）接地电网中零线带电的处理

（1）线路上有的电气设备因绝缘破损而漏电，保护装置未动作。

（2）线路上有一相接地，电网中的总保护装置未动作。

（3）零线断裂，断裂处后面的个别电气或有较大的单相负荷。

（4）在接零电网中，个别电气设备采用保护接地，并且漏电；个别单相电气设备采用一相一地（即无工作零线）制。

（5）变压器低压侧工作接地处接触不良，有较大的电阻；三相负荷不平衡，电流超过允许值。

（6）高压窜入低压，产生磁场感应或静电感应。

（7）高压采用两线一地运行方式，其接地体与低压工作接地或重复接地的接地体相距太近；高压工作接地的电压降影响低压侧工作接地。

（8）由于绝缘电阻和对地电容的分压作用，电气设备的外壳带电。

【注意】前 5 种情况较为普遍，应查明原因，采取相应措施给予消除。在接地网中采取保护接零措施时，必须有一个完整的接零系统，才能消除带电。

2）接地装置出现异常现象的处理

（1）接地体的接地电阻增大。一般是由接地体严重锈蚀或接地体与接地干线接触不 良引起的。应更换接地体或紧固连接处的螺栓或重新焊接。

（2）接地线局部电阻增大。因为连接点或跨接过渡线轻度松散，连接点的接触面存在氧化层或污垢，引起电阻增大，应重新紧固螺栓或清理氧化层和污垢后再拧紧。

（3）接地体露出地面。把接地体深埋，并填土覆盖、夯实。

（4）遗漏接地或接错位置。在检修后重新安装时，应补接好或改正接线错误。

（5）接地线有机械损伤、断股或化学腐蚀现象。应更换截面积较大的镀锌或镀铜接地线，或在土壤中加入中和剂。

（6）连接点松散或脱落。发现后应及时紧固或重新连接。

3）降低接地电阻值的方法

在电阻系数较高的砂质、岩盘等土壤中，欲达到所要求的接地电阻值，往往会有一定困难，在不能利用自然接地体的情况下，只有采用人工接地体。降低人工接地体电阻值的常用方法有：

（1）换土。用电阻率较低的黏土、黑土或砂质黏土替换电阻率较高的土壤。

（2）深埋。若接地点的深层土壤电阻率较低，可适当增加接地体的埋设深度，最好埋到有地下水的深处。

（3）外引接地。由金属引线将接地体引至附近电阻率较低的土壤中。

（4）化学处理。在接地点的土壤中混入炉渣、废碱液、木炭、炭黑、食盐等化学物质或采用专门的化学降阻剂，均可有效地降低土壤的电阻率。

（5）保水。将接地极埋在建筑物的背阳面或比较潮湿处。

（6）延长。延长接地体，增加与土壤的接触面积，以降低接地电阻。

（7）对冻土进行处理。在冬天往接地点的土壤中加泥炭，防止土壤冻结，或将接地体埋在建筑物的下面。

四、电容器的运行与维护

电力电容器是一种静止的无功补偿设备。它的主要作用是向电力系统提供无功功率，提高功率因数。采用就地无功补偿，可以减少输电线路输送电流，起到减少线路能量损耗和压降，改善电能质量和提高设备利用率的重要作用。现将电力电容器的维护和运行管理中一些问题作一简介，供参考。

（一）电力电容器的保护

（1）电容器组应采用适当保护措施，如采用平衡或差动继电保护或采用瞬时作用过电流继电保护，对于3. 15 kV及以上的电容器，必须在每个电容器上装置单独的熔断器，熔断器的额定电流应按熔丝的特性和接通时的涌流来选定，一般为1. 5倍电容器的额定电流为宜，以防止电容器油箱爆炸。

（2）除上述指出的保护形式外，在必要时还可以作下面的几种保护：

①如果电压升高是经常及长时间的，需采取措施使电压升高不超过1. 1倍额定电压。

②用合适的电流自动开关进行保护，使电流升高不超过 1.3 倍额定电流。

③如果电容器同架空线连接，可用合适的避雷器来进行大气过电压保护。

④在高压网络中，短路电流超过 20 A 时，并且短路电流的保护装置或熔丝不能可靠地保护对地短路时，则应采用单相短路保护装置。

（3）正确选择电容器组的保护方式，是确保电容器安全可靠运行的关键，但无论采用哪种保护方式，均应符合以下几项要求：

①保护装置应有足够的灵敏度，不论是电容器组中单台电容器内部发生故障还是部分元件损坏，保护装置都能可靠地动作。

②能够有选择地切除故障电容器，或在电容器组电源全部断开后，便于检查出已损坏的电容器。

③在电容器停送电过程中及电力系统发生接地或其他故障时，保护装置不能有误动作。

④保护装置应便于进行安装、调整、试验和运行维护。

⑤消耗电量要少，运行费用要低。

（4）电容器不允许装设自动重合闸装置，相反，应装设无压释放自动跳闸装置。主要是因电容器放电需要一定时间，当电容器组的开关跳闸后，如果马上重合闸，电容器是来不及放电的，在电容器中就可能残存着与重合闸电压极性相反的电荷，这将使合闸瞬间产生很大的冲击电流，从而造成电容器外壳膨胀、喷油甚至爆炸。

（二）电力电容器的接通和断开

（1）电力电容器组在接通前应用兆欧表检查放电网络。

（2）接通和断开电容器组时，必须考虑以下几点：

①当汇流排（母线）上的电压超过 1.1 倍额定电压最大允许值时，禁止将电容器组接入电网。

②在电容器组自电网断开后 1 min 内不得重新接入，但自动重复接入情况除外。

③在接通和断开电容器组时，要选用不能产生危险过电压的断路器，并且断路器的额定电流不应低于 1.3 倍电容器组的额定电流。

（三）电力电容器的放电

（1）电容器每次从电网中断开后，应该自动进行放电。其端电压迅速降低，不论电容器额定电压是多少，在电容器从电网上断开 30 s 后，其端电压应不超过 65 V。

（2）为了保护电容器组，自动放电装置应装在电容器断路器的负荷侧，并经常与电容器直接并联（中间不准装设断路器、隔离开关和熔断器等）。具有非专用放电装置的电容器组，例如，高压电容器用的电压互感器、低压电容器用的白炽灯泡，以及与电动机直接连接的电容器组，可以不另装放电装置。使用灯泡时，为了延长灯泡的使用寿命，应适当地增加灯泡串联数。

（3）在接触自电网断开的电容器的导电部分前，即使电容器已经自动放电，还必须用绝缘的接地金属杆短接电容器的出线端，进行单独放电。

（四）运行中的电容器的维护和保养

（1）电容器应有值班人员，应做好设备运行情况记录。

（2）对运行的电容器组的外观巡视检查，应按规程规定每天都要进行，如发现箱壳膨胀，应停止使用，以免发生故障。

（3）检查电容器组每相负荷可用安培表进行。

【全国职业院校技能大赛】
模块二　新型电力系统组网与运营调度
任务二　电网设计、检修、运维与实施
一、交流配电网设计
二、配电网检修运维及实施

（4）电容器组投入时，环境温度不能低于 -40 ℃；运行时，环境温度 1 h 平均不超过 +40 ℃，2 h 平均不得超过 +30 ℃，一年平均不得超过 +20 ℃。如果超过，应采用人工冷却（安装风扇）或将电容器组与电网断开。

（5）安装地点的温度检查和电容器外壳上最热点温度的检查可以通过水银温度计等进行，并且做好温度记录（特别是夏季）。

（6）电容器的工作电压和电流，在使用时不得超过 1.1 倍额定电压和 1.3 倍额定电流。

（7）接上电容器后，将引起电网电压升高，特别是负荷较轻时，在此种情况下，应将部分电容器或全部电容器从电网中断开。

（8）电容器套管和支持绝缘子表面应清洁、无破损、无放电痕迹，电容器外壳应清洁、不变形、无渗油，电容器和铁架子上面不应积满灰尘和其他脏东西。

（9）必须仔细地注意接有电容器组的电气线路上所有接触处（通电汇流排、接地线、断路器、熔断器、开关等）的可靠性。因为在线路上一个接触处出了故障，甚至螺母旋得不紧，都可能使电容器早期损坏和使整个设备发生事故。

（10）如果电容器在运行一段时间后需要进行耐压试验，则应按规定值进行试验。

（11）对电容器电容和熔丝的检查，每个月不得少于一次。在一年内要测电容器的损耗正切值 2 ~ 3 次，目的是检查电容器的可靠情况。每次测量都应在额定电压下或近于额定值的条件下进行。

（12）由于继电器动作而使电容器组的断路器跳开，此时在未找出跳开的原因之前，不得重新合上。

（13）在运行或运输过程中，如发现电容器外壳漏油，可以用锡铅焊料钎焊的方法修理。

（五）电力电容器组倒闸操作时必须注意的事项

（1）在正常情况下，全所停电操作时，应先断开电容器组断路器后，再拉开各路出线断路器。恢复送电时，应与此顺序相反。

（2）事故情况下，全所无电后，必须将电容器组的断路器断开。

（3）电容器组断路器跳闸后，不准强送电。保护熔丝熔断后，未经查明原因之前，不准更换熔丝送电。

（4）电容器组禁止带电荷合闸。电容器组再次合闸时，必须在断路器断开 3 min 之后才可进行。

（六）电容器在运行中的故障处理

（1）当电容器喷油、爆炸着火时，应立即断开电源，并用砂子或干式灭火器灭火。此类事故多是由于系统内、外过电压，电容器内部严重故障所引起的。为了防止此类事故发生，要求单台熔断器熔丝规格必须匹配。熔断器熔丝熔断后，要认真查找原因，电容器组不得使用重合闸，跳闸后不得强送电，以免造成更大损坏的事故。

（2）电容器的断路器跳闸，而分路熔断器熔丝未熔断。应对电容器放电 3 min 后，再检查断路器、电流互感器、电力电缆及电容器外部等情况。若未发现异常，则可能是由于外部故障或母线电压波动所致，并经检查正常后，可以试投，否则，应进一步对保护做全面的通电试验。通过以上的检查、试验，若仍找不出原因，则应拆开电容器组，并逐台进行检查试验。但在未查明原因之前，不得试投运。

（3）当电容器的熔断器熔丝熔断时，应向值班调度员汇报，待取得同意后，再断开电容器的断路器。在切断电源并对电容器放电后，先进行外部检查，如套管的外部有无闪络痕迹、外壳是否变形、漏油及接地装置有无短路等，然后用绝缘摇表摇测极间及极对地的绝缘电阻值。如未发现故障迹象，可换好熔断器熔丝后继续投入运行。如经送电后熔断器的熔丝仍熔断，则应退出故障电容器，并恢复对其余部分的送电运行。

（七）处理故障电容器应注意的安全事项

处理故障电容器应在断开电容器的断路器，拉开断路器两侧的隔离开关，并对电容器组经放电电阻放电后进行。电容器组经放电电阻（放电变压器或放电电压互感器）放电以后，由于部分残存电荷一时放不尽，仍应进行一次人工放电。放电时，先将接地线接地端接好，再用接地棒多次对电容器放电，直至无放电火花及放电声为止，然后将接地端固定好。由于故障电容器可能发生引线接触不良、内部断线或熔丝熔断等，因此，有部分电荷可能未放尽，所以检修人员在接触故障电容器之前，还应戴上绝缘手套，先用短路线将故障电容器两极短接，然后方动手拆卸和更换。

对于双星形接线的电容器组的中性线上，以及多个电容器的串接线上，还应单独进行放电。

电容器在变电所各种设备中属于可靠性比较弱的电器，它比同级电压的其他设备的绝缘较为薄弱，内部元件发热较多，而散热情况又欠佳，内部故障机会较多，制造电力电容器内部材料的可燃物成分又大，所以运行中极易着火。因此，对电力电容器的运行应尽可能地创造良好的低温和通风条件。

（八）电力电容器的修理

（1）下面几种故障，可以在安装地方自行修理：

①箱壳上面的漏油，可用锡铅焊料修补。

②套管焊缝处漏油，可用锡铅焊料修补，但应注意烙铁不能过热，以免银层脱焊。

（2）电容器发生对地绝缘击穿，电容器的损失角正切值增大，箱壳膨胀及开路等故障，需要在有专用修理电容器设备的工厂中才能进行修理。

思考：电力电容器的作用是什么？

【思考感悟】 通过学习无功补偿装置的运行与维护、故障情况及事故处理方法等知识点，体现了学生的团结友善、和睦友好的品质，学会换位思考、设身处地为他人着想，努力形成社会主义的新型劳动关系。	谈一谈你的感想：

案例：柔性交流输电系统 FACTS 可提高电网稳定性，我国需求有望快速增长

柔性交流输电系统（FACTS）（图 3－7－9），是能够提高可控性、增大电力传输能力的交流输电系统。FACTS 的突出优点在于增强电网稳定性、提高电网传输容量、降低电力传输成本，是一种能够灵活、快速控制交流输电的新技术。

图 3－7－9　柔性交流输电系统（FACTS）

根据新思界产业研究中心发布的《2021—2025 年柔性交流输电系统（FACTS）行业深度市场调研及投资策略建议报告》显示，2020 年，全球 FACTS 市场规模约为 12.8 亿美元；预计 2020—2025 年，全球 FACTS 市场将以 5.5% 左右的增速增长，到 2025 年市场规模将达到 16.7 亿美元左右。全球 FACTS 生产商主要有 ABB、AMSC、GE、西门子、英飞凌、三菱、东芝等。FACTS 主要包括三大类产品类型，即并联控制器、串联控制器、串并联结合控制器，代表性产品主要有静止无功补偿器（SVC）、静止同步补偿器（STATCOM）、晶闸管控制串联补偿器（TCSC）、静止同步串联补偿器（SSSC）、统一潮流控制器（UPFC）等。FACTS 可控制线路的电流和有功功率，能够调整电流大小、电流相位，改变有功功率潮流，对电网设备进行无功功率补偿，防止电路过载，其功能除了前面提到的增强电网稳定性、提高电网传输容量、降低电力传输成本等以外，还拥有降低传输损耗、提高设备使用效率、减少线路建设量等作用。在能源结构调整背景下，新能源发电装机规模不断扩大，分布式能源是重要组成部分，使得并入电网的不同频率交流电增多，这些电流若得不到良好控制，会导致电网线路输电故障，FACTS 可以很好地解决这一问题。以海上风电为例，我国投入运营的海上风电场基本都采用工频高压交流输电系统，但其最大输电功率会随着输电距离的增加而减小，高压直流输电系统可以避免这一问题，但需要配置海上换流平台，成本较高。柔性低频交流输电系统可以应用在海上风电领域，能够同时满足长距离输电要求以及低成本要求。2021 年 5 月，浙江杭州供电公司 220 kV 中埠 – 亭山柔性低频输电示范项目正式启动，这是全球首个柔性低频输电工程，为我国海上风电柔性低频交流输电系统提供了样板。我国海上风能资源丰富，海上风电装机规模快速扩大，并逐步向深远海发展，将推动柔性低频交流输电系统需求攀升。新思界行业分析人士表示，“十四五”国家重点研发计划“储能与智能电网技术”重点专项中提出，针对中、远距离海上风电高效汇集送出的迫切需求，研究新型柔性低频交流输电系统构建与核心装备技术。这将推动我国 FACTS 技术不断进步，特别是将推动柔性低频交流输电系统在海上风电领域的应用需求快速增长。

（新思界网原创）

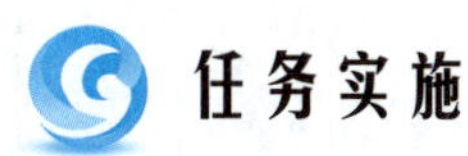

任务实施

详细说出无功补偿系统的工作原理、系统结构、作用。

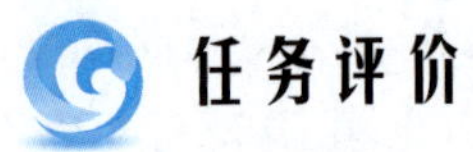

任务评价

任务评价表如表3－7－3所示，总结反思如表3－7－4所示。

表3－7－3　任务评价表

评价类型	赋分	序号	具体指标	分值	得分		
					自评	组评	师评
职业能力	55	1	读懂任务	15			
		2	任务用词准确	15			
		3	使用钢笔或圆珠笔填写任务，字迹不得潦草和涂改，票面整洁	15			
		4	任务步骤完整	15			
职业素养	20	1	坚持出勤，遵守纪律	5			
		2	协作互助，解决难点	5			
		3	按照标准规范实施任务	5			
		4	持续改进优化	5			
劳动素养	15	1	按时完成，认真填写记录	7			
		2	小组分工合理	8			
思政素养	10	1	完成思政素材学习	4			
		2	友善精神、团队协作	6			
总分				100			

表3－7－4　总结反思

总结反思	
• 目标达成：知识□□□□□　能力□□□□□　素养□□□□□	
• 学习收获：	• 教师寄语： 签字：________
• 问题反思：	

课后任务

1. 问答与讨论

（1）什么叫电抗器？

（2）限流电抗器的分类及各自的作用是什么？

（3）电抗器正常运行时，应做到巡视哪些方面？

（4）什么叫接地装置？接地装置的组成包括哪些？

（5）接地装置敷设时，应该注意哪些问题？

（6）接地装置维护检查的具体事项是什么？

2. 巩固与提高

通过对本任务的学习，已掌握了电抗器的运行与维护，接地装置的运行与维护，电力电容器的故障处理、安全事项、修理等方法。要求能够进行电抗器和接地装置的运行、基本巡视检查、电力电容器故障分析判断和故障处理。查阅资料，分析近年来无功补偿装置的发展趋势。

工作任务单

《发电厂变电所电气设备》工作任务单

工作任务			
小组名称		工作成员	
工作时间		完成总时长	
工作任务描述			
小组分工	姓名	工作任务	
任务执行结果记录			
序号	工作内容	完成情况	操作员
1			
2			
3			
4			
任务实施过程记录			
上级验收评定		验收人签名	

《发电厂变电所电气设备》
课后作业

内容：________________________

班级：________________________

姓名：________________________

________________系

作业要求

关于接地装置维护不恰当而导致的事故案例：

1. 事故经过

2. 产生原因

3. 暴露问题

4. 预防措施

5. 处罚情况

6. 心得体会

任务八　避雷装置的运行与维护

学习目标

知识目标：

- 了解避雷装置的作用。
- 了解避雷装置的类型。
- 掌握避雷装置的运行维护的项目和方法。

技能目标：

- 具备分析雷电形成过程的能力。
- 会分析避雷装置的作用及类型。
- 能够分析发电厂、变电站雷害的主要来源。
- 能够进行避雷装置的运行维护。

素养目标：

- 培养安全意识及刻苦耐劳、永不放弃精神，爱岗敬业。

任务要求

（1）根据避雷装置运行维护的项目和方法，能够进行避雷装置的运行维护。

（2）了解避雷装置的类型及作用，能够分析各种避雷装置并会选择对应的设施以及会计算出保护范围。

避雷装置的运行维护 ppt

避雷装置的运行维护视频

实训设备

SLGPD－Ⅲ型低压供配电拆装实训装置。

知识准备

<table>
<tr><td>拓展阅读</td></tr>
<tr><td>融入点：雷装置的作用、雷电形成过程</td></tr>
<tr><td>结合视频，教育学生学习新知识、新技能的学习，提高防雷工程勘测、设计、施工能力和安全意识。以激发学生的创新精神、刻苦耐劳、永不放弃精神，也要树立个人的道德规范、行为准则，爱岗敬业，激励学生把个人的理想追求融入国家和民族的事业中，树立道路自信。</td></tr>
<tr><td>参考资料：

2023 年科技创新热点</td></tr>
</table>

一、避雷装置的选择与设置

（一）防雷设施及其作用

1. 发电厂、变电站的主要防雷设施

包括避雷针、避雷线、避雷器和接地装置。

避雷针主要防止电气设备遭受直击雷；避雷线主要防止输电线路遭受直击雷；避雷器主要用于发电厂、变电站，防止雷电入侵波沿着输电线路传到发电厂、变电站，造成变压器、电压互感器或大型电动机绝缘损坏。无论哪种防雷装置，都必须通过接地装置将雷电流导入大地。

2. 避雷针和避雷线的保护原理及范围

避雷针的原理是利用尖端放电现象，让由地球大气层中雷云感应出的电荷及时地释放进入地球地面，将电荷减少及中和，避免其过分地积累而引发巨大的雷电击中事故，并保护被雷电击中的建筑物或设备。同时，在雷电发生时，避雷针还能吸引雷电的放电通道，让雷电电流从避雷针流入地球的土地里，避免巨大的电流对建筑、设备、树木造成破坏或者伤害偶然在地面上走动的动物。

1）避雷针的保护范围

（1）单支避雷针的保护范围。

避雷针在地面上的保护半径：

$$r = 1.5hP$$

式中，P 为高度影响系数；h 为避雷针的高度，单位为 m；r 为保护半径，单位为 m。

如图 3 -8 -1 所示。

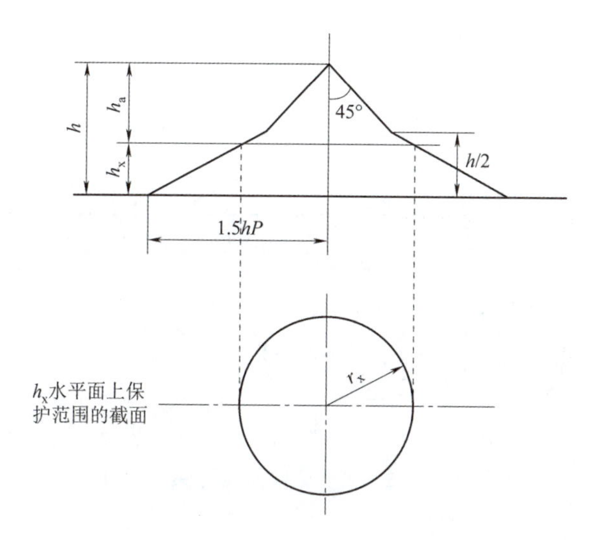

图 3-8-1　单支避雷针的保护范围

在被保护物高度水平面上的保护半径：

当 $h_x \geqslant \frac{h}{2}$ 时，$r_x=(h-h_x)P=h_aP$，式中，h_x 为被保护物的高度，单位为 m；h_a 为避雷针的有效高度，单位为 m。

当 $h_x<\frac{h}{2}$ 时，$r_x=(1.5h-2h_x)P$。

当 $h\leqslant 30$ m 时，$P=1$。

当 $30<h\leqslant 120$ 时，$P=5.5/\sqrt{h}$。

当 $h>120$ m 时，$P=5.5/\sqrt{120}$。

由于高度影响系数 p 的存在，避雷针太高时，保护半径不与避雷针高度成正比增大，所以不能得出“避雷针越高，保护范围越大”的结论。被保护面积较大，则应使用多支避雷针联合保护、与避雷带结合的措施。

例 1：某厂油罐高 10 m，直径 10 m，用一根 25 m 的避雷针保护。针与油罐之间的距离不得超过多少？

解：由于避雷针高度 $h=25$ m，故

$$P=1$$

则被保护物高度上的保护范围为

$$\begin{aligned} r_x &= (1.5h-2h_x)P \\ &= (1.5\times 25-2\times 10)\times 1 \\ &= 17.5(\text{m}) \end{aligned}$$

针与油罐之间的最远距离为

$$x=17.5-10=7.5(\text{m})$$

(2) 两支等高避雷针的保护范围。

两针外侧的保护范围同单支避雷针；两针间的保护范围应按通过两针顶点及保护范围上

部边 缘最低点的圆弧确定，如图 3 - 8 - 2 所示。

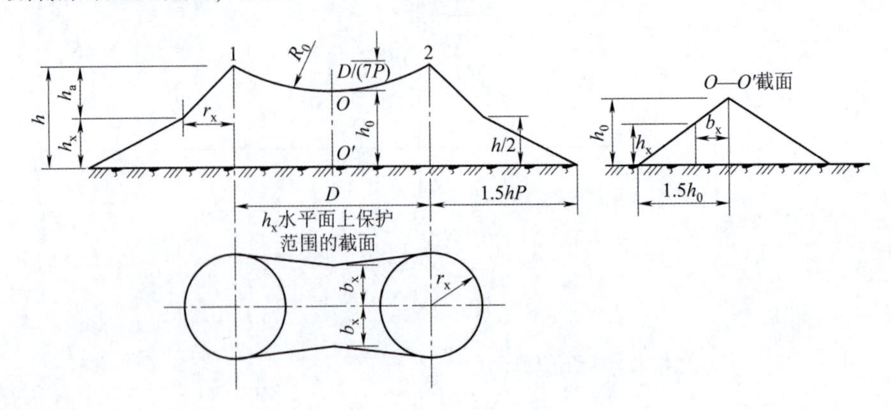

图 3 - 8 - 2　两支高等避雷针保护范围

一般两针间的距离 D 不宜大于 $5h$。

$$b_x = 1.5(h_0 - h_x)$$

2）避雷线的保护范围

(1) 单根避雷线的保护范围。

引雷作用和保护宽度比避雷针要小，但其保护范围的长度与线路等长，而且两端还有其保护的半个圆锥体空间，如图 3 - 8 - 3 所示。

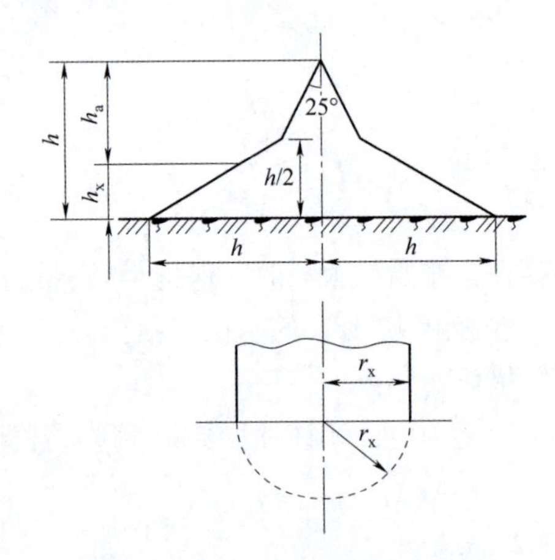

图 3 - 8 - 3　单根避雷线保护范围

当 $h_x \geqslant h/2$，$r_x = 0.47(h - h_x)P$。

当 $h_x < h/2$，$r_x = (h - 1.53h_x)P$。

(2) 两根等高避雷线的保护范围。

外侧的保护范围按单根避雷线的计算方法来确定，如图 3 - 8 - 4 所示。

$$h_0 = h - D/(7P)$$

间隔横截面保护范围由通过两避雷线 1、2 点及保护范围边缘最低点 O 的圆弧确定。

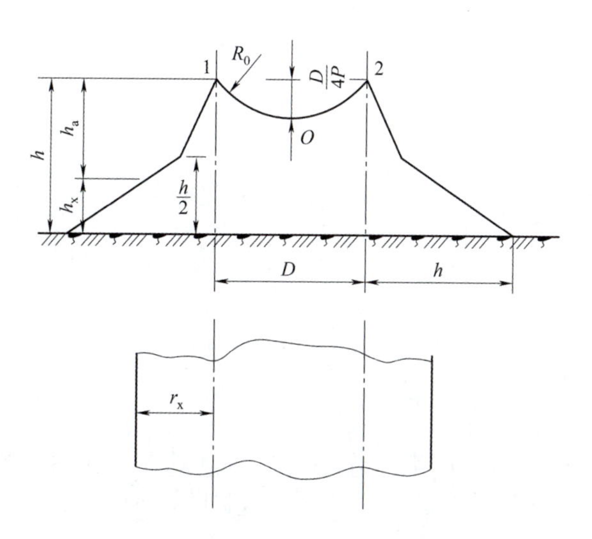

图 3－8－4　两根等高避雷线保护范围

（3）避雷线的保护角。

保护角：避雷线的铅垂线与避雷线和边导线连线的夹角。保护角越小，避雷线就越可靠，保护导线免受雷击。单根避雷线的保护角一般在 20°～30°；220～330 kV 双避雷线线路的保护角一般在 20°；500 kV 的一般不大于 15°；山区宜采用较小的保护角。如图 3－8－5 所示。

图 3－8－5　避雷线的保护角

（二）避雷器的类型、原理及使用

避雷器的作用：把闪电从保护物上方引向自己并安全地通过自己泄入大地。避雷器应与设备并联，装在被保护设备的电源一侧。

110 kV 避雷器

正常工作电压下，避雷器相当于一个绝缘体；流过的电流仅有微安级。过电压下，避雷器阻值急剧减小；流经避雷器的电流瞬间增大至数千安培；避雷器处于导通状态，释放过电压能量，有效限制过电压对输变电设备的侵害。

避雷器按其发展的先后，可分为：保护间隙避雷器，形式最简单的避雷器；管型避雷器，也是一个保护间隙，但放电后自行灭弧；阀型避雷器，是将单个放电间隙分成许多短的串联间隙，同时增加了非线性电阻，提高了保护性能；磁吹避雷器，利用磁吹式火花间隙，提高了灭弧能力，同时还具有限制内部过电压能力；氧化锌避雷器，利用了氧化锌阀片理想的伏安特性（非线性极高，即在大电流时呈低电阻特性，限制了避雷器上的电压，在正常工频电压下呈高电阻特性），具有无间隙、无续流电压等优点，也能限制内部过电压，被广泛使用。

避雷器的连接如图 3－8－6 所示。

保护间隙避雷器主要用于限制大气过电压，一般用于配电系统、线路和变电所进线段保护。

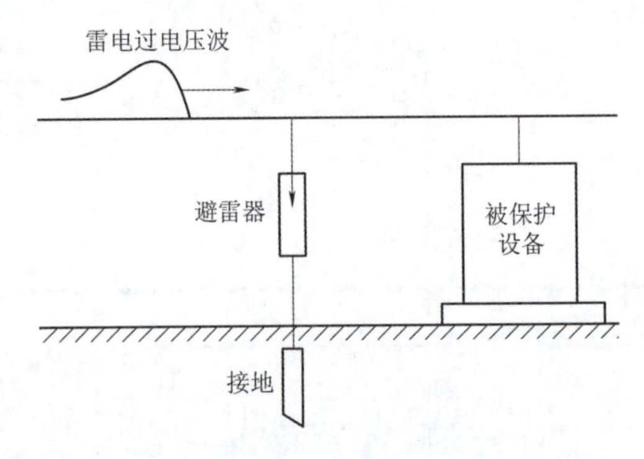

图 3-8-6　避雷器的连接

阀型避雷器与氧化锌避雷器用于变电所和发电厂的保护。在 220 kV 及以下，系统主要用于限制大气过电压，在超高压系统中还将用来限制操作过电压。

1. 保护间隙避雷器

当雷电波入侵时，主间隙先击穿，形成电弧接地。过电压消失后，主间隙中仍有正常工作电压作用下的工频电弧电流（称为工频续流）。对中性点接地系统而言，这种间隙的工频续流就是间隙处的接地短路电流。由于这种间隙的熄弧能力较差，间隙电弧往往不能自行熄灭，将引起断路器跳闸，这是保护间隙的主要缺点，也是其应用受限制的原因。此外，由于间隙敞露，其放电特性也受气象和外界条件的影响。

保护间隙避雷器是一种最简单的避雷器。

形状：棒形、角形、环形、球形等。图 3-8-7 所示即为角形保护间隙避雷器。

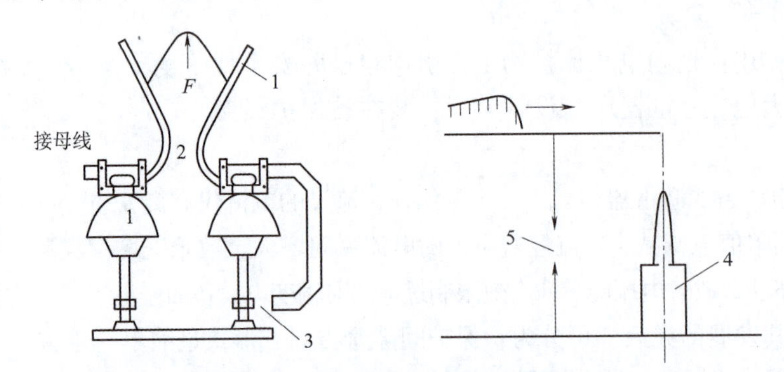

图 3-8-7　角形保护间隙避雷器及其被保护设备的连接

1—圆钢；2—主间隙；3—辅助间隙；4—被保护物；5—保护间隙

结构：由主间隙和辅助间隙串联而成。

优点：结构简单、造价低。

缺点：①放电特性受环境影响大，放电分散性大，伏秒特性曲线比较陡，与被保护设备的绝缘配合不理想；②放电时会产生截波，对有线圈的设备造成危害；③弧灭能力差，对于间隙动作后流过的工频续流往往不能自行熄灭，会引起断路器的跳闸。

应用：常用于中性点不直接接地的 10 kV 以下的配电网络中，一般安装在高压熔断器的内侧，以减少变电所线路断路器的跳闸次数。

2. 管式避雷器

管式避雷器通过外间隙将管子与电网隔开。

原理：雷电过电压使内外间隙放电，内间隙电弧高温使产气材料产生气体，管内气压迅速增加，高压气体从喷口喷出灭弧，如图 3 -8 -8 所示。

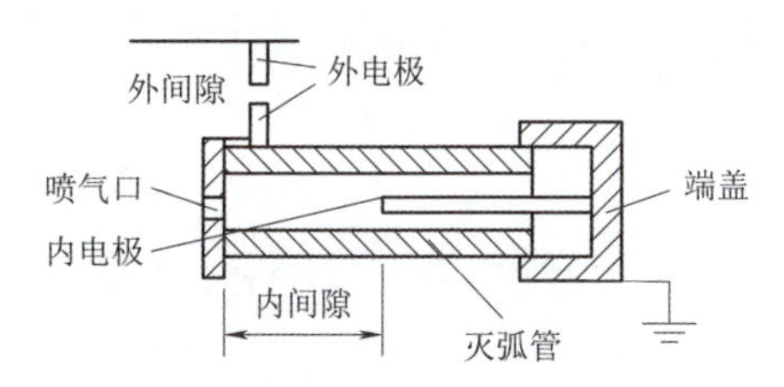

图 3 -8 -8　管式避雷器结构原理

优点：管式避雷器具有较大的冲击通流能力，可用在雷电流幅值很大的地方。

缺点：管式避雷器放电电压较高且分散性大，动作时产生截波，保护性能较差。

应用：主要用于变电所、发电厂的进线保护和线路绝缘弱点的保护。

3. 阀形避雷器

阀型避雷器构造如图 3 -8 -9 所示。阀形避雷器由装在密封瓷套中的间隙（又称火花间隙）和非线性电阻（又称阀片）串联构成，阀片的电阻值与流过的电流有关，具有非线性特性，电流越大，电阻越小。

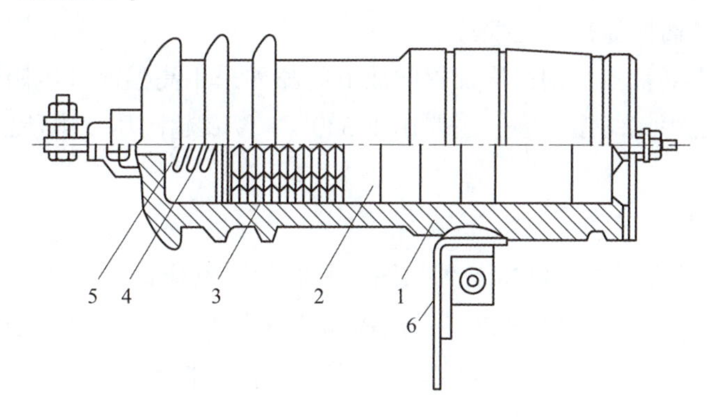

图 3 -8 -9　阀形避雷器构造

1—瓷套；2—阀片；3—间隙；4—压紧弹簧；5—密封橡皮；6—安装卡子

阀形避雷器分为普通型和磁吹型两类。普通型避雷器的火花间隙由许多如图 3 -8 -10 所示的单个火花间隙串联而成。单个间隙的电极由黄铜板冲压而成，两电极间用云母垫圈隔开形成间隙。

避雷器动作后，工频续流电弧被单个间隙分割成许多段短弧，使其熄灭。阀片电阻是非线性的，因而在很大的雷电压通过时电阻值很小、残压不高（不会危及设备绝缘）。当雷电流过去之后，在工频电压作用下，电阻值变得很大，因而大大地限制了工频续流，以利于火花间隙灭弧。利用阀片电阻的非线性特性，解决了既要降低残压又要限制工频续流的矛盾。

阀形避雷器用于变电所和发电厂的保护，在 220 kV 及以下，系统主要用于限制大气过电压，在超高压系统中还将用来限制操作过电压。

4. 磁吹形避雷器

磁吹型避雷器的火花间隙由许多个串联了线圈的间隙串联而成，利用磁场使每个间隙中的电弧产生运动（如旋转或拉长）来加强去游离，以提高间隙的灭弧能力。磁场是由间隙串联的线圈所产生，其接线如图 3－8－11 所示。

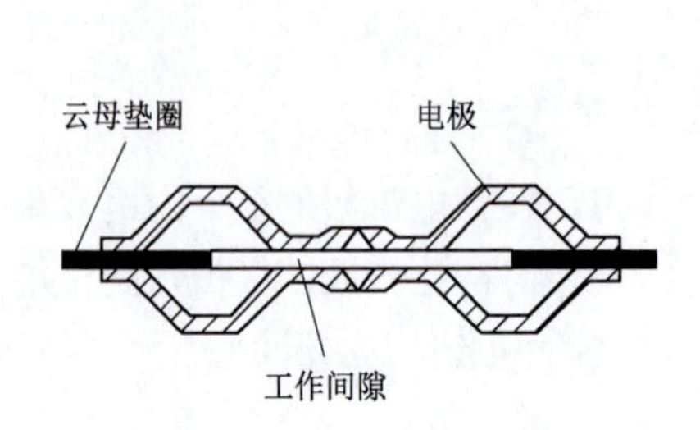

图 3－8－10　单个火花间隙

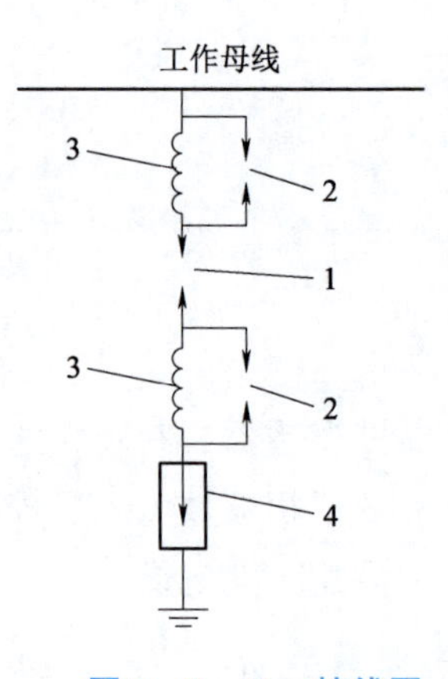

图 3－8－11　接线图

1—主间隙；2—辅助间隙；3—磁吹线圈；4—电阻阀片

磁吹线圈两端设置的辅助间隙的作用，是消除磁吹线圈在冲击电流通过时产生过大的压降而使保护性能变坏。

220 kV 避雷器

与普通阀型避雷器基本相同，增加磁吹放电间隙并采用高温阀片电阻，其灭弧性能和通流能力比阀型的强。主要用于 330 kV 以及超高压变电所的电气设备保护。

5. 氧化锌避雷器

图 3－8－12 所示为氧化锌避雷器外形图，其阀片以氧化锌（ZnO）为主要材料，加入少量金属氧化物，在高温下烧结而成。氧化锌阀片具有很优异的非线性伏安特性。通常以 1 mA 时的电压作为起始动作电压，其值约为其最大允许工作电压峰值的 105% ~115%。

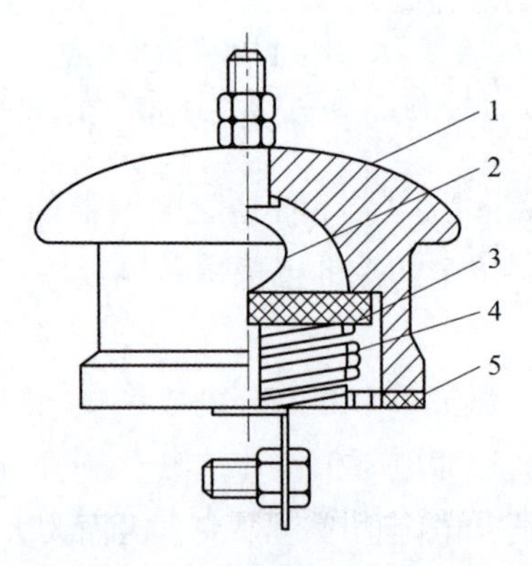

图 3－8－12　氧化锌避雷器外形图

1—瓷套；2—熔丝；3—氧化锌阀片；4—弹簧；5—密封垫

正常工作电压下，流经电流仅有微安级。

当遭受过电压时，由于氧化锌压敏电阻片的非线性，流过避雷器的电流瞬间达数千安培，避雷器处于导通状态，释放过电压能量，使电源线上的电压控制在安全范围内，从而有效地限制了过电压对输变电设备的侵害。

优点：

（1）无间隙、无续流。在工作电压下，ZnO 阀片呈现极大的电阻，续流近似为零，相当于绝缘体，因而工作电压长期作用也不会使阀片烧坏，所以一般不用串联间隙来隔离工作电压。

（2）通流容量大。由于续流能量极少，仅吸收冲击电流能量，故 ZnO 避雷器的通流容量较大，更有利于用来限制作用时间较长（与大气过电压相比）的内部过电压。

（3）可使电气设备所受过电压降低。在相同雷电流和相同残压下，一般阀型避雷器只有在串联间隙击穿放电后才泄放电流，而 ZnO 避雷器（无串联间隙）在波头上升过程中就有电流流过，这就可降低作用在设备上的过电压。

（4）ZnO 避雷器体积小、质量小、结构简单、运行维护方便。

目前国内输电线路主要采用金属氧化物避雷器（MOA）。氧化锌避雷器由一个或并联的两个非线性电阻片叠合圆柱构成。它根据电压等级由多节组成，35～110 kV 氧化锌是单节的，220 kV 氧化锌是两节的，500 kV 氧化锌是三节的，50 kV 氧化锌是四节的。

氧化锌避雷器的损坏主要是爆炸和老化。老化引起的损坏极少，而爆炸事故时有发生，并且事故率很高，严重影响系统供电。

爆炸事故的特点有：①既有大型骨干厂生产的，也有小厂生产的；②既有国产的，也有进口的；③既有发生在雷雨天的，也有发生在晴天的；④既有发生在操作时的，也有发生在未操作时的；⑤既有发生在中性点非直接接地系统的，也有发生在中性点直接接地系统的。

从各方面调查的分析表明，氧化锌避雷器爆炸事故原因 69% 为制造质量问题，25% 为运行不当，6% 为选型不当。内部受潮直接影响产品质量，是引起氧化锌避雷器爆炸事故的主要原因。

思考：避雷器的保护范围怎么计算？

二、避雷器的安装

1. 安装前的检查

（1）检查避雷器额定电压与线路电压是否相同。

（2）检查底盘的瓷盘有无裂纹，瓷件表面是否有裂纹、破损和闪络痕迹及掉釉现象。如有破损，其破损面应在 0.5 cm^2 以下，在不超过三处时，可继续使用。

（3）将避雷器向不同方向轻轻摇动，内部应无松动的响声。

（4）检查瓷套与法兰连接处的胶合和密封情况是否良好。

2. 电气试验

用 2 500 V 兆欧表测量绝缘电阻，与同类避雷器试验值进行比较，绝缘电阻值应未有明显变化。

工频击穿电压试验，FS 型避雷器工频放电电压标准：额定电压为 3 kV、6 kV、10 kV 时；新装和大修后的避雷器为 9 ~ 11 kV、16 ~ 19 kV、27 ~ 30 kV；运行中的避雷器为 8 ~ 12 kV、15 ~ 21 kV、23 ~ 33 kV。

FZ 型避雷器一般可不做工频放电试验，但要做避雷器泄漏电流测量。

3. 安装要求

（1）避雷器应垂直安装，倾斜不得大于 15°。安装位置应尽可能接近保护设备，避雷器与 3 ~ 10 kV 设备的电气距离，一般不大于 15 m，易于检查巡视的带电部分距地面若低于 3 m，应设遮栏。

（2）避雷器的引线与母线、导线的接头，截面积不得小于规定值：3 ~ 10 kV 铜引线截面积不小于 16 mm^2，铝引线截面积不小于 25 mm^2，35 kV 及以上按设计要求。并要求上下引线连接牢固，不得松动，各金属接触表面应清除氧化膜及油漆。

（3）避雷器周围应有足够的空间，带电部分与邻相导线或金属构架的距离不得小于 0. 35 m，底板对地不得小于 2. 5 m，以免周围物体干扰避雷器的电位分布而降低间隙放电电压。

（4）高压避雷器的拉线绝缘子串必须牢固，其弹簧应适当调整，确保伸缩自由，弹簧盒内的螺帽不得松动，应有防护装置；同相各拉紧绝缘子串的拉力应均匀。

（5）均压环应水平安装，不得歪斜，三相中心孔应保持一致；全部回路（从母线、线路到接地引线）不能迂回，应尽量短而直。

（6）对 35 kV 及以上的避雷器，接地回路应装设放电记录器，而放电记录器应密封良好，安装位置应与避雷器一致，以便观察。

（7）对不可互换的多节基本元件组成的避雷器，应严格按出厂编号、顺序进行叠装，避免不同避雷器的各节元件相互混淆，以及同一避雷器的各节元件的位置颠倒、错乱。

（8）避雷器底座对地绝缘应良好，接地引下线与被保护设备的金属外壳应可靠连接，并与总接地装置相连。

三、避雷器的运行与维护

避雷器在运行中应与配电装置同时进行巡视检查，雷电活动后，应增加特殊巡视。巡视检查项目如下：

（1）瓷套是否完整。

（2）导线与接地引线有无烧伤痕迹和断股现象。

（3）水泥接合缝及涂刷的油漆是否完好。

（4）10 kV 避雷器上帽引线处密封是否严密，有无进水现象。

（5）瓷套表面有无严重污秽。

（6）动作记录器指示数有无变化，判断避雷器是否动作并做好记录。

1. 避雷器的运行管理

（1）避雷器投入运行时间，应根据当地雷电活动情况确定，一般在每年 3 月初到 10 月投入运行。

（2）避雷器每年投入运行前，应进行检查试验，试验项目为：

①用 1 000 ~2 500 V 兆欧表测量绝缘电阻，测量结果与前一次或同型号避雷器的试验值相比较，绝缘电阻值不应有显著变化。

②测量工频放电电压，对于 FS 型避雷器，额定电压为 3 kV、6 kV、10 kV 时，其工频放电电压分别为 8 ~12 kV、15 ~21 kV、23 ~33 kV。

③FZ 型避雷器一般不做工频放电试验，但应做避雷器的泄漏电流测量。

2. 避雷器运行中常见故障

（1）避雷器内部受潮。避雷器内部受潮的征象是绝缘电阻低于 2 500 MΩ，工频放电电压下降。内部受潮的原因可能为：

①顶部的紧固螺母松动，引起漏水或瓷套顶部密封用螺栓的垫圈未焊死，在密封垫圈老化开裂后，潮气和水分沿螺钉缝渗入内腔。

②底部密封试验的小孔未焊牢、堵死。

③瓷套破裂，有砂眼，裙边胶合处有裂缝等易于进入潮气及水分。

④橡胶垫圈使用日久，老化变脆而开裂，失去密封作用。

⑤底部压紧用的扇形铁片未塞紧，使底板松动，底部密封橡胶垫圈位置不正，造成空隙而渗入潮气。

⑥瓷套与法兰胶合处不平整或瓷套有裂纹。

（2）避雷器运行中爆炸。避雷器运行中发生爆炸事故是经常发生的，爆炸可能由系统的原因引起的，也可能是避雷器本身的原因引起的：

①由于中性点不接地系统中发生单相接地，使非故障相对地电压升高到线电压，即使避雷器所承受的电压小于其工频放电电压，在持续时间较长的过电压作用下，也可能会引起爆炸。

②由于电力系统发生铁磁谐振过电压，使避雷器放电，从而烧坏其内部元件而引起爆炸。

③线路受雷击时，避雷器正常动作。由于本身火花间隙灭弧性能差，当间隙承受不住恢复电压而击穿时，使电弧重燃，工频续流将再度出现，重燃阀片烧坏电阻，引起避雷器爆炸；或由于避雷器阀片电阻不合格，残压虽然降低，但续流却增大，间隙不能灭弧而引起爆炸。

④由于避雷器密封垫圈与水泥接合处松动或有裂纹，密封不良而引起爆炸。

<table>
<tr>
<td>

【思考感悟】

通过学习避雷装置的作用、类型、运行维护的项目、方法等知识点，建立学生的安全意识、刻苦耐劳、爱岗敬业、永不放弃的精神。观看并学习国家电网福建电力“防山火特巡，守绿护绿保平安”。

防山火特巡，守绿护绿保平安

</td>
<td>谈一谈你的感想：</td>
</tr>
</table>

案例：因违反操作规程导致的安全事故

案例情况

2007 年 5 月 23 日下午 4 时 34 分，× ×小学遭遇雷击。当时这所小学四年级和六年级各有一个班正在上课，一声惊天巨响之后，教室里升腾起一团黑烟，烟雾中有两个班共 95 名学生和上课老师几乎全部倒在了地上，有的学生全身被烧得黑乎乎的，有的头发竖起，衣服、鞋子和课本碎屑撒了一地。

此次雷击事件共造成该小学四年级和六年级学生 7 人死亡，19 人重伤，20 人轻伤。

案例分析与事故归责

这是一起发生在学生在校期间的因自然灾害导致的重大学生伤害事件。

经事故调查组查明：5 月 23 日下午 16:00—16:30，该小学教室多次遭受雷电闪击，并伴有球形雷的发生。当雷电直接击中教室金属窗时，由于该金属窗未做接地处理，雷电流无处泄放，靠近窗户的学生就成了雷电流泄放入地的通道，雷电流的热效应和机械效应导致学生出现伤亡。

虽然事故灾难是特大球状闪电造成的，但学校处于雷击高发区，却没有安装相应的防雷设施设备及措施，应该承担相应的责任。

处理建议

学校应在当地政府的统一领导下，迅速、妥善地做好善后处理工作，承担相应的民事、行政责任，规范学校防雷设施设备的建设和应用，确保此类事件不再发生。

说明： 雷电应属于一种自然现象，但是不加以控制和预防，它同样算是一种自然灾害，可以造成人员伤亡和财产损失的事故。虽然它属于无法抗拒的自然因素，所造成的危害和后果也是非常严重的，但是加强预防和控制也是可以避免的。因此，在夏季雷雨季节前加强学习雷电相关安全知识，以便做出相应的安全防范措施是非常重要和必要的工作。

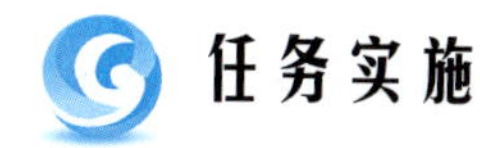

任务实施

某厂油罐直径10 m，高出地面10 m，先采用单根避雷针保护，避雷针距罐体不得小于5 m，试求该避雷针的高度。

任务评价

任务评价表如表3－8－1所示，总结反思如表3－8－2所示。

表3－8－1　任务评价表

评价类型	赋分	序号	具体指标	分值	得分		
					自评	组评	师评
职业能力	60	1	读懂任务	10			
		2	解题顺序正确	15			
		3	解题用词准确	10			
		4	解题过程使用钢笔或圆珠笔，字迹不得潦草和涂改，票面整洁	10			
		5	解题报告步骤完整	15			
职业素养	20	1	遵守纪律	5			
		2	协作互助，解决难点	5			
		3	按照标准规范解题	5			
		4	持续改进优化	5			
劳动素养	10	1	按时完成，认真解题	5			
		2	小组分工合理	5			
思政素养	10	1	完成思政素材学习	4			
		2	安全意识、刻苦耐劳、永不放弃、爱岗敬业	6			
总分				100			

表 3-8-2 总结反思

<table>
<tr><td colspan="2">总结反思</td></tr>
<tr><td colspan="2">• 目标达成：知识□□□□□ 能力□□□□□ 素养□□□□□</td></tr>
<tr><td>• 学习收获：</td><td rowspan="2">• 教师寄语：

签字：________</td></tr>
<tr><td>• 问题反思：</td></tr>
</table>

课后任务

1. 问答与讨论

（1）发电厂、变电站雷害来源是什么？应采取什么防护措施？

（2）避雷器有几种？目前在发电厂、变电站中常用的是哪些类型？

（3）什么是避雷线的保护角？

（4）氧化锌避雷器与阀式避雷器相比有何优点？

（5）阀型避雷器的基本结构是什么？工作原理是什么？

2. 巩固与提高

通过对本任务的学习，已掌握了雷电的来源、避雷装置的作用、避雷装置的运行维护的项目和方法。要求能够分析发电厂、变电站雷害的主要来源，能够进行避雷装置的运行维护，分组讨论避雷针的保护范围以及计算公式。

工作任务单

《发电厂变电所电气设备》工作任务单

<table>
<tr><td>工作任务</td><td colspan="4"></td></tr>
<tr><td>小组名称</td><td colspan="2"></td><td>工作成员</td><td></td></tr>
<tr><td>工作时间</td><td colspan="2"></td><td>完成总时长</td><td></td></tr>
<tr><td colspan="5">工作任务描述</td></tr>
<tr><td colspan="5"></td></tr>
<tr><td rowspan="3">小组分工</td><td>姓名</td><td colspan="3">工作任务</td></tr>
<tr><td></td><td colspan="3"></td></tr>
<tr><td></td><td colspan="3"></td></tr>
<tr><td colspan="5">任务执行结果记录</td></tr>
<tr><td>序号</td><td colspan="2">工作内容</td><td>完成情况</td><td>操作员</td></tr>
<tr><td>1</td><td colspan="2"></td><td></td><td></td></tr>
<tr><td>2</td><td colspan="2"></td><td></td><td></td></tr>
<tr><td>3</td><td colspan="2"></td><td></td><td></td></tr>
<tr><td>4</td><td colspan="2"></td><td></td><td></td></tr>
<tr><td colspan="5">任务实施过程记录</td></tr>
<tr><td colspan="5"></td></tr>
<tr><td>上级验收评定</td><td colspan="2"></td><td>验收人签名</td><td></td></tr>
</table>

课后任务单

《发电厂变电所电气设备》
课后作业

内容：______________________________

班级：______________________________

姓名：______________________________

________________系

作业要求

关于没有装设避雷针而导致的事故案例：

1. 事故经过

2. 产生原因

3. 暴露问题

4. 预防措施

5. 处罚情况

6. 心得体会

项目四

户内配电装置的运行与维护

项目介绍

由于“户内配电装置的运行与维护”是发电厂和变电站电气的重要组成部分，因此，将本项目分成3个子任务，分别为高压开关柜的运行与维护、高压开关柜的运行操作、低压配电屏的运行与维护。通过实施不同的任务，掌握高压开关柜的结构特点、运行操作原则、故障原因分析和故障处理方法、操作技能、高压开关柜的“五防”内容及操作注意事项，低压配电屏的结构和运行、巡视检查项目和注意事项，能够分析高压开关柜的组成及运行特点，具备故障分析判断能力和故障处理能力，能够规范进行高压开关柜的操作，能够进行低压配电装置的运行操作，具备基本巡视检查能力，并且养成安全用电意识、良好的职业素养、良好的团队合作能力以及认真细致的工作态度和规范意识。

知识图谱

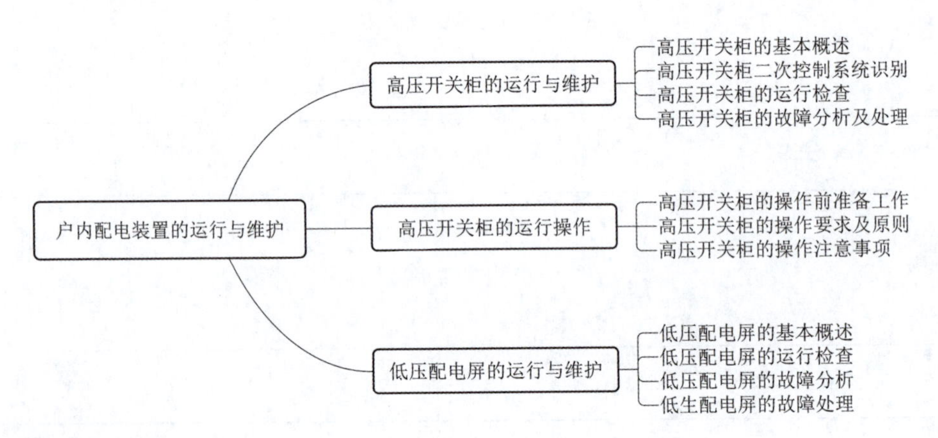

学习要求

- 通过本项目的学习，学生能够掌握高压开关柜的运行操作原则、故障原因分析和故障处理方法；电气倒闸操作步骤、原则，操作票填写规范；掌握高压开关柜的操作步骤；能规范地进行高压开关柜的操作；了解低压配电屏的类型及结构；能识读配电装置图；能对配电装置进行布置；掌握GIS组合电器的功能；了解GIS组合电器的类型及结构；能对GIS组合电器进行运维及异常处理。并且通过徐博海事迹，学习他无畏无惧、无坚不摧的英雄气

概，培养学生的良好职业素养。

- 在高压开关柜的运行与维护、高压开关柜的运行操作注意事项和操作步骤、高压开关柜的“五防”当中，需要按照1+X证书“变配电运维”中相应的开关柜巡视操作规范要求完成任务，养成规范、严谨的职业素养。
- 通过各任务学习和实践，利用课前资源（微课、事故案例、规范标准等）进行课前自主学习，课中分组任务能够按规范完成汇报，培养信息利用和信息创新的进阶信息素养。
- 使用实训设备时，需要按照1+X证书“变配电运维”的职业素养考核要求，佩戴绝缘手套、安全帽等绝缘设备，养成良好的安全意识。操作时，团队配合良好，按操作规范进行操作。保持工位卫生，完成后及时收回工具并按位置摆放，养成良好的整理工具的习惯。
- 依据全国职业院校技能大赛“新型电力系统技术与应用”中模块二新型电力系统组网与运营调度的要求，能够按户内配电装置的运行与维护的操作任务，正确操作，达到安全操作，规范操作，符合职业规范标准，团队体现相互合作精神，遵守纪律。

1+X证书考点

“变配电运维”职业技能等级标准（中级）

工作领域	工作任务	职业技能	课程内容
2. 设备巡视	2.5 开关柜巡视	2.5.1　能检查开关柜运行编号标识是否正确、清晰；柜体有无变形、下沉，柜门关闭是否良好，各封闭板螺栓是否齐全，有无松动、锈蚀。 2.5.2　能检查机械分、合闸位置指示是否与实际运行方式相符；开关柜上断路器或手车位置指示灯、断路器储能指示灯、带电显示装置指示灯指示是否正常。 2.5.3　能检查开关柜内断路器操作方式选择开关处于运行、热备用状态时，是否置于“远方”位置，其余状态时是否置于“就地”位置。 2.5.4　能检查充气式开关柜气压是否正常，开关柜内 SF_6 断路器气压是否正常，开关柜内断路器储能指示是否正常。 2.5.5　能检查闭锁盒、“五防”锁具闭锁是否良好，锁具标号是否正确、清晰；开关柜内照明是否正常，非巡视时间照明灯是否关闭。 2.5.6　能检查开关柜内有无放电声、异味和不均匀的机械噪声；开关柜压力释放装置有无异常，释放出口有无障碍物	任务一　高压开关柜的运行与维护 任务二　高压开关柜的运行操作 1. 高压开关柜的运行操作注意事项、操作步骤 2. 高压开关柜的“五防”

全国职业院校技能大赛

"新型电力系统技术与应用"全国职业院校技能大赛

工作领域	工作任务	职业技能	课程内容
模块二 新型电力系统组网与运营调度	任务二 电网设计、检修、运维与实施	一、交流配电网设计 二、配电网检修运维及实施	任务一 高压开关柜的运行与维护 任务二 高压开关柜的运行操作

任务一 高压开关柜的运行与维护

学习目标

知识目标：

- 了解高压开关柜的基本概念、结构原理。
- 掌握高压开关柜的作用及型号含义。
- 了解高压开关柜的运行与检查内容。
- 掌握高压开关柜的运行维护注意事项。
- 了解高压开关柜的异常情况及事故处理原则。
- 掌握高压开关柜常见故障及其处理方法。

技能目标：

- 具备配电装置的分析判断能力。
- 具备进行高压开关柜的运行、基本巡视检查能力。
- 具备高压开关柜故障分析判断能力和故障处理能力。

配电装置的概述视频

素养目标：

- 培养安全意识、规范意识、严谨认真的工作态度。

任务要求

（1）了解高压开关柜的运行与检查内容，能够进行高压开关柜的运行及基本巡视检查的工作。

（2）了解高压开关柜的异常情况及事故处理原则，具备高压开关柜故障分析判断和处理的能力。

配电装置的概述 ppt

实训设备

（1）SLBDZ－1 型变电站综合自动化实训系统。

（2）SL－XGN66－12 成套高压开关柜。

（3）伯努利仿真软件。

知识准备

一、高压开关柜的基本概述

（一）高压开关柜的作用及型号含义

高压开关柜广泛应用于配电系统，作分配电能之用。既可根据电网运行需要将一部分电力设备或线路投入或退出运行，也可在电力设备或线路发生故障时，将故障部分从电网中快速切除，从而保证电网中无故障部分的正常运行，以及设备和运行维修人员的安全。因此，高压开关柜是非常重要的配电设备，其安全、可靠运行对电力系统具有十分重要的意义。

目前，国内应用于 3～35 kV 的高压开关柜主要有 KYN 系列（图 4－1－1）、XGN 系列（图 4－1－2）等。

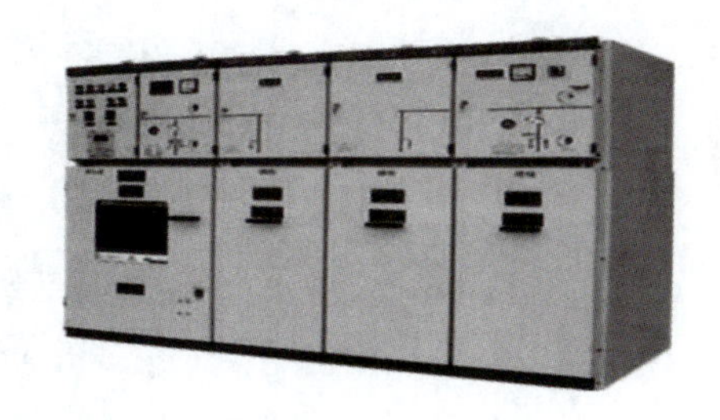

图 4－1－2　KYN－28－12 高压开关柜

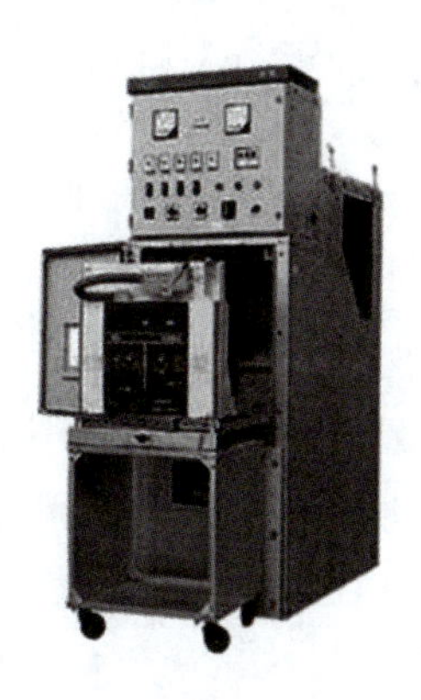

图 4－1－2　XGN－15－12 高压开关柜

（二）高压开关柜的分类

高压开关柜的结构视频

高压开关柜的结构 ppt

屋内高压开关柜按不同的标准，有如下分类。

（1）按开关柜隔室结构，可分为铠装式（如 KYN 型和 KGN 型）、间隔式（如 JYN 型）、箱式（如 XGN 型）。

（2）按断路器的置放方式，可分为落地式、中置式。

落地式：断路器手车本身落地，推入柜内。

中置式：手车装于开关柜中部，手车的装卸需要装载车。

（3）按柜内绝缘介质，可分为空气绝缘型、复合绝缘型。

（三）KYN 系列高压开关柜的结构分析

以 10 kV 系统使用的 KYN1B－12 型铠装移开式户内交流金属封闭开关柜为例，如图 4－1－3 所示，开关柜被隔板分成手车室、母线室、电缆室和继电器仪表室，各室均设有良好的接地。

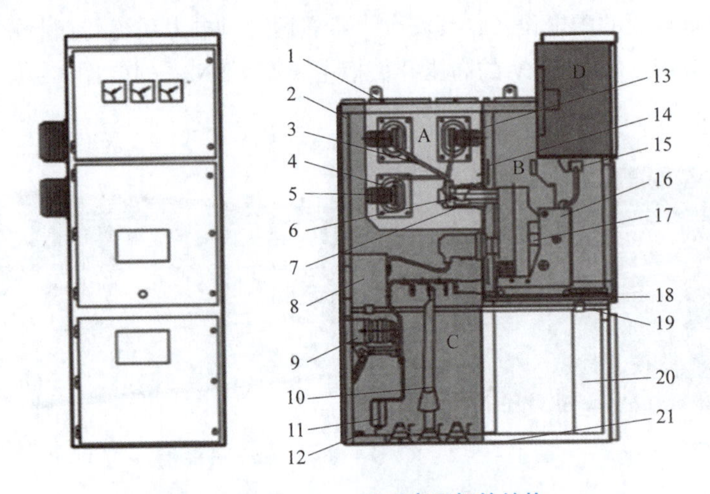

图 4－1－3　KYN 系列高压柜的结构

A—母线室；B—（断路器）手车室；C—电缆室；D—继电器仪表室；
1—泄压装置；2—外壳；3—分支母线；4—母线套管；5—主母线；6—静触头装置；
7—静触头盒；8—电流互感器；9—接地开关；10—电缆；11—避雷器；12—接地母线；
13—装卸式隔板；14—隔板（活门）；15—二次插头；16—断路器手车；17—加热去湿器；
18—可抽出式隔板；19—接地开关操作机构；20—控制小线槽；21—底板

开关柜的外壳和隔板采用敷铝锌钢板，整个柜体不仅具有精度高、抗腐蚀与氧化作用，而且机械强度高、外形美观，柜体采用组装结构，用拉引螺母和高强度螺栓连接而成，因此，装配好的开关柜能保持尺寸上的统一性。

1. 母线室

母线室布置在开关柜的背面上部，作安装布置三相高压交流母线及通过支路母线实现与静触头连接之用。全部母线用绝缘套管塑封。在母线穿越开关柜隔板时，用母线套管固定。如果出现内部故障电弧，能限制事故蔓延到邻柜，并能保障母线的机械强度。

2. 手车（断路器）室

KYN1B－12 开关柜可配进口的 VD4 真空断路器或国产的 VS1 真空断路器。断路器室内安装有特定的导轨，供断路器手车在内滑行，使手车能在工作位置、试验位置之间移动。静触头的隔板（活门）安装在手车室内的后壁上。手车从试验位置移动到工作位置过程中，隔板自动打开，反方向移动手车则自动关闭，从而保障了操作人员不触及带电体。

3. 电缆室

电缆室内一般安装有接地开关、避雷器（过电压保护器）、电流互感器以及电缆等附属设备，并在其底部配置有可卸的铝板，以方便现场施工及检修需要。

4. 继电器仪表室

继电器室的面板上，安装有微机保护装置、操作把手、保护出口压板、仪表、状态指示灯（或状态显示器）等；继电器室柜内，一般安装有端子排、微机保护控制回路直流电源开关、综合保护装置工作电源开关、储能电机工作电源开关（直流或交流）、弧光保护装置电源、消谐装置电源，以及特殊要求的二次设备。

（四）断路器手车的三个位置

（1）工作位：手车动触头置于柜体静触头盒内，使得断路器与一次设备可靠连接；二次插头合上，控制、储能等电源均送上。在此位置可以远程或就地完成合、分闸。

（2）试验位：手车动触头与静触头盒分离，柜内隔板（活门）关闭，使得断路器与一次设备分离；二次插头合上，控制、储能等电源均合上。在此位置可以远程或就地完成断路器的合、分闸试验。

（3）检修位：手车动触头与静触头盒分离，柜内隔板（活门）关闭，使得断路器与一次设备分离；二次插头断开，控制、储能等电源均断开。此时手车位于转移小车上，在此位置可以进行断路器的检修工作。

思考：高压开关柜包括哪些结构？具体由哪些电气设备构成？

二、高压开关柜的运行检查

【1＋X 证书考点】
2. 设备巡视
2.5 开关柜巡视
【全国职业院校技能大赛】
模块二　新型电力系统组网与运营调度
任务二　电网设计、检修、运维与实施

高压开关柜的运行维护视频

高压开关柜的运行维护 ppt

下面以 10 kV KYN 型高压开关柜为例，对高压开关柜运行与检查内容进行简单介绍。

（一）高压开关柜的运行与检查内容

（1）运行值班人员应经常巡视检查高压开关柜内的电气设备运行温度，特别是母线连接处和隔离开关动、静触头的温度，以鉴别发热情况。

（2）各种电气设备连接处的允许温升及最高温度不得超过表 4－1－1 所列值。

表 4－1－1　电气设备连接处最高允许温度及允许温升

℃

接点名称	最高允许温升及温度	
	温升	温度
各种金属裸线及母线	45	80
固定接触部分	45	80
可动接触部分	40	75
保险器的接点	85	120

（3）运行值班人员应经常巡视开关柜、继电器室、监控盘、直流系统上各种仪表指示变化情况，正常巡检内容如下：

①检查红、绿灯及机械指示应正确，带电显示器、各种表计等正常。

②开关实际位置与状态指示是否一致。

③微机保护装置有无故障、告警信号灯是否亮。

④储能装置储能指示应正确。

⑤观察电缆接头是否变色、损伤。

⑥正常运行时，断路器的工作电流不得超过铭牌规定的额定值。

⑦真空断路器应无真空破坏的咝咝放电声。

⑧油断路器油色、油位正常，本体无渗漏油现象。

⑨断路器各导电接触面不应变色，触头温度在规定范围内。

⑩互感器无焦味或其他异味。

⑪互感器内部无异常声响及放电现象。

⑫后台监控 10 kV 进线及馈线回路电压、电流、零序电压、功率因数，并做好每小时的电量统计。线电压 10 kV（允许偏差为 ±7%），相电压 5.8 kV（允许偏差为 ±7%），零序电压值一般为 0 V，功率因数不得低于 0.95。

⑬监视故障录波器的运行情况、有无故障波形，以便及时掌握故障信息。

（4）高温季节、高峰负荷时的检查：高峰负荷时，如负载电流接近或超过断路器的额定电流，检查断路器导电回路各发热部分，应无过热变色。如负载电流比断路器额定电流小得多，重点检查断路器引线接头与连接部位有无发热。

（5）当断路器因故跳闸后，应对断路器进行下列检查：

①检查断路器各部件有无松动、损坏，瓷瓶是否断裂等。

②检查各引线接点有无过热、熔化等现象。

（二）高压开关柜的运行维护注意事项

（1）配电间应防潮、防尘、防止小动物钻入。

（2）所有金属器件应防锈蚀（涂上清漆或色漆），运动部件应注意润滑，检查螺钉是否松动，积灰需及时清除。

（3）观察各元件的状态，是否有过热变色、发出响声、接触不良等现象。

（4）对于真空断路器：

①有条件时，应进行工频耐压试验，可间接检查真空度。

②对于玻璃泡灭弧室，应观察其内部金属表面有无发乌，有无辉光放电等现象。

③更换灭弧室时，应将导电杆卡住，不能让波纹管承受扭转力矩，导电夹与导电杆应夹紧连接。

④合闸回路保险丝规格不能用得过大，保险丝的熔化特性须可靠。

⑤合闸失灵时，须检查故障，电气方面，可能是电源电压过低（压降太大或电源容量不够），合闸线圈受潮致使匝间短路，熔丝已断；机械方面，可能是合闸锁扣扣接量过小，辅助开关调得角度不好，断电过早。

⑥分闸失灵时，须检查故障，电气方面，可能是电源电压过低，转换开关接触不良，分闸回路断线；机械方面，可能是分闸线圈行程未调好，铁芯被卡滞，锁扣扣接量过大，螺丝松脱。

⑦辅助开关接点转换时刻须精心调整，切换过早可能不到底，切换过慢会使线圈长时带电而烧毁。正确位置是在低电压下合闸，刚能合上。

（5）对于隔离开关：

①注意刀片、触头有无扭歪，合闸时，是否合闸到位和接触良好。

②分闸时，断口距离是否大于或等于 150 mm。

③推杆瓷瓶有无开裂或胶装件有无松动。

④其操作机构与断路器的联锁装置是否正常、可靠。

（6）对于手车隔离：

①插头咬合面应涂敷防护剂（导电膏、凡士林等）。

②注意插头有无明显的偏摆变形。

③检修时，应注意插头咬合面有无熔焊现象。

（7）对于电流互感器：

①注意接头有无过热，有无响声和异味。

②绝缘部分有无开裂或放电。

③引线螺丝有无松动，绝不能使之开路，以免产生感应高压，对操作人员及设备安全造成损害。

（8）开关柜长期未投入运行时，投运前主要一次元件间隔（如手车室及电缆室）应进行加热除湿，以防止产生凝露而影响设备的外绝缘。

（9）一些特殊情况下的运行操作注意事项：

①操作断路器后，若发现红、绿灯均不亮，应立即切断操作电源，查明原因。

②断路器操作发生拒分、拒合时，可先判断是机械部分还是电气部分故障并排除。断路器拒合时，不能将其强行投入，开关拒分可进行手动分闸，在拒分未消除之前，不得将断路器再投入运行。

③断路器经检修恢复运行，操作前应检查安全措施（如接地线）是否全部拆除，防误闭锁装置是否正常。

④油开关在未注入充足的油时，禁止对断路器进行分、合闸操作。

⑤开关柜的带电显示器不能作为是否有电的依据，但当带电显示器上的指示灯亮时，表示设备有电。

（三）高压柜内有短路事故发生后，必须对短路电流流过的有关设备进行全面检查

检查内容如下：

（1）检查母线引线、导线及其接头部分是否有松动、烧焦及断裂现象。

（2）检查真空断路器真空度、绝缘电阻、接触电阻是否符合要求。

（3）检查电流互感器有无燃烧、焦臭及爆裂现象。

（4）检查各种瓷瓶、套管是否有裂纹及爆裂现象。

（5）检查真空断路器动作是否正常。

（6）短路故障后的设备必须经过检查证明无异常后才允许投入运行，故障后，凡更换设备，必须经过检查和试验合格后方可投入运行。

拓展阅读
融入点：高压开关柜的运行、基本巡视检查
教育学生在工作中要遵守职业规范，严格按照操作步骤、操作规范实施岗位工作任务。查看《45 年，成就电力强国》激发学生的创新精神，刻苦耐劳、永不放弃精神，树立个人的道德规范、行为准则，爱岗敬业。
参考资料：  《45 年，成就电力强国》

三、高压开关柜的故障分析及处理

（一）高压开关柜故障分析、检修作业一般流程

高压开关柜故障分析、检修作业一般流程如图 4－1－4 所示。

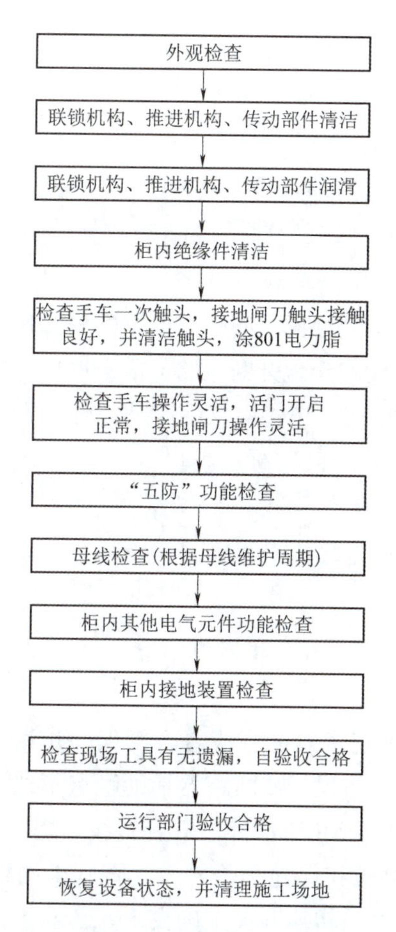

图4-1-4　高压开关柜故障分析、检修作业一般流程

（二）高压开关柜的异常情况及事故处理原则

【1+X证书考点】

2.5.2　能检查机械分、合闸位置指示是否与实际运行方式相符；开关柜上断路器或手车位置指示灯、断路器储能指示灯、带电显示装置指示灯指示是否正常。

2.5.3　能检查开关柜内断路器操作方式选择开关处于运行、热备用状态时，是否置于“远方”位置，其余状态时是否置于“就地”位置。

2.5.4　能检查充气式开关柜气压是否正常，开关柜内 SF_6 断路器气压是否正常，开关柜内断路器储能指示是否正常。

2.5.5　能检查闭锁盒、“五防”锁具闭锁是否良好，锁具标号是否正确、清晰；开关柜内照明是否正常，非巡视时间照明灯是否关闭。

2.5.6　能检查开关柜内有无放电声、异味和不均匀的机械噪声；开关柜压力释放装置有无异常，释放出口有无障碍物。

【全国职业院校技能大赛】

模块二　新型电力系统组网与运营调度

任务二　电网设计、检修、运维与实施

二、配电网检修运维及实施

1. 当断路器有以下情况时，应申请停电处理

（1）真空断路器出现真空损坏的咝咝声。

（2）套管有严重破损和放电声。

（3）少油断路器灭弧冒烟或内部有异常声响。

（4）少油断路器严重漏油，以至于看不见油位。

2. 油断路器严重缺油的判断与处理

当发现油断路器油位计看不到油面，同时有严重的漏油现象时，可判断为严重缺油，断路器已不能保证可靠灭弧，不能安全地开断电路，应采取以下措施：

（1）立即断开缺油断路器的操作电源，断路器改为非自动状态。

（2）在操作把手上挂“禁止合闸”标示牌。

（3）设法尽快隔离该开关。

（三）高压开关柜常见故障及其处理方法

1. 断路器拒绝合闸

（1）现象：①断路器不动作，红色指示灯不亮。②手动或自动方式合闸，断路器不动作合闸。

（2）原因：①控制电源不正常，控制或者合闸保险熔断。②合闸转换开关接点不通。③“远方/就地”转换开关投入错误。④断路器辅助触点不通。⑤断路器未储能。⑥机械机构故障。⑦综合保护装置合闸回路内部故障。⑧合闸线圈烧坏。

（3）处理：①检查控制电压和保险是否异常，否则，调整或更换。②合闸转换开关接点是否异常。③将“远方/就地”转换开关正确投入。④检查断路器辅助触点。⑤如果未储能，检查自动储能回路，否则手动储能。⑥调整机械机构，使之灵活好用。⑦检查综合保护装置内部合闸回路。⑧更换合闸线圈。

2. 断路器拒绝跳闸

（1）现象：①跳闸指令发出后，断路器不动作。②跳闸指令发出后，绿色指示灯不亮。③电流表无明显变化。

（2）原因：①跳闸线圈烧坏或故障。②控制电源不正常。③断路器辅助触点烧坏或者转换开关接点卡住。④控制保险烧坏。⑤机械机构故障。⑥综合保护装置故障。

（3）处理：①若线圈烧坏，更换线圈。②调整电压至正常范围。③若辅助触点或转换开关损坏，更换。④换控制保险。⑤调整机械机构，使之灵活好用。⑥检查综保回路。

3. 断路器误跳闸

（1）现象：①断路器未经操作，自动合闸。②断路器未经操作，合闸指示灯亮起，电流有指示。

（2）原因：①直流系统两点接地，使合闸控制回路接地。②控制回路某元件故障，使断路器合闸控制回路接通。③由于合闸接触器线圈电阻过小，并且动作电流偏低，直流系统发生瞬间脉冲时，引起断路器误合闸。④弹簧操作机构，储能弹簧锁扣不可靠，在外力作用下，锁扣自动解除，造成断路器自行合闸。

（3）处理：发现断路器误合时，应立即拉开误合的断路器，同时汇报值长。若拉开后再“误合”，应断开断路器合闸电源，拉开断路器，并联系检修人员。

①检查直流系统是否接地。②更换故障元件。③更换合闸线圈。④调整机械机构，使之灵活好用。

4. 断路器误跳闸

（1）现象：继电保护未动作，断路器自动跳闸，相应指示灯亮。

（2）原因：①人员误碰、误操作。②机构受外力振动，引起自动脱扣。③其他电气或机械性故障。

（3）处理：①由人员误碰、误操作或机构受外力震动引起的“误跳”，应立即汇报值长，尽快恢复对馈线的送电。②对其他电气或机械性故障，无法立即恢复送电的，则应立即汇报值长与相关部门联系，对“误跳”断路器做出暂停使用、待检修处理。

思考： 高压开关柜常见故障有哪些？请具体说一说。

知识拓展：高压开关柜逐渐向智能化方向发展

电子计算机的发展，促使智能化获得了飞快的发展，服务机器人、智能化轿车等商品连续发售，促使智能化变成一种时尚潮流。随着我国配电设备的迅速发展，高压负荷开关、高压断路器、高压接地装置电源开关等安装在高压开关柜中的设备，如今在我国已经向智能化方向发展，如图 4－1－5 所示。

图 4－1－5　智能化高压开关柜

尽管高压开关柜安全事故的发生有管理方法和人为因素主观层面的原因，但是开关设备自身存在安全风险也是至关重要的因素。智能化高压开关柜的视频语音提示，使实际操作工作人员了解高压开关柜的基本信息和高压开关柜的打开、关掉时间，在一定程度上可以防止实际操作工作人员粗心大意而导致电力工程安全事故的发生。

以前有高压开关设备生产商选择在原先的高压断路器上加上过电流继电器、检验用电压互感器及其各种各样感应器，使隔离开关具有了自确诊功能及传送功能，组成了集监视、通信、操纵和维护于一体的智能化模块，进而加强了隔离开关的功能，提升了可信性。在电气元器件智能化的同时，高压开关柜整体也持续向智能化方位推动。现阶段在国际性上处于领先水平的高压开关柜商品具备脱口控制回路断开检测、姿势时间检验、触碰构件检验、弹簧的储能技术时间检验、温度/环境湿度检验和柜门的监视等功能，综合这些功能，就组成了智能化高压开关柜。

最近，海外生产商发布的高压开关柜智能化集中控制系统维护模块，将操纵、数据信号、维护、精确测量和监视等功能组合起来，使其具备持续自监视及与发电厂自动控制系统快速连接等功能，使集中控制系统/维护模块具备过流保护、过压和欠工作电压、超温及其接地装置常见故障排查等多种多样维护功能，并能依据需求随意组合。

任务实施

查阅资料，分析近年来国内外电网停电事故发生的原因。

针对 220 kV 变电站的户外高压开关柜的检修提交检修报告。

要求：

（1）组内分工列写各电气设备的检修维护过程。

（2）内容中要包含电气设备结构、操作方法、检修项目、维护项目、试验项目等。

（3）派代表对本组的任务完成情况进行汇报。

任务评价

任务评价表如表4-1-2所示，总结反思如表4-1-3所示。

表4-1-2　任务评价表

评价类型	赋分	序号	具体指标	分值	得分		
					自评	组评	师评
职业能力	55	1	读懂检修任务	10			
		2	检修报告顺序正确	10			
		3	检修报告用词准确	10			
		4	检修报告应使用钢笔或圆珠笔填写，字迹不得潦草和涂改，票面整洁	10			
		5	检修报告步骤完整	15			
职业素养	20	1	坚持出勤，遵守纪律	5			
		2	协作互助，解决难点	5			
		3	按照标准规范操作	5			
		4	持续改进优化	5			
劳动素养	15	1	按时完成，认真填写记录	5			
		2	保持工位卫生、整洁、有序	5			
		3	小组分工合理	5			
思政素养	10	1	完成思政素材学习	4			
		2	规范意识（从文档撰写的规范性考量）	6			
总分				100			

表4-1-3　总结反思

总结反思	
• 目标达成：知识□□□□□　能力□□□□□　素养□□□□□	
• 学习收获：	• 教师寄语： 签字：
• 问题反思：	

课后任务

1. 问答与讨论

（1）高压开关柜中，断路器手车有哪几个工作位置？有什么区别？

（2）高压开关柜常见故障有哪些？

（3）断路器发生什么情况时，需申请停电处理？

（4）二次回路的定义及其作用是什么？

（5）简述二次回路接线图的读图技巧。

2. 巩固与提高

通过对本任务的学习，已掌握了高压开关柜的运行维护，了解了高压开关柜的异常情况及事故处理方法，要求能够进行高压开关柜的运行及基本巡视检查、故障分析判断和故障处理。此外，查阅资料，分析近年来国内外电网停电事故发生的原因。

工作任务单

《发电厂变电所电气设备》工作任务单

<table>
<tr><td>工作任务</td><td colspan="4"></td></tr>
<tr><td>小组名称</td><td colspan="2"></td><td>工作成员</td><td></td></tr>
<tr><td>工作时间</td><td colspan="2"></td><td>完成总时长</td><td></td></tr>
<tr><td colspan="5">工作任务描述</td></tr>
<tr><td colspan="5"></td></tr>
<tr><td rowspan="3">小组分工</td><td>姓名</td><td colspan="3">工作任务</td></tr>
<tr><td></td><td colspan="3"></td></tr>
<tr><td></td><td colspan="3"></td></tr>
<tr><td colspan="5">任务执行结果记录</td></tr>
<tr><td>序号</td><td colspan="2">工作内容</td><td>完成情况</td><td>操作员</td></tr>
<tr><td>1</td><td colspan="2"></td><td></td><td></td></tr>
<tr><td>2</td><td colspan="2"></td><td></td><td></td></tr>
<tr><td>3</td><td colspan="2"></td><td></td><td></td></tr>
<tr><td>4</td><td colspan="2"></td><td></td><td></td></tr>
<tr><td colspan="5">任务实施过程记录</td></tr>
<tr><td colspan="5"></td></tr>
<tr><td>上级验收评定</td><td colspan="2"></td><td>验收人签名</td><td></td></tr>
</table>

《发电厂变电所电气设备》
课后作业

内容：________________________________
班级：________________________________
姓名：________________________________

________________系

作业要求

关于高压开关柜检修作业不恰当而导致的事故案例：

1. 事故经过

2. 产生原因

3. 暴露问题

4. 预防措施

5. 处罚情况

6. 心得体会

任务二 高压开关柜的运行操作

学习目标

知识目标：

- 掌握高压开关柜操作前应该做的准备。
- 掌握变配电所（室）倒闸操作的安全要点。
- 了解操作票。
- 掌握操作监护的要求。
- 掌握送电、停电操作要求。
- 掌握高压开关柜的操作注意事项。

技能目标：

- 具备对高压开关柜操作的准备进行分析判断的能力。
- 具备分析高压开关柜的操作要求及原则的能力。
- 会填写送电、停电操作票，进行线路送电、停电操作。
- 具备高压开关柜“五防”能力。

素养目标：

- 培养安全意识、规范意识、严谨认真的工作态度。

任务要求

（1）根据10 kV线路停电、送电操作，按倒闸操作原则准确撰写倒闸操作票，能清晰地描述倒闸操作任务操作步骤。

（2）按倒闸操作票规范进行高压开关柜的倒闸操作。

高压开关柜的运行操作视频

实训设备

（1）SLBDZ－1型变电站综合自动化实训系统。

（2）SL－XGN66－12成套高压开关柜。

（3）伯努利仿真软件。

高压开关柜的运行操作ppt

知识准备

一、高压开关柜操作前的准备工作

（一）高压开关柜操作前应做的准备

（1）填写工作票、倒闸操作票，必须先核对设备的名称、编号，并确认断路器、隔离开关、自动开关、刀开关的通、断位置与工作票所写的相符。

（2）依据操作票的顺序在操作模拟板上进行核对操作，无误后方可进行实际操作。

（3）应使用基本安全用具和辅助安全用具进行操作，操作前应对其进行检查。

（4）操作时应戴绝缘手套，穿绝缘靴，站在绝缘垫上进行。

（二）变配电所（室）倒闸操作的安全要点

（1）操作人员必须使用基本及辅助安全用具，与带电导体应保持足够的安全距离，同时，应穿长袖衣服及长裤。

（2）倒闸操作应由两人进行，其中一人唱票与监护，另一人复诵与操作，认真执行监护制、复诵制等。每操作完一步，即由监护人在操作项目前画“√”。

（3）操作前，应根据操作票的顺序在操作模拟板上进行核对操作。

（4）操作时，必须先核对设备的名称、编号，并检查断路器、隔离开关、自动开关、刀开关的通、断位置与工作票所写的是否相符，其工作状态是否正常。

（5）送电操作，由电源侧往负荷侧送：

先送高压，后送低压；先合刀闸，后合开关。断路器两侧有刀闸的，先合电源侧刀闸，再合负荷侧刀闸，最后合断路器。

（6）停电操作，由负荷侧往电源侧停：

先停低压，后停高压；先拉开关，后拉刀闸。断路器两侧有刀闸的，先拉断路器，再拉负荷侧刀闸，最后拉电源侧刀闸。

（7）操作结束后，应检查操作结果是否正常。

（8）操作中产生疑问时，必须搞清后再进行操作。不准擅自更改操作票。

（9）变配电所（室）值班人员应熟悉电气设备调度范围的划分。凡属供电部门调度所的设备，均应按调度员的操作命令进行操作。

（10）不受供电调度所调度的双电源（包括自发电）用电单位，严禁并路倒闸（倒路时，应先停常用电源，后送备用电源）。

（11）10 kV 双电源允许合环倒路的调度户，为防止倒闸过程中过电流保护装置动作跳闸，经调度部门同意，在并路过程中自行停用进线保护装置，调度值班员不再下令。

二、高压开关柜的操作要求及原则

（一）操作票的执行

（1）填好的操作票，必须与系统接线图或模拟盘核对，经核实无误后，由值班人签字。

（2）操作前，首先核对将要操作设备的名称、编号和位置，操作时由监护人唱票，操作人应复诵一遍，监护人认为复诵正确，即发出“对”或“操作”的命令，然后操作人方可进行操作。每操作完一项，立即在本操作项目前画“√”。

（3）操作时，要严格按操作票的顺序进行，严禁漏操作或重复操作。

（4）全部操作完成后，填写终了时间，并做好“已执行”的标记。

（5）操作中产生疑问时，应停止操作，立即向值班调度员（下令人）或站长报告，弄清后再继续操作。切不可擅改操作票。

高压开关柜的运行操作（实操视频）

（二）操作监护

操作监护就是由专人监护操作人员操作的正确性和人身安全，一旦发生错误操作或危及人身安全，能及时给予纠正和制止。在操作中，对监护人有如下要求：

（1）监护人应由有经验的人员担任。

（2）监护人在操作前，应协助操作人员检查在操作中使用的安全用具、审核操作票等。

（3）监护人必须始终在操作现场监护操作人的操作是否正确，不得擅离职守及进行同监护工作无关的事宜。

（4）每一项步骤完成后，应检查开关设备的位置，仪表的指示、联锁及标示牌等情况是否正确。

（5）设备投入运行后，应检查电压、电流、声音、信号显示、油面等是否正确。

（三）送电操作要求

（1）明确工作票或调度指令的要求，核对将要送电的设备，认真填写操作票。

（2）按操作票的顺序在模拟盘上预演，或与系统接线图核对。

（3）根据操作需要，穿戴好防护用具。

（4）按照操作票的要求，在监护人的监护下，拆除临时遮拦、临时接地线及标示牌等设施，由电源侧向负荷侧逐级进行合闸送电操作，严禁带接地线合闸。

（四）停电操作要求

（1）明确工作票或调度指令的要求，核对将要送电的设备，认真填写操作票。

（2）按操作票的顺序在模拟盘上预演，或与系统线图核对。

（3）根据操作要求，穿戴好防护用具。

（4）按照操作票的要求，在监护人的监护下，由负荷侧向电源侧逐级拉闸操作，严禁带负荷拉隔离开关。

（5）停电后验电时，应用合格有效的验电器，按规定在停电的线路或设备上进行验电。

（6）确认无电后，再采取接挂临时接地线、设遮拦、挂标示牌等安全措施。

【1+X 证书考点】

2.5.1　能检查开关柜运行编号标识是否正确、清晰；柜体有无变形、下沉，柜门关闭是否良好；各封闭板螺栓是否齐全，有无松动、锈蚀。

2.5.2　能检查机械分、合闸位置指示是否与实际运行方式相符；开关柜上断路器或手车位置指示灯、断路器储能指示灯、带电显示装置指示灯指示是否正常。

2.5.3　能检查开关柜内断路器操作方式选择开关处于运行、热备用状态时，是否置于“远方”位置；其余状态时，是否置于“就地”位置。

2.5.4　能检查充气式开关柜气压是否正常，开关柜内 SF_6 断路器气压是否正常，开关柜内断路器储能指示是否正常。

2.5.5　能检查闭锁盒、“五防”锁具闭锁是否良好，锁具标号是否正确、清晰；开关柜内照明是否正常，非巡视时间照明灯是否关闭。

2.5.6　能检查开关柜内有无放电声、异味和不均匀的机械噪声；开关柜压力释放装置有无异常，释放出口有无障碍物。

【全国职业院校技能大赛】
模块二　新型电力系统组网与运营调度
任务二　电网设计、检修、运维与实施
一、交流配电网设计
二、配电网检修运维及实施

三、高压开关柜的操作注意事项

（一）操作注意事项

（1）非专职和值班人员，严禁擅自操作电气设备。

（2）严格遵守工作票制度。

（3）核对工作票内容，应仔细核对设备名称、编号，确认无误后方可进行停送电操作。对于检修后的送电操作，更应再三确认人员已撤离方可送电。

（4）操作人员必须穿戴绝缘手套，站在绝缘垫上进行操作。

（5）在特殊情况下，“远方”操作无法进行时，应到所要操作的开关柜处进行“就地”操作。即准备好停送电的事宜之后，穿戴绝缘用品至开关柜处，将控制开关打在“就地”位置，然后手动操作断路器。操作成功后，再进行手车和接地操作。

高压开关柜的“五防”与运行操作视频

（二）电气“五防”

（1）防止误分、合断路器（隔离开关、接触器）。

（2）防止带负荷分、合隔离开关。

（3）防止带电挂（合）接地线（接地开关）。

（4）防止带接地线（接地开关）合断路器（隔离开关）。

（5）防止误入带电间隔。

高压开关柜的“五防”ppt

电气“五防”功能是实现电力安全生产的重要措施，其切实保障了操作人员及设备的安全。实际应用中，防误装置的设计原则应是：凡是有可能引起误操作的高压电气设备，均应装设相应的防误闭锁装置。

拓展阅读
融入点：10 kV 高压开关柜安全操作、高压开关柜的“五防”
结合《隐患排查，守护用电安全》的视频，教育学生在工作中要遵守职业规范，严格按照操作步骤、操作规范实施岗位工作任务。激发学生从思想上认识到安全的重要性，要不断提高安全意识和自我保护意识，坚持“安全第一，预防为主，综合治理”的方针和认真细致的工作态度。
参考资料： 隐患排查，守护用电安全

<table>
<tr>
<td>【思考感悟】
通过学习进线柜、出线柜、母联柜的操作顺序及10 kV高压开关柜的停、送电运行操作等知识点，培养学生的规范意识、严谨认真的工作态度，并且养成安全意识。查阅下列因违反安全规程，造成的电力事故。
</td>
<td>谈一谈你的感想：</td>
</tr>
</table>

案例：高压配电柜自动灭火系统/装置的消防安全应用

高压配电柜自动灭火系统/装置是安装在高压柜、低压柜、开关柜、配电柜（箱）、电气柜等电气设备的小型全氟己酮自动灭火装置。该灭火系统主要由药剂瓶组、全氟己酮灭火剂、探测装置、喷射装置、报警装置等组成，采用新型5112全氟己酮灭火剂，化学性能稳定，不受外界环境影响，使用安全，灭火性能强，对设备、人体及环境不会造成任何危害。

随着电力系统的迅速发展，电网覆盖范围逐步扩大，配电柜的应用越来越广泛，这对供电系统的可靠性和安全性的要求也越来越高。虽然目前众多厂家在生产柜体时增加了漏电、火灾等报警系统，对短路漏电等引起的灾害起到了一定的预防作用，但配电柜很少有专用的消防设施进行防护。配电柜在发生火灾时，往往不能及时扑灭，从而不能把损失降到最小。

山东中道消防针对配电柜此类消防灭火问题及近年来电池组消防灭火问题，吸取前沿灭火技术，联合行业内高精尖企业，研发出了高压配电柜自动灭火系统/装置。

高压配电柜自动灭火系统/装置既可与火灾报警控制系统联动，也可单独运行。该灭火装置集探测、报警、启动灭火于一身，实现无人值守状态下的感温自动触发灭火功能。当配电柜内任何部位发生火灾时，安装在配电柜内部的感温探测器可快速探测着火点，立即启动灭火装置，释放全氟己酮进行灭火。

高压配电柜自动灭火系统/装置采用的5112全氟己酮灭火剂对电气配件无腐蚀，对环境无污染，触发后不影响配电柜正常运行，可有效控制初期电气火灾，降低电气火灾事故影响，进一步保障电力系统安全运营。

说明：高压开关柜安全、稳定是电力系统正常工作的重要保障，采取有效预防措施是开关柜的关键。加强对高压开关柜的监测和检修力度，及时发现事故原因并采取适当的措施，减少高压开关柜的事故对经济和社会造成的损失具有深远意义。

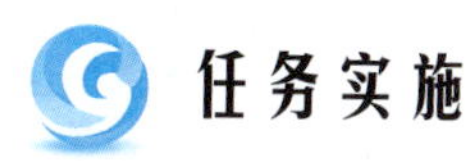

任务实施

根据 SL－XGN66－12 高压开关柜（图 4－2－1）和 SLBDZ－1 型变电站综合自动化实训系统（图 4－2－2）写出高压开关柜送电操作任务。

图 4－2－1　SL－XGN66－12 高压开关柜

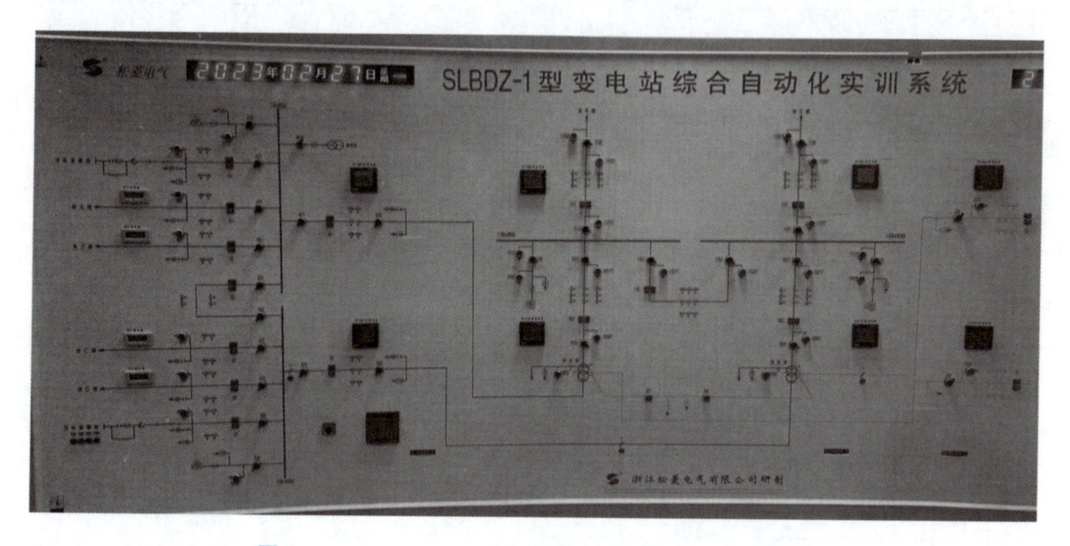

图 4－2－2　SLBDZ－1 型变电站综合自动化实训系统

初始状态：线路处于冷备用。

操作任务：仿甲线对 110 kV 1#母线、1#主变、10 kV 1#母线、仿 B 线供电。

××公司电气倒闸操作票

值：________ No：________

命令操作时间： 年 月 日 时 分			操作终了时间： 年 月 日 时 分	
操作任务：			仿甲线对 110 kV 1#母线、1#主变、10 kV 1#母线、仿 B 线供电	
状态转换			由冷备用状态控制转换为运行状态	
模拟	操作	顺序	操 作 项 目	时间
		1		
		2		
		3		
		4		
		5		
		6		
		7		
		8		
		9		
		10		
		11		
		12		
		13		
		14		
		15		
		16		
		17		
		18		
		19		
		20		
		21		
		22		
		23		
		24		

操作人：________ 监护人：________ 值班负责人：________ 值长：________

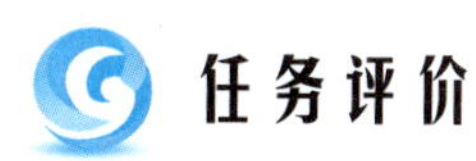

任务评价

任务评价表如表 4－2－1 所示，总结反思如表 4－2－2 所示。

表 4－2－1　任务评价表

评价类型	赋分	序号	具体指标	分值	得分		
					自评	组评	师评
职业能力	55	1	读懂操作任务	5			
		2	操作票顺序正确	10			
		3	操作票用词准确，要有统一确切的调度术语及操作术语	10			
		4	操作票应使用钢笔或圆珠笔填写，字迹不得潦草和涂改，票面整洁	10			
		5	操作票步骤完整	10			
		6	操作人审核操作票，监护人复审签字	10			
职业素养	20	1	坚持出勤，遵守纪律	5			
		2	协作互助，解决难点	5			
		3	按照标准规范操作	5			
		4	持续改进优化	5			
劳动素养	15	1	按时完成，认真填写记录	5			
		2	保持工位卫生、整洁、有序	5			
		3	小组分工合理	5			
思政素养	10	1	完成思政素材学习	4			
		2	规范意识（从文档撰写的规范性考量）	6			
总分				100			

表 4－2－2　总结反思

总结反思	
• 目标达成：知识□□□□□　能力□□□□□　素养□□□□□	
• 学习收获：	• 教师寄语： 签字：
• 问题反思：	

课后任务

1. 问答与讨论

（1）说出 VS1－12 型真空断路器、GN30－12 型旋转式户内高压隔离开关的结构。

（2）写出进线柜的使用操作顺序。

（3）写出出线柜的使用操作顺序。

（4）什么是电气“五防”？

2. 巩固与提高

通过对本任务的学习，已掌握了 VS1－12 型真空断路器、GN30－12 型旋转式户内高压隔离开关的结构、进线柜、出线柜、母联的操作顺序以及 10 kV 高压开关柜的操作。要求能够分析进线柜、出线柜、母联的操作顺序，完成高压开关柜的停送电运行操作任务，并且具备运行高压开关柜“五防”能力。小组自行查阅并讨论分析，若不按照“五防”原则操作高压开关柜，会产生哪些后果？分析产生事故的原因、暴露的问题、预防措施、处罚情况、心得体会。

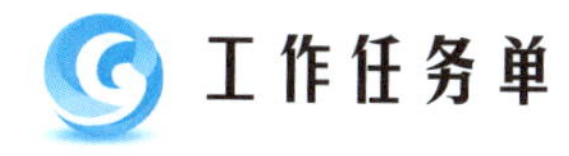

工作任务单

《发电厂变电所电气设备》工作任务单

<table>
<tr><td>工作任务</td><td colspan="3"></td></tr>
<tr><td>小组名称</td><td></td><td>工作成员</td><td></td></tr>
<tr><td>工作时间</td><td></td><td>完成总时长</td><td></td></tr>
<tr><td colspan="4">工作任务描述</td></tr>
<tr><td colspan="4"></td></tr>
<tr><td rowspan="3">小组分工</td><td>姓名</td><td colspan="2">工作任务</td></tr>
<tr><td></td><td colspan="2"></td></tr>
<tr><td></td><td colspan="2"></td></tr>
<tr><td colspan="4">任务执行结果记录</td></tr>
<tr><td>序号</td><td>工作内容</td><td>完成情况</td><td>操作员</td></tr>
<tr><td>1</td><td></td><td></td><td></td></tr>
<tr><td>2</td><td></td><td></td><td></td></tr>
<tr><td>3</td><td></td><td></td><td></td></tr>
<tr><td>4</td><td></td><td></td><td></td></tr>
<tr><td colspan="4">任务实施过程记录</td></tr>
<tr><td colspan="4"></td></tr>
<tr><td>上级验收评定</td><td></td><td>验收人签名</td><td></td></tr>
</table>

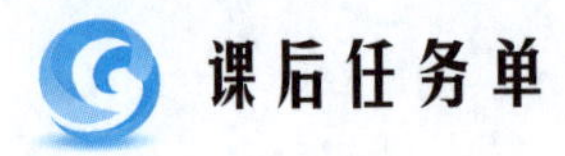

《发电厂变电所电气设备》
课后作业

内容：______________________________

班级：______________________________

姓名：______________________________

________________系

作业要求

若不按照“五防”原则操作高压开关柜，会产生哪些后果？

1. 事故经过

2. 产生原因

3. 暴露问题

4. 预防措施

5. 处罚情况

6. 心得体会

任务三 低压配电屏的运行与维护

学习目标

学习目标：

- 掌握低压配电屏的结构组成和运行特点。
- 掌握低压配电屏的巡视检查项目和注意事项。
- 掌握低压配电屏的运行操作原则、故障原因分析和故障处理方法。

技能目标：

- 能识读配电装置图。
- 能对配电装置进行布置。
- 能够进行低压配电屏的运行。
- 具备低压配电屏基本巡视检查能力。
- 具备低压配电屏故障分析判断能力和故障处理能力。

低压配电屏的结构视频

素养目标：

- 培养安全意识、爱国主义、爱岗敬业、楷模精神。

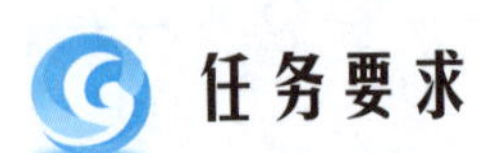

任务要求

（1）根据不同的任务，了解低压配电屏的类型及结构，能识读配电装置图并且能进行布置。

（2）通过学习本任务，能对低压配电屏进行巡视检查，并且能分析故障并进行处理。

低电压配电屏的结构 ppt

实训设备

SLGPD－Ⅲ型低压供配电拆装实训装置。

拓展阅读
融入点：低压配电屏的巡视检查、故障分析判断、故障处理、运行
结合《央企楷模－徐博海》了解到他在生死存亡关头作出的坚定抉择。他在关键时刻的逆行奔赴，是国家能源集团员工忠诚担当的真实写照。通过他的事迹，使我们学习到了他无畏无惧、无坚不摧的英雄气概；他以党性立身，对党忠诚；他岗位建功、干字当头的责任担当。没有从天而降的英雄，只有挺身而出的凡人。

参考资料：

“央企楷模－徐博海”

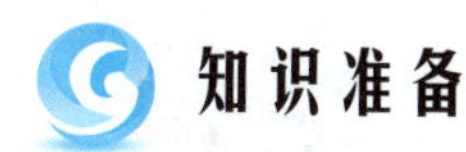

知识准备

一、低压配电屏的运行检查

（一）低压开关柜运行一般要求

低压配电屏的运行维护视频

低压配电屏的运行维护 ppt

（1）机械闭锁、电气闭锁应动作准确、可靠。

（2）二次回路辅助开关动作准确，接触可靠。

（3）装有电器的可开启门，以裸铜软线与接地的金属构架可靠地连接。

（4）成套柜有供检修的接地装置。

（5）低压开关柜统一编号，并标明负荷名称及容量，同时，应与低压系统操作模拟图上的编号对应一致。

（6）低压开关柜上的仪表及信号指示灯、报警装置完好齐全、指示正确。

（7）开关的操作手柄、按钮、锁键等操作部件所标志的“合”“分”“运行”“停止”等字，以及模拟图上的编号，与设备的实际运行状态相对应。

（8）装有低压电源自投装置的开关柜，定期做投切试验，检验其动作的可靠性。

（9）两个电源的联络装置处，应有明显的标志。当联锁条件不同时具备的时候，不能投切。

（10）低压开关柜与自备发电设备的联锁装置动作可靠。严禁自备发电设备与电力网私自并联运行。

（11）低压开关柜前后左右操作维护通道上铺设绝缘垫，同时，严禁在通道上堆放其他物品。

（12）低压开关柜前后的照明装置齐备且完好，事故照明投用正常。

（13）低压开关柜设置与实际相符的操作模拟图和系统接线图。其低压电器的备品、备件应齐全完好，并分类存放于取用方便的地方。同时，应具备携带式检测仪表。

（二）低压开关柜的巡视检查

（1）仪表信号、开关位置状态的指示应对应，三相负荷、三相电压指示正确。

（2）整个装置的各部位有无异常响动或异味、焦煳味；装置和电器的表面是否清洁完整。

低压配电屏的巡视检查视频

（3）易受外力震动和多尘场所，应检查电气设备的保护罩、灭弧罩有无松动，是否清洁。

（4）低压配电室的门窗是否完整，通风和室内温度、湿度应满足电器设备的要求。

（5）室内照明是否完好，备品备件是否满足运行维修的要求，安全用具及携带式仪表是否符合使用要求。

低压配电屏的巡视检查 ppt

（6）断路器、接触器的电磁线圈吸合是否正常，有无过大噪声或线圈过热现象。

（7）异常天气或发生故障及过负荷运行时，应加强检查、巡视。

（8）设备发生故障后，重点检查熔断器及保护装置的动作情况，以及事故范围内的设备有无烧伤或毁坏情况，有无其他异常情况等。

（9）低压配电装置的清扫和检修一般每年不应少于两次。其内容除清扫和测试绝缘外，主要检查各部位连接点和接地点的紧固情况，以及电器元件有无破损或功能欠缺等，应妥善处理。

（10）浪涌抑制器状态指示正常。

（三）安全操作注意事项

（1）操作低压设备时，必须站在绝缘垫上，穿绝缘鞋、戴棉纱手套，避免正向面对操作设备。

（2）自动空气开关跳闸或熔断器熔断时，应查明原因并排除故障后，再行恢复供电。不允许强行送电，必要时允许试送电一次。

（3）长时间停电后首次供电时，应供、停三次，以警示用户，若有触电者，可迅速脱离电源。

（4）低压总柜的送电操作：

①在变压器送电前，低压总柜控制面板上的指令开关应置于“停止”位置，次级分户开关和电容柜开关应处于断开位置。

②低压总柜的操作：变压器送电后，检查低压总柜的电压表指示应在正常范围。按下操作面板上的绿色“启动”按钮，低压总柜将合闸送电。

③在紧急情况下，低压总柜合不上闸时，可用手按下万能式断路器的绿色“启动”按钮合闸供电。

（四）低压配电柜保养方法

低压配电柜的保养主要是确保低压配电柜的正常、安全运行。要对低压配电柜每年体检保养。以最少的停电时间完成检修，一般提前确定业主停电时间。

1. 低压配电柜保养的内容及步骤

（1）检修时，应从变压器低压侧开始。配电柜断电后，清洁柜中灰尘，检查母线及引下线连接是否良好，接头点有无发热变色，检查电缆头、接线桩头是否牢固可靠，检查接地线有无锈蚀，接线桩头是否紧固。确认所有二次回路接线连接可靠，绝缘符合要求。

（2）检查抽屉式开关时，抽屉式开关柜在推入或拉出时应灵活，机械闭锁可靠。检查抽屉柜上的自动空气开关操作机构是否到位，接线螺丝是否紧固。清除接触器触头表面及四周的污物，检查接触器触头接触是否完好。如触头接触不良，可稍微修锉触头表面；如触头严重烧蚀（触头点磨损至原厚度的1/3），即应更换触头。电源指示仪表、指示灯完好。

（3）检修电容柜时，应先断开电容柜总开关，用10 mm^2 以上的一根导线逐个把电容器对地进行放电后，外观检查壳体良好，无渗漏油现象。若电容器外壳膨胀，应及时处理，更换放电装置、控制电路的接线螺丝及接地装置。合闸后，进行指示部分及自动补偿部分的调试。

（4）受电柜及联络柜中的断路器检修：先断开所有负荷后，用手柄摇出断路器。重新紧固接线螺丝，检查刀口的弹力是否符合规定。灭弧栅有无破裂或损坏，手动调试机械联锁分合闸是否准确，检查触头接触是否良好，必要时修锉触头表面，检查内部弹簧、垫片、螺丝有无松动、变形和脱落。

2. 变电柜的检修

（1）操作前，应按下列步骤进行：逐个断开低压侧的负荷，断开高压侧的断路器，合上接地开关，锁好高压开关柜，并在开关柜把手上挂上“禁止合闸，有人工作”的标志牌，然后用10 mm^2 以上导线短接母排并挂接地线，紧固母排螺丝。

（2）检修操作步骤：母排接触处重新擦净，并涂上电力复合脂，用新弹簧垫片螺丝加以紧固，检查母排间的绝缘子、间距连接处有无异常，检查电流、电压、互感器的二次绕组接线端子连接的可靠性。

（3）送电前的检查测试：拆除所有接地线、短接线，检查工作现场是否遗留工具，确定无误后，合上隔离开关，断开高压侧接地开关，合上运行变压器高压侧断路器，取下标志牌，向变压器送电，然后再合上低压侧受电柜的断路器，向母排送电，最后合上有关联络柜和各支路自动空气开关。

3. 注意事项

（1）检修过程中必须设专人监护。

（2）工作前必须验电。

（3）检修人员应对整个配电柜的电气机械联锁情况熟悉并能熟练操作。

（4）检修中应详细了解哪些线路是双线供电。

（5）检修母排时，应对线路中的残余电荷进行充分放电。

思考：低压开关柜的巡视检查内容有哪些？

二、低压配电屏的故障处理

通常情况下，带有低压负荷的室内配电场称为配电房，主要负责配送电能给低压用户，一般设有中压进线（可有少量出线）、配电变压器以及低压配电装置。低压配电房通常是指10 kV或是35 kV站用变出线的400 V配电房。低压配电房主要负责元件的控制，如空开、保险、指示灯、智能表，一旦低压配电房出现故障，要及时进行分析与维修，排除故障，恢复供电正常。

（一）低压配电房故障

1. 人为

一些操作人员在低压操作时，对出现的故障并没有仔细分析主要原因，没有对设备的运行状态进行细致的观察，同时，在一些操作上存在失误，容易出现各种故障，导致事故的发生。具体情况是：当负荷开关出现操作失灵时，将其错误地判定为开关的故障，对开关的额定电流没有进行细致的观察，只是进行了负荷开关的简单更换；在低压进线电源的开关操作上，出现了低压联络开关，导致跳闸；负荷开关在过流跳闸之后，没有能够实现有效的恢复；在负荷开关的面板上没有进行正常的操作，产生了大面积的断电现象。

2. 设备

低压配电房内的设备由于长期工作和运转，机械出现故障的部件应及时进行更换或维修。此外，在低压配电房工作时，要针对高负荷用电的情况对电流的额定值进行调整，并定期测负荷、测温，防患于未然。

（二）低压配电房线路的常见故障与维修

1. 短路

在所有的显露故障中，短路最常见，也具有最大的危害性，因为短路会引起其他电路故障出现。

绝缘破坏：在电路中，各个电位导体互相绝缘。一旦破坏了这种绝缘性，各个导体之间就会出现短路故障。温度过高、外力破坏、过强的电场都容易导致绝缘材料的性质产生改变，而污染过多以及温度过高，也会导致材料的绝缘能力下降，进而导致绝缘性受到破坏，产生短路故障。

导线相连接：两条导线拥有不等的电位，二者之间的短接容易造成短路故障。

维修方法：当出现短路故障时，要及时将供电电源切断，进而有效减少短路故障所带来的巨大损害。导线的绝缘材料通常情况下具备耐热的特性，短路保护电器通常情况下是使用低压熔断器。低压熔断器内的熔体是一种导体。它所起到的保护功效主要依赖于其发热的特性，同时具备反时限。低压熔断器的保护特性同导线绝缘材料耐热特性非常接近，因此能够有效地进行短路保护。一旦低压房内线路产生短路故障，低压熔断器能够及时熔断，并将供电电源切断。一旦低压配电房的线路产生短路故障，而绝缘材料没有达到允许的温度，低压熔断器熔断，并将供电电源切断。这种情况下，允许短路电流持续时间在0.1～5 s之间。

2. 断线

断线故障主要指零线以及相线所产生的断线故障，零线断线升高了线路的末端某两相电压，所以会烧毁同其进行连接的设备。相线断线将导致用电设备不能正常进行工作。断路也是低压配电房中比较常见的一种故障现象，其基本表现形式就是回路不通。在一些情形下，断路还容易产生过电压，断路点所出现的电弧容易引发爆炸以及火灾事故。

回路不通，装置难以正常工作：电路需要组成闭合的回路才可以实现正常的工作。一旦电路中出现了某一个回路的断路现象，就会导致电气装置在部分功能上的丢失。

电路断线：在一些时断时通的断路点上，其断路的一瞬间经常会出现高温与电弧，这种情况下极有可能产生火灾现象。而弱电线路当中的高温与电弧都容易将断路点周边的元件损坏或是导致其性能下降，进而出现各种电气故障，影响低压配电房的正常工作。

断零和断相故障的分析与维修：为了避免产生并不断减少断零损害用电设备的事故，在设计、安装、检测以及维护时，应当重点注意以下几个方面。

（1）要充分考虑增加零线的机械强度，在满足允许绝缘性能、载流量的基础之上，合理地增大零线的截面。

（2）零线在其接头以及接线端子等多个连接部分，在最高许可的温度范围之内，需要可靠牢固，实现良好的接触。

（3）严格禁止在零线上串接熔断器，从而避免由于过电流导致熔断器熔断而产生“断零”的故障。

对于在“断相”线路上连接的单相负载，比如彩电、照明灯具等一些家用电器，会马上停止工作，等“断相”线路修复之后恢复供电，单相的用电设备会重新开始工作，并不受到任何的损害。可是就三相异步电动机而言，不管是转子回路抑或是定子回路，出现“断相”故障之后，会造成缺相运行，输出功率显著降低。假如原来机械负载保持其机械功率不变，那么电动机就容易减速，加大转差率，导致电动机明显增加了其负载电流。如果在这种情况下长时间持续运行，必然会出现过热或异常高温的情况，导致绝缘性能失去功效，致使电动机出现绕组短路现象，导致电动机最终损坏。

思考： 低压配电屏运行过程中应主要检查什么？

【思考感悟】 通过学习低压配电屏的运行检查、故障分析、故障处理等知识点，学生应把个人的理想追求融入国家和民族的事业中，树立道路自信。观看并学习拓展阅读中的徐博海得先进事迹，谈一谈你的感想。	谈一谈你的感想：

知识拓展：关于低压配电柜 GCS、GCK、MNS、GGD 的使用与区别

一、配电箱（柜）的认识

GCK、GCS、MNS 是低压抽出式开关柜；GGD、GDH、PGL 是低压固定式开关柜；XZW 是综合配电箱；ZBW 是箱式变电站；XL、GXL 是低压配电柜、建筑工地箱；JXF 是电器控

制箱；PZ20、PZ30 系列是终端照明配电箱；PZ40、XDD（R）是电表计量箱。

二、低压配电柜的组成

（1）配电柜内主要有接线端子、各种刀闸、保护设备（空气开关、熔断器之类）、测量设备（电压表、电流表、示波器等）、计量设备（有功功率表、无功功率表）。

（2）低压配电柜的种类很多，元器件有很大不同，以动力柜为例，从上到下：刀开关、电流互感器、空气开关、各支路空开。如果直接控制用电负荷，在支路空开下还有接触器、热继电器、支路电流互感器。当然，还有电流表、电压表、电压转换开关、指示灯。

三、配电柜型号

每一型号表示的内容，GGD 低压配电柜：G—低压配电柜，G—固定安装、接线，D—电力用柜；GCK 低压配电柜：G—柜式结构，C—抽出式，K—控制中心；GCS 低压配电柜：G—封闭式开关柜，C—抽出式，S—森源电气系统；MNS 低压配电柜：是按照瑞士 ABB 公司转让技术制造的产品。

四、GGD、GCS、GCK、MNS 配电柜柜体的区别

GGD 是固定式的，而 GCK、GCS、MNS 都是抽屉式开关柜，它们的每一个出线单元都是独立的，各回路间不会相互影响。

GCK 是国内很老的柜型，当时使用的型材强度较差，操作机构也不太灵活。现在生产的产品大多吸收了 GCS 柜的优点。它与 GCS、MNS 明显不同的是，它的主母线是置于柜顶的。

GCS 是 20 世纪 90 年代中期由森源公司参照 ABB 公司的 MNS 柜型设计的新一代抽屉式开关柜，主要结构与 MNS 的类似，主母线后置。与 MNS 不同的是：抽屉模数使用了国内常用的 20 mm 模数（MNS 为 25 mm）；抽屉采用了推进机构，操作更方便、灵活。

MNS 柜可以双面操作，最多单柜可装 36 个回路（有 1/4 抽屉），而 GCS 最多为 22 个。MNS 柜体所使用的材料为敷铝锌板，全组装结构，不需要后处理（镀锌）。MNS 和 GCS 的水平母线都是后出线，与前左的抽屉单元、前右的电缆出线室由隔板隔开，它们的垂直母线组装在阻燃型塑料功能板中。不同的是，GCS 最少有 1/2 抽屉，MNS 有 1/4 抽屉，MNS 抽屉另有联锁机构，而 GCS 只有开关本身。

GCK 的区别是：水平母线是传统的设在柜顶上的，垂直母线没有阻燃型塑料功能板，电缆出线可以是后出，也可以做成右侧电缆室出线，但抽屉推进机构和 GCS、MNS 不同，比较简单。

五、配电柜图纸详解

（1）简单的接线图可参考图 4－3－1，这是个简单的例子，更多的例子可以在国标图集上找到。

（2）配电柜的电路图分为一次原理图和二次原理图，一次原理图即为主电路原理图，二次原理图即为控制电路的原理图。一般来说，常规设计院只做到一次原理图即可。天正电气软件自带了几个接线图的模板，设计师只需填空并微调即可，还是很方便的。

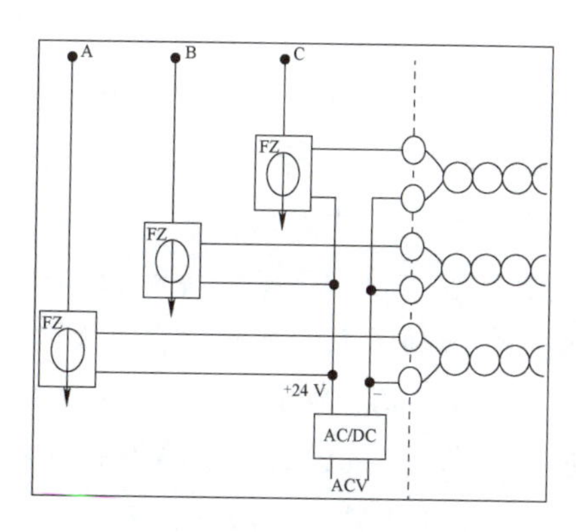

图 4-3-1　接线图

六、GGD、GCS、GCK、MNS 开关柜的使用

(1) GGD 交流低压开关柜具有机构合理、安装维护方便、防护性能好、分断能力好等优点；缺点是回路少，单元之间不能任意组合且占地面积大，不能与计算机联络。

(2) GCK、GCS、MNS 都是抽屉柜。目前抽屉柜柜体一般用两种型材来加工，一种是 KS 型材，这种型材的模数 $E=20$ mm；另一种是 C 型材，$E=25$ mm。因为柜高为 2 200 mm，放抽屉的有效高度（即抽屉的高度）为 1 800 mm，因此，这两种型材的 GCK 都可以装 9 层抽屉，因 $8E$($E=20$ mm 时) $=160$ mm，$8E$($E=25$ mm 时) $=200$ mm，都小于 1 800 mm 的有效高度。

GCK 开关柜：GCK 柜外形尺寸：宽度为 400/600/800/1 000/1 200 mm，深度为 800/1 000 mm，高度为 2 200/2 300 mm。但是有一点需要注意，当主母线额定电流为 6 300 A 时，主母线系统为双层母线系统，柜高采用 2 300 mm，其余柜高均为 2 200 mm。主母线额定电流为 5 000 A 及以下时，GCK 成套设备可容纳功能单元有效高度为 $72E$($E=25$ mm)，最多可以布置 91 单元（$8E$）出线回路。主母线额定电流为 6 300 A 时，GCK 成套设备可容纳功能单元有效高度为 $64E$($E=25$ mm)，即最多可以布置 8 层 1 单元出线回路。同一柜体的功能单元可全部为抽屉安装或固定安装，也可混装。功能单元室以 $6E$ 或 $8E$ 为最小高度模数。当以 $6E$ 为最小高度模数时，在 $72E$ 的安装高度下，可装配 12 个功能单元抽屉；当以 $8E$ 为最小高度模数时，在 $72E$ 的安装高度下，可装配 9 个功能单元抽屉。抽屉单元标准回路设计有 9 种规格等级：$8E/4$、$6E/2$、$8E/2$、$6E$、$8E$、$12E$、$16E$、$20E$、$24E$。固定分隔单元标准回路设计有 4 种规格等级：$6E$、$8E$、$16E$、$24E$。抽屉回路的推进机构有 3 种：XJG8（H1）手摇式推进机构、XSL 手拉式推进机构、XJG8（H2）手摇式电操专用推进机构。

MNS 开关柜：MNS 系统框架采用 C 形骨架，标准模数 $E=25$ mm；MNS 柜外形尺寸为：高度为 2 200 mm，宽度为 400/600/800/1 000/1 200 mm，深度为 600/800/1 000 mm；抽屉组件的标准规格为 $8E/4$、$8E/2$、$4E$、$6E$、$8E$、$12E$、$16E$、$20E$、$24E$。注意：4 个 $8E/4$ 或 2 个 $8E/2$ 组件可以水平安装在 600 mm 宽的装置小室内，组件高度为 $8E$（200 mm）。但是，$4E$、$6E$、$8E$、$12E$、$16E$、$20E$、$24E$ 的单个组件就需要 600 mm 宽的装置小室，组件的高度就是组件规格所要求的尺寸。

GCS 开关柜：GCS 的框架由 $E=20$ mm 的 KS 型材组装而成；GCS 柜外形尺寸为：高度为 2 200 mm，宽度为 400/600/800/1 000/1 200 mm，深度为/800/1 000 mm，抽屉单元高度的模数为 160 mm，分为 1/2 单元、1 单元、1.5 单元、2 单元、3 单元 5 个尺寸系列。其实，不管采用哪种柜子，常规设计时，都考虑安装美观方便，不可能都完全把一个柜子塞得满满的。低压开关柜选择固定分隔插拔式开关柜时，可大致参考如下。断路器：1 000 A 及以上容量的开关宜选用框架空气断路器，800 A 及以下应选用塑壳断路器。低压输出开关柜柜体：低压配电柜柜体高度一般在 2.2 m，放置断路器的有效高度为 1.8 m，不同容量的断路器高度不同。①250 A 以下塑壳断路器：200 mm，占用 8E 空间也就是一个抽屉的空间；②400 A、630 A 塑壳断路器：400 mm，占用 16E 也就是两个抽屉空间；③800 A 塑壳断路器：600 mm，占用 24E 也就是三个抽屉空间。在低压开关柜塑壳断路器安装数量上，对于 800 A 塑壳断路器，1 个柜体可安装 3 个；对于 400 A、630 A 塑壳断路器，1 个柜体可安装 4 个；对于 250 A 及以下塑壳断路器，1 个柜体可安装 9 个。

GCS 型低压开关柜

任务实施

针对 220 kV 变电站的户外低压配电屏的检修提交检修报告。

要求：

（1）组内分工列写各电气设备的检修维护过程。

（2）内容中要包含电气设备结构、操作方法、检修项目、维护项目、试验项目等。

（3）派代表对本组的任务完成情况进行汇报。

任务评价

任务评价表如表 4－3－1 所示，总结反思如表 4－3－2 所示。

表 4－3－1　任务评价表

评价类型	赋分	序号	具体指标	分值	得分		
					自评	组评	师评
职业能力	55	1	读懂检修任务	10			
		2	检修报告顺序正确	10			
		3	检修报告用词准确	10			
		4	检修报告应使用钢笔或圆珠笔，字迹不得潦草和涂改，票面整洁	10			
		5	检修报告步骤完整	15			

续表

评价类型	赋分	序号	具体指标	分值	得分		
					自评	组评	师评
职业素养	20	1	坚持出勤，遵守纪律	5			
		2	协作互助，解决难点	5			
		3	按照标准规范操作	5			
		4	持续改进优化	5			
劳动素养	15	1	按时完成，认真填写记录	5			
		2	保持工位卫生、整洁、有序	5			
		3	小组分工合理	5			
思政素养	10	1	完成思政素材学习	4			
		2	安全意识、爱国奉献、爱岗敬业、楷模精神	6			
总分				100			

表 4-3-2　总结反思

总结反思	
• 目标达成：知识□□□□□□　能力□□□□□□　素养□□□□□□	
• 学习收获：	• 教师寄语： 签字：
• 问题反思：	

课后任务

1. 问答与讨论

（1）低压配电屏有什么作用？

（2）低压配电屏常见的故障有哪些？

（3）低压配电屏日常维护要做些什么？

（4）低压配电屏接触器发响是什么原因引起的？应该怎么处理？

2. 巩固与提高

通过对本任务的学习，掌握了低压配电屏的巡视检查项目和注意事项、低压配电屏的运行操作原则、故障原因分析和故障处理方法。要求能够识读配电装置图，具备低压配电屏基本巡视检查能力、低压配电屏故障分析判断能力和处理能力。小组自行查阅资料并解决低压配电总柜多个故障，了解控制电源已断开，指示灯却还在频繁闪烁的原因。

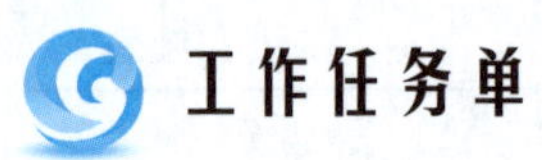

工作任务单

《发电厂变电所电气设备》工作任务单

工作任务			
小组名称		工作成员	
工作时间		完成总时长	

工作任务描述

小组分工	姓名	工作任务

任务执行结果记录			
序号	工作内容	完成情况	操作员
1			
2			
3			
4			

任务实施过程记录

上级验收评定		验收人签名	

《发电厂变电所电气设备》
课后作业

内容：________________________

班级：________________________

姓名：________________________

____________系

作业要求

低压配电柜常见的故障有哪些?

1. 事故经过

2. 产生原因

3. 暴露问题

4. 预防措施

5. 处罚情况

6. 心得体会

项目五

电气主接线的运行与倒闸操作

项目介绍

由于“电气主接线的运行与倒闸操作”为理论结合实践的综合型学习，因此，本项目将按照由理论到实践的逻辑关系，分成6个子任务，包括单母线电气主接线的运行，双母线电气主接线的运行，无母线电气主接线的运行，发电厂、变电所电气主接线的倒闸操作，电力线路送电倒闸操作，变压器转检修倒闸操作。先针对电气主接线的形式进行分析对比，再完成由一次设备组成的主接线的倒闸操作任务。通过实施不同倒闸操作任务，使学生掌握倒闸操作步骤和原则，能够按规范准确无误地完成电气主接线的运行与倒闸操作。

知识图谱

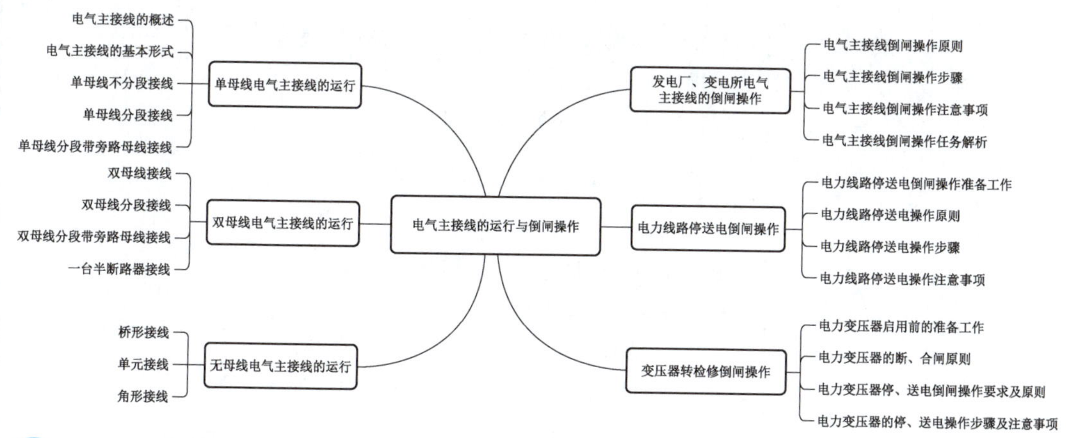

学习要求

- 根据课程思政目标要求，实现电气主接线倒闸操作任务规范、准确地完成，从而养成精益求精的工匠精神。
- 在倒闸操作过程中，需要按照1+X证书“变配电运维”中相应的倒闸操作规范要求完成任务，养成规范严谨的职业素养，养成良好的安全意识。模拟屏操作时，团队配合良好，按操作规范进行模拟屏模拟操作。保持工位卫生，完成后及时收回工具并按位置摆放，养成良好的整理工具的习惯。

● 通过各任务学习和实践，利用课前资源（微课、事故案例、规范标准等）进行课前自主学习、课中分组任务能够按规范完成汇报，培养信息利用和信息创新的进阶信息素养。

● 依据全国职业院校技能大赛“新型电力系统技术与应用”中模块二新型电力系统组网与运营调度，要求能够依据系统介绍的内容按照倒闸操作流程完成操作任务，正确填写调度操作指令记录表。达到安全操作、操作规范，岗位操作符合职业规范标准要求，体现团队相互合作和纪律要求等。

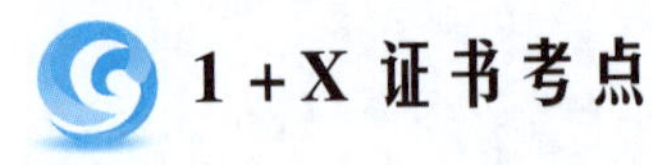

1+X 证书考点

“变配电运维”职业技能等级标准（中级）

工作领域	工作任务	职业技能	课程内容
3. 倒闸操作	3.1 变电线路停、送电操作	3.1.1 能遵循先拉开断路器，后拉开线路侧隔离开关，再拉开母线侧隔离开关的线路停电操作顺序，用规范术语填写变电线路停电操作票。 3.1.2 能遵循先拉开线路接地开关或拆除接地线，然后合上母线侧隔离开关，再合上线路侧隔离开关，最后合上断路器的线路送电操作顺序，用规范术语填写变电线路送电操作票。 3.1.3 能够使用正确电压等级的验电器进行设备验电。 3.1.5 能根据操作票执行变电线路停、送电倒闸操作。 3.1.6 能够正确使用防误闭锁装置。	任务四 电气主接线倒闸操作概述 任务五 电力线路停送电倒闸操作 任务六 变压器检修准运行倒闸操作
	3.2 开关柜操作	3.2.1 能遵循先拉开断路器、后拉出手车开关的停电操作原则以及先推入手车开关、后合上断路器的送电操作原则，用规范术语填写手车开关设备停、送电操作票。 3.2.2 能判断手车的三种位置：工作位置、试验位置和检修位置，并按操作票步骤进行手车开关设备停、送电倒闸操作。	任务四 电气主接线倒闸操作概述
	3.3 配电房（所、室）母线停、送电操作	3.3.1 能遵循单母线接线方式的母线停电时，先断开母线上各出线及其他元件断路器，最后分别按线路侧隔离开关、母线侧隔离开关依次拉开的停电操作原则（母线送电时操作与此相反），用规范术语填写母线停、送电操作票；并按操作票步骤，进行母线停、送电倒闸操作。	任务四 电气主接线倒闸操作概述

全国职业院校技能大赛

“新型电力系统技术与应用”全国职业院校技能大赛

工作领域	工作任务	职业技能	课程内容
模块二　新型电力系统组网与运营调度	任务三　电力系统运行与控制	一、变电站一次系统模拟操作	任务四　电气主接线倒闸操作概述 任务五　电力线路停送电倒闸操作 任务六　变压器检修准运行倒闸操作

任务一　单母线电气主接线的运行

学习目标

知识目标：

- 掌握电气主接线的基本要求及形式。
- 掌握简单单母线接线的运行。
- 掌握单母线分段接线的运行。
- 熟知单母线分段带旁路母线接线的运行。

技能目标：

- 能够分析判断电气主接线的形式。
- 能够准确画出单母线不同接线形式。
- 能根据任务需求选择合适的单母线接线形式。

素养目标：

- 培养辩证思维、科学精神。

任务要求

通过前 4 个项目的学习，知道了组成发电厂、变电所的电气设备，把电气设备按照一定规律连接、绘制而成的电路，就是电气主接线。电气主接线又分为有母线接线和无母线接线，本任务的学习要求如下：

（1）会准确画出有母线接线方式中单母线接线的所有形式。

（2）会根据任务需要选择合适的单母线接线形式。

（3）会根据给出的单母线一次主接线简述操作任务。

实训设备

（1）SLBDZ－1 型变电站综合自动化实训系统。

（2）SL－XGN66－12 成套高压开关柜。

（3）伯努利仿真软件。

知识准备

一、电气主接线的基本要求及形式

发电厂和变电所中的一次设备（发电机、变压器、母线、断路器、隔离开关、线路等），按照一定规律连接、绘制而成的电路，称为电气主接线，也称电气一次接线或一次系统。电气主接线方式的选择，是为了满足功率传送需求，并对安全、经济、可靠、灵活的输送电能起着决定性作用。

电气主接线的概述 ppt

针对某电厂（或变电站）而言，电气主接线在电厂初始设计就已经根据装机容量、电厂规模、供电距离的长短以及电厂在电力系统中的地位等方面综合考虑，同时要保证输/供电可靠性、运行灵活性、经济性、发展和扩建的可能性等。

电气主接线的概述视频

电气主接线一般以电气主接线图的形式表现，电气主接线图则是用规定的图形和文字符号，按“正常状态”将电气主接线中的电气设备表示出来，并连接、绘制而成的电路。所谓正常状态，就是电气设备处于无电及无任何外力作用下的状态。

绘制电气主接线图时，一般绘成单线图，并采用标准的图形、文字符号绘制，如表 5－1－1 所示。

表 5－1－1　常用电气设备的图形符号、文字符号一览表

序号	设备名称	图形符号	文字符号	序号	设备名称	图形符号	文字符号
1	交流发电机	G ~	G	5	双绕组变压器		T 或 TM
2	直流发电机	G —	G	6	三绕组变压器		T 或 TM
3	交流电动机	M ~	M 或 MS	7	自耦变压器		T 或 TM
4	直流电动机	M —	M 或 MD	8	电压互感器		TV 或 PT

续表

序号	设备名称	图形符号	文字符号	序号	设备名称	图形符号	文字符号
9	电流互感器		TA 或 CT	18	接触器		K 或 KM
10	电容器		C	19	熔断器		FU
11	电抗器		L	20	跌落式熔断器		FU
12	避雷器		F	21	母线		WB
13	接地		PE	22	电缆终端头		W
14	断路器		Q 或 QF	23	可调电容器		C
15	负荷开关		Q	24	蓄电池		E
16	隔离开关		Q 或 QS	25	火花间隙		F
17	隔离插头或插座		Q 或 QS	26	保护接地		PE

（一）电气主接线的基本要求

1. 可靠性

可靠性，即在规定条件和规定时间内保证不中止供电的能力，也可理解为供电的连续性。分析和评估主接线可靠性通常从以下几方面综合考虑。

1）发电厂或变电所在电力系统中的地位和作用

发电厂和变电所都是电力系统的重要组成部分，其可靠性应与在系统中的地位及作用一致。

2）负荷的性质

根据 GB 50052—2009《供配电系统设计规范》规定，将电力负荷按其性质及中断供电在政治、经济上造成的损失或影响的程度划分为三级。

（1）一级负荷。

一级负荷为中断供电将造成人身伤亡者；中断供电将在政治上、经济上造成重大损失者；中断供电将影响有重大政治、经济影响的用电单位正常工作的负荷。

同时，国标规定，一级负荷应有两个独立电源供电，保证当一个电源发生故障时，另一个电源不应同时受到损坏。对于一级负荷中的特别重要的负荷，除由两个独立电源供电外，还应增设应急电源。

（2）二级负荷。

二级负荷为中断供电将在政治、经济上造成较大损失者；中断供电将影响重要用电单位正常工作的负荷者；中断供电将造成大型影剧院、大型商场等较多人员集中的重要公共场所秩序混乱者。

二级负荷应由双回路供电，供电变压器也应有两台。做到当变压器发生故障或电力线路发生常见故障时，不致中断供电或中断后能迅速恢复。

（3）三级负荷。

三级负荷对供电电源没有特殊要求，一般由单回电力线路供电。

3）设备制造水平

（1）主接线中一、二次电气设备的制造水平的可靠性决定主接线的可靠性。

（2）主接线形式越复杂，即构成主接线的设备越多，将很有可能降低主接线的可靠性。

4）运行管理水平

运行管理水平和运行人员的职业素质也将影响主接线的可靠性。在实际运行中，运行人员对经验的积累是提高可靠性的重要条件，运行实践是衡量可靠性的客观标准。

2. 灵活性

（1）操作的方便性。

（2）调度的方便性。主接线能适应系统或本厂所的各种运行方式。

（3）扩建的方便性。具有初期→终期→扩建的灵活方便性。

3. 经济性

（1）投资越省越好。使用的设备少且价格低，即接线简单且选用轻型断路器。

（2）占地面积越小越好。

（3）电能损失尽量少。合理选择变压器的容量和台数。

选择和分析电气主接线方式时，应根据供电质量、可靠性、灵活性、经济性四个方面综合考虑，同时，要正确处理可靠性和经济性的矛盾，一般在满足可靠性的前提条件下，再来提高主接线的经济性。

（二）电气主接线的基本形式

电气主接线形式大致可以分为有母线、无母线两大类。详细分类如图 5－1－1所示。

电气主接线的基本形式 ppt

电气主接线的基本形式视频

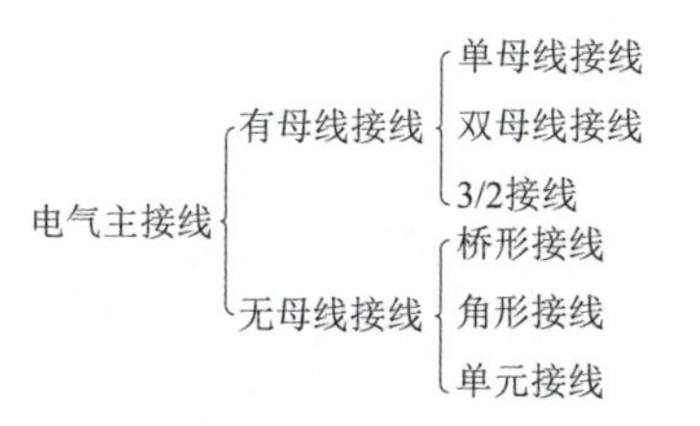

图 5－1－1　详细分类

拓展阅读
融入点：辩证思维、科学精神
通过课前学习“习近平倡导的五种思维方式”，引导学生学会辩证思维：坚持“两点论”，一分为二客观、全面地看待问题。任何人都有优缺点、任何事物都有两面性，因此，要直面缺点、扬长补短。古人云“塞翁失马，焉知非福”，因此，在工作和生活中，遇到挫折困难不消极沮丧、遇到成功胜利不得意忘形，凡事多角度看问题，不走极端。培养严谨的科学态度和钻研精神。
参考资料：  习近平倡导的五种思维方式

二、简单单母线接线的运行

简单单母线接线 ppt

简单单母线接线视频

母线也可称为汇流排，起汇集、分配电能的作用。单母线接线是指只采用一组母线的接线。其构成特点为：一组母线；每一回路均装有一台断路器和一个隔离开关。

单母线不分段接线如图 5－1－2 所示。

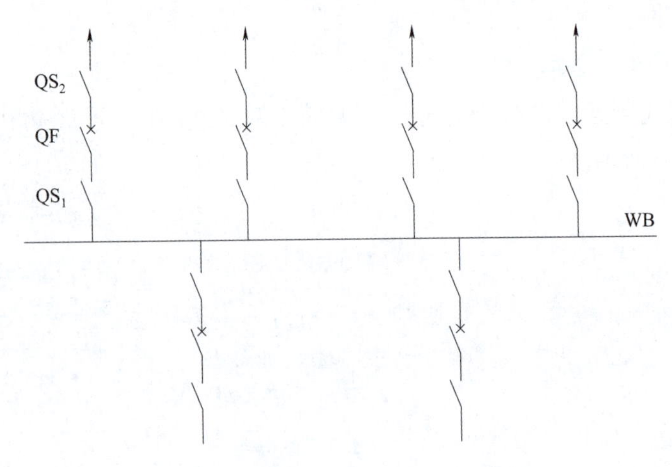

图 5-1-2 单母线不分段接线

（一）构成

一条母线 WB；每一回路均只装一台断路器 QF 和一个隔离开关 QS；单母线不引出回路与电源回路之间用母线 WB 连接。

其中，断路器用于在正常或故障情况下接通与断开电路，作为操作电器和保护电器。断路器两侧装有隔离开关，用于停电检修电路时，作为隔离电器；靠近母线侧的隔离开关称为母线侧隔离开关，如图 5-1-2 中的 QS_1；靠近引出线的隔离开关称为线路侧隔离开关，如图中的 QS_2。

（二）操作顺序

断路器和隔离开关的操作原则：送电时，先合电源侧隔离开关，后合负荷侧隔离开关，最后合断路器；停电反之。

对某一支路送电时，先合母线侧隔离开关 QS_1，再合线路侧隔离开关 QS_2，最后合断路器 QF。切断某一支路时，先断开断路器 QF，再断开两侧的隔离开关（先断开线路侧隔离开关 QS_2，然后断开母线侧隔离开关 QS_1）。

不允许在断路器处于合闸的状态下拉开隔离开关（带负荷拉隔离开关），否则，将引起严重的短路事故。为此，在断路器与隔离开关之间应加装防误操作的电气或机械闭锁装置。

思政点： 养成良好的安全用电、规范操作意识；注重养成细心、认真的工作态度；注意操作人员和监护人员团队合作。

（三）优缺点

优点：简单清晰，设备少，投资少，运行操作方便，利于扩建。

缺点：可靠性和灵活性较差。

三、单母线分段接线的运行

单母线分段接线视频

单母线分段接线 ppt

针对单母线不分段接线的缺点，当出线数目较多时，为提高供电可靠性，可采用单母线分段接线，把单母线分段，并在分段之间装设能够分段运行的开关电器，称为单母线分段接线，如图 5－1－3 所示。

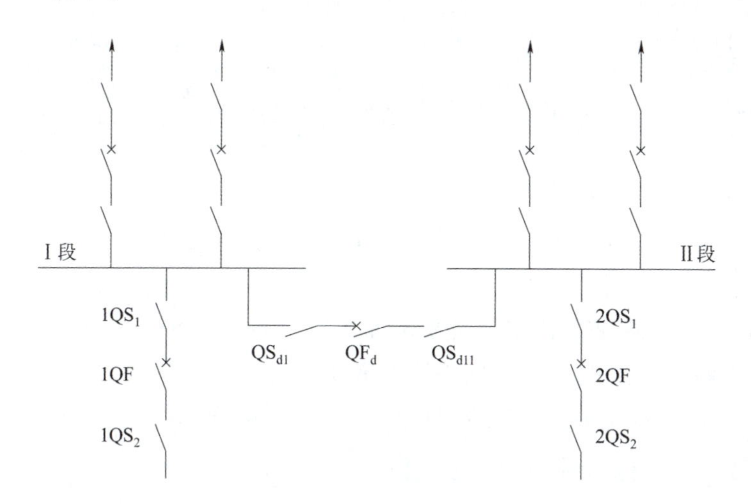

图 5－1－3　单母线分段接线

注意： 分段数取决于电源数量和容量，以 2～3 段为宜；重要用户可以从不同的分段上引出两回线路供电。

（一）构成

用断路器将母线分段，成为单母线分段接线。

（二）运行方式

分段断路器 QF_d 闭合运行。正常运行时，QF_d 闭合，两个电源分别接在两段母线上，平均分配两段母线上的负荷，使两段母线电压均衡。当任一段母线故障时，继电保护装置动作，跳开分段断路器 QF_d，接至该母线段上的电源断路器，另一段则继续供电。

分段断路器 QF_d 断开运行。正常运行时，QF_d 断开，各电源只向接至本段母线上的出线供电，两段母线上的电压可以不相同。当任一电源故障时，备用自投装置自动合上 QF_a，保证全部出线继续供电。其优点是可以限制短路电流（用分段断路器处串联电抗器的方法限制相邻段供给的短路电流）。

思政点：养成良好的安全用电、规范操作意识；注重养成细心、认真的工作态度；注意操作人员和监护人员团队合作。

（三）优缺点

（1）在母线和母线隔离开关检修或发生短路故障时，只有该母线段上的各支路必须停电。

（2）出线的断路器检修时，该支路需停止供电。

可以看出，单母线分段接线相比于单母线不分段接线，弥补了“母线和母线侧隔离开关检修或故障时，各支路都必须停止工作”这一缺点。但没有克服“出线断路器检修时，该支路必须停电”这一缺点，为此，可以采用增设旁路母线的办法。

强调：采用单母线分段接线时，重要用户可从不同母线段上分别引出两回馈线向其供电，保证不中断供电，故对采用两回馈线供电的用户来说，有较高的供电可靠性。

（四）单母线分段接线的适用范围

适用于中、小容量发电厂和变电所的 6 ~ 10 kV 配电装置，以及出线回路数较少的 35 ~ 220 kV 配电装置。

（1）6 ~ 10 kV 配电装置的出线回路数 6 回以上。

（2）35 ~ 63 kV 配电装置的出线回路数不超过 4 ~ 8 回。

（3）110 ~ 220 kV 配电装置的出线回路数不超过 3 ~ 4 回。

四、单母线分段带旁路母线接线的运行

单母线分段带旁路接线视频

单母线分段带旁路接线 ppt

讨论：单母线接线形式共有几种？根据每种接线形式的优缺点，分析各适合用于哪些场所？

<table>
<tr>
<td>【思考感悟】
课堂通过小组讨论单母线接线形式以及每种接线形式的优缺点，学习辩证思维方法，培养学生的辩证思维，让学生懂得任何人、任何事物都具有两面性，要对自己有信心，每个人都是独一无二的个体，发挥自己的优点，充分展现出自己的价值。

辩证思维方法</td>
<td>谈一谈你的感想：</td>
</tr>
</table>

任务实施

图 5－1－4 所示为简单单母线接线示意图。

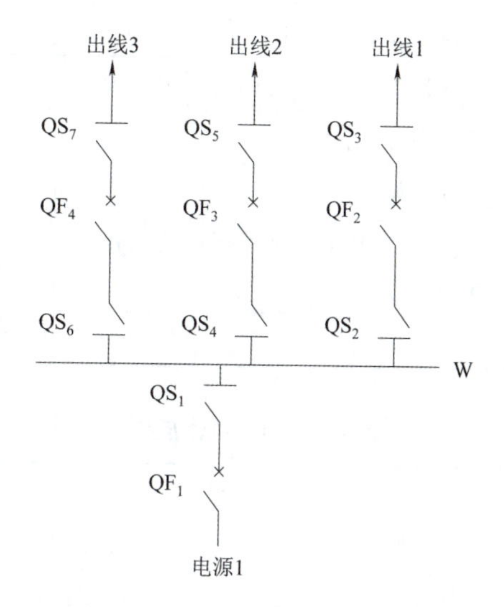

图 5－1－4　简单单母线接线示意图

（1）简述简单单母线接线的停送电操作过程。

（2）怎样克服简单单母线接线的供电可靠性不高的问题？有哪些对策？

任务评价

任务评价表如表 5－1－2 所示，总结反思如表 5－1－3 所示。

表 5－1－2　任务评价表

评价类型	赋分	序号	具体指标	分值	得分		
					自评	组评	师评
职业能力	55	1	读懂任务	5			
		2	读懂各电气设备	15			
		3	能判断母线的接线形式	10			
		4	撰写过程中应使用钢笔或圆珠笔填写，字迹不得潦草和涂改，票面整洁	10			
		5	操作过程步骤完整	15			
职业素养	20	1	坚持出勤，遵守纪律	5			
		2	协作互助，解决难点	5			
		3	按照标准规范简述	5			
		4	词语严谨	5			

续表

评价类型	赋分	序号	具体指标	分值	得分		
					自评	组评	师评
劳动素养	15	1	按时完成，认真填写记录	5			
		2	保持工位卫生、整洁、有序	5			
		3	小组分工合理	5			
思政素养	10	1	完成思政素材学习	2			
		2	辩证思维（从文档撰写的规范性考量）	8			
总分				100			

表 5-1-3　总结反思

总结反思	
• 目标达成：知识□□□□□　能力□□□□□　素养□□□□□	
• 学习收获：	• 教师寄语： 签字：
• 问题反思：	

课后任务

1. 问答与讨论

（1）简述单母线分段接线的运行特点。

（2）怎样克服当检修一回路的断路器时，该回路要停电的问题？有哪些对策？

（3）为什么闭合出线回路隔离开关要先闭合电源侧的后闭合负荷侧的？

（4）为什么母线充电稳定后才能闭合出线回路的开关电器？

2. 巩固与提高

通过对本任务的学习，掌握了单母线接线的 3 种形式以及各自的优缺点、适用范围，依据运行方式，如图 5－1－5 所示，简述单母线分段接线的停送电过程。要求能够读单母线分段接线图，小组讨论、分工合作。

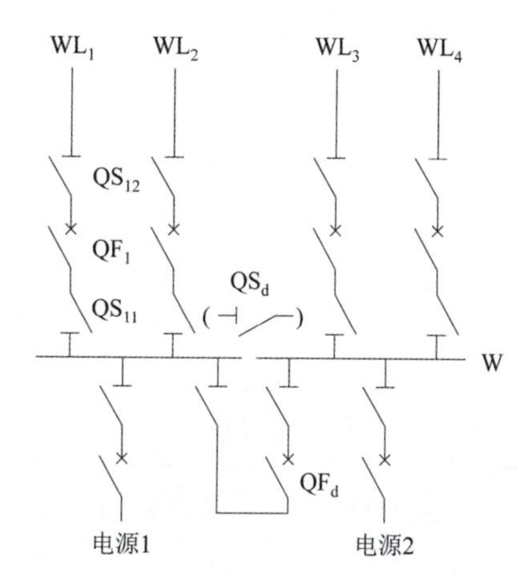

图 5－1－5　单母线分段接线示意图

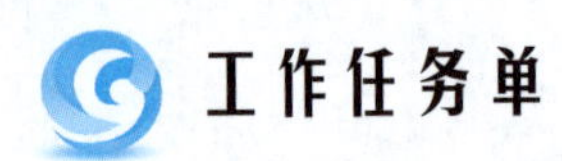

工作任务单

《发电厂变电所电气设备》工作任务单

<table>
<tr><td>工作任务</td><td colspan="4"></td></tr>
<tr><td>小组名称</td><td colspan="2"></td><td>工作成员</td><td></td></tr>
<tr><td>工作时间</td><td colspan="2"></td><td>完成总时长</td><td></td></tr>
<tr><td colspan="5">工作任务描述</td></tr>
<tr><td colspan="5"></td></tr>
<tr><td rowspan="3">小组分工</td><td>姓名</td><td colspan="3">工作任务</td></tr>
<tr><td></td><td colspan="3"></td></tr>
<tr><td></td><td colspan="3"></td></tr>
<tr><td colspan="5">任务执行结果记录</td></tr>
<tr><td>序号</td><td colspan="2">工作内容</td><td>完成情况</td><td>操作员</td></tr>
<tr><td>1</td><td colspan="2"></td><td></td><td></td></tr>
<tr><td>2</td><td colspan="2"></td><td></td><td></td></tr>
<tr><td>3</td><td colspan="2"></td><td></td><td></td></tr>
<tr><td>4</td><td colspan="2"></td><td></td><td></td></tr>
<tr><td colspan="5">任务实施过程记录（附操作票）</td></tr>
<tr><td colspan="5"></td></tr>
<tr><td>上级验收评定</td><td colspan="2"></td><td>验收人签名</td><td></td></tr>
</table>

课后任务单

《发电厂变电所电气设备》
课后作业

内容：____________________

班级：____________________

姓名：____________________

____________________系

作业要求

如图 5－1－6 所示，正常状态时，QS_1、QS_3 接通，QF_P 接通，QS_2 断开。当检修 WL_1 出线上的断路器时，如何进行倒闸操作？请思考并动手书写。

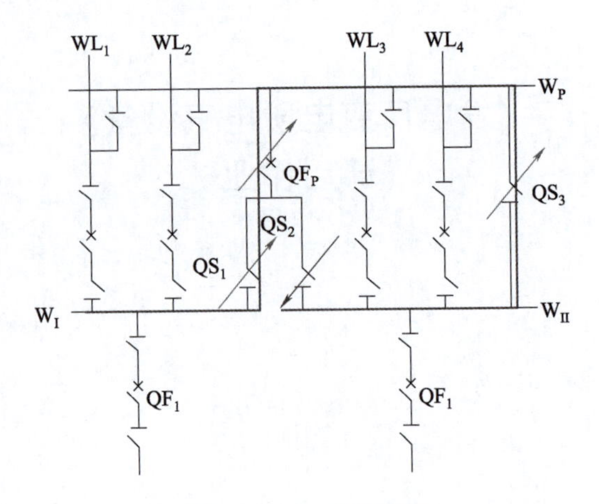

图 5－1－6　主线接图

1. 问答

2. 收获与感想

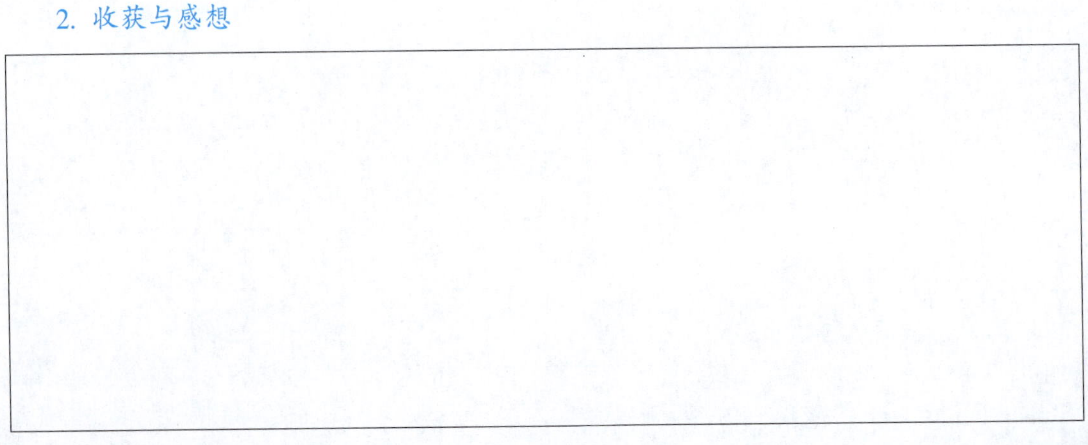

任务二　双母线电气主接线的运行

学习目标

知识目标：

- 掌握双母线接线的结构、运行特点及倒闸操作过程。
- 掌握双母线带旁路接线的结构、运行特点及双母线分段带旁路接线的特点。
- 掌握3/2断路器双母线接线的结构、运行特点及配置原则。

技能目标：

- 具备双母线接线运行的分析能力和倒闸操作能力。
- 能够分析判断电气主接线的双母线接线形式。
- 能够准确画出双母线不同接线形式。
- 能根据任务需求选择合适的双母线接线形式。

素养目标：

- 培养尊重宽容、团结友善的优良品质。

任务要求

通过前一个任务的学习，知道了电气主接线分为有母线接线和无母线接线，而有母线接线又分为单母线接线和双母线接线，单母线接线的形式、运行方式、优缺点已学习，本任务的学习要求如下：

（1）会准确画出有母线接线方式中双母线接线的所有形式。

（2）会根据任务需要，选择合适的双母线接线形式。

（3）会根据给出的双母线一次主接线，简述操作任务。

双母线接线视频

实训设备

（1）SLBDZ－1型变电站综合自动化实训系统。

（2）SL－XGN66－12成套高压开关柜。

（3）伯努利仿真软件。

双母线接线ppt

知识准备

一、双母线接线的运行

（一）构成

如图5－2－1所示，它具有母线Ⅰ、母线Ⅱ两组母线。每回线路都经过一台断路器和两组隔离开关分别接至两组母线，母线之间通过母线联络断路器（简称母联）QF连接，称为双母线接线。

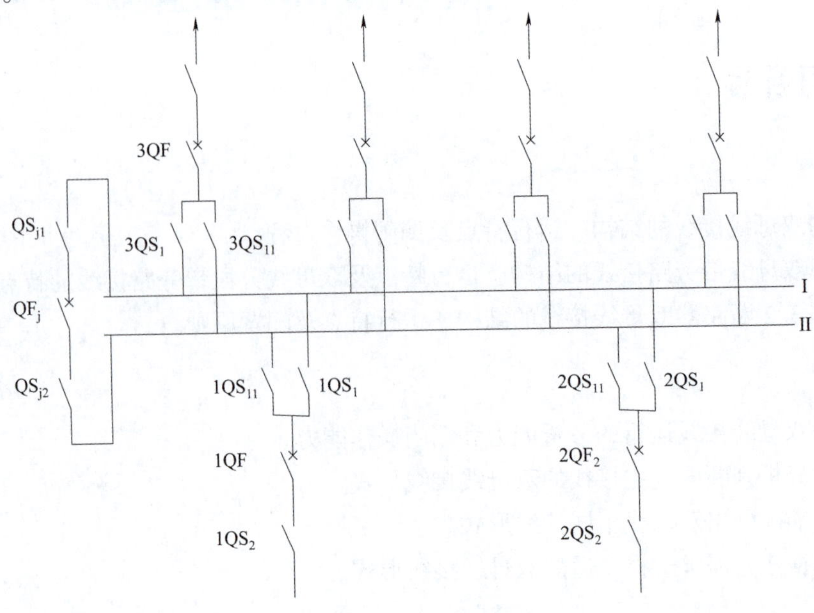

图5－2－1　双母线接线

（二）运行方式

（1）母联断路器断开（热备用状态），两组母线各自处于运行或备用状态。

（2）母联断路器闭合，进出线适当分配到两组母线上，两组母线同时并列运行。

（3）双母线接线的倒母线操作。

操作前状态：Ⅰ母运行，Ⅱ母备用，所有进出线回路处于运行状态且接在Ⅰ母上。

操作任务：Ⅰ母运行转冷备用，所有负荷倒至Ⅱ母。

操作：如图5－2－1所示，先闭合母联断路器QF_j及两侧的隔离开关QS_{j1}、QS_{j2}，然后母联断路器QF向备用母线Ⅱ母充电；检查备用母线Ⅱ母带电后一切正常，下一步则先接通（一条或全部）回路接于备用母线Ⅱ母侧的隔离开关，再断开该（条或全部）回路接于工作母线Ⅰ母上的隔离开关，这就是所谓的先通后断的原则；待全部回路操作完成后，断开母联断路器QF及其两侧的隔离开关（注意断路器和隔离开关的操作原则）。

（三）优缺点

优点：供电可靠、调度灵活、扩建方便。

（1）轮换检修母线而不致中断供电。

（2）检修任一回路的母线隔离开关时，仅使该回路停电。

（3）工作母线发生故障时，经倒闸操作后，可迅速恢复供电。

（4）电源和负荷可以在两母线上任意分配。

（5）通过倒闸操作可以组成各种运行方式。

（6）可以左右延展。

缺点：

（1）在倒闸操作中，隔离开关作为操作电器使用，易误操作。

（2）工作母线发生故障时，会引起整个配电装置短时停电。

（3）使用的隔离开关数目多，配电装置结构复杂，占地面积较大，投资较高。

（4）检修出线断路器时，仍会使该回路停电。

（四）双母线接线的适用范围

双母线接线多用于电源和引出线较多，或输送和穿越功率较大的场合，以及大中型发电厂和电压为220 kV及以上的区域变电所。

（1）6～10 kV配电装置，短路电流较大，出线需要带电抗器。

（2）35～63 kV配电装置，出线回路超过8回，或连接电源较多。

（3）110～220 kV配电装置，出线回路超过5回，或在系统中占据重要地位，出线回路为4回及以上。

课堂讨论：双母线接线难以满足大型电厂和变电所对主接线可靠性的要求，如不分段的双母线接线在母联断路器故障或一组母线检修另一组运行母线故障时，有可能造成严重的或全厂（所）停电事故，那么怎样克服这种问题的发生？有哪些对策？

二、双母线分段接线的运行

（一）构成

如图5－2－2所示，它具有母线Ⅰ、母线Ⅱ两组母线。用分段断路器QF_d把工作母线Ⅰ分成$Ⅰ_A$和$Ⅰ_B$两段，每段分别用母联断路器QF_{j1}和QF_{j2}与母线Ⅱ相连。

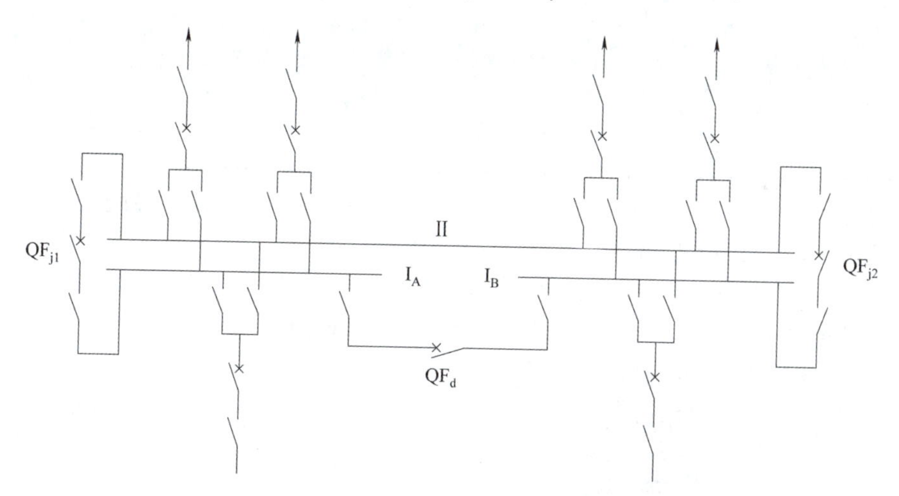

图5－2－2　双母线分段接线

（二）运行方式

正常情况下，Ⅰ母、Ⅱ母可以分段或并列运行。当Ⅰ母工作，Ⅱ母备用时，具有单母分段接线的特点。Ⅰ母的任一分段检修时，可以将该段母线所连接的支路倒至备用母线上运行，这样仍能保持单母线分段运行的特点。在此接线方式中，也可以在分段断路器 QF_d 处串接电抗器 L，使得任一分段回路故障时，用电抗器 L 来限制相邻段供给的短路电流。

（三）优缺点

双母线分段接线比一般双母线接线具有更高的供电可靠性和灵活性。但由于断路器较多，投资大，所以一般在进出线回路数较多（如多于 8 回线路）时才考虑采用这种接线。

在此接线基础上，为了保证检修某一出线断路器时，不至于使本支路停电，常在此接线基础上加装旁路母线，构成双母分段带旁母接线形式。

三、双母线分段带旁路母线接线的运行

双母线带旁路接线 ppt

双母线带旁路接线视频

四、3/2 断路器接线的运行

二分之三断路器双母线接线视频

二分之三断路器双母线接线 ppt

讨论：双母线接线形式共有几种？根据每种接线形式的优缺点，分析各适合用于哪些场所。

【思考感悟】 小组合作完成双母线接线方式时，其中一条为工作母线，另一条为备用母线，检修工作母线时，在任务准备和实施过程中协调任务分工，相互沟通、配合，合理解决问题，养成相互尊重、宽容、友善的品格和团队协作精神。  团结奋斗	谈一谈你的感想：

任务实施

如图 5－2－3 所示，假设当前运行方式为：W_1 作为工作母线，W_2 作为备用母线，那么如何检修 W_1？

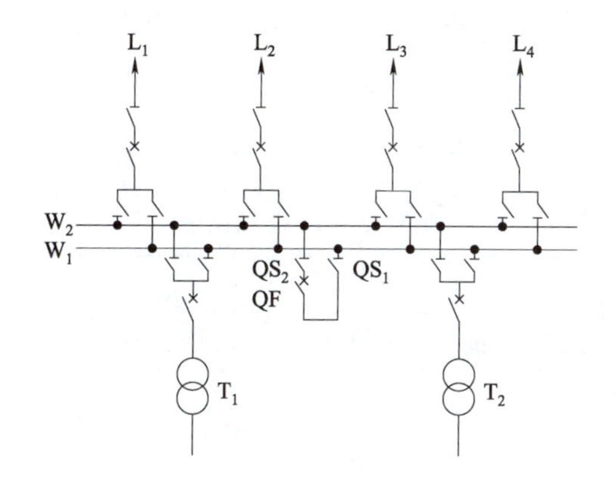

图 5－2－3　双母线接线示意图

简述双母线接线时，检修工作母线时的操作过程。

任务评价

任务评价表如表 5－2－1 所示，总结反思如表 5－2－2 所示。

表 5－2－1　任务评价表

评价类型	赋分	序号	具体指标	分值	得分		
					自评	组评	师评
职业能力	55	1	读懂任务	5			
		2	读懂各电气设备	15			
		3	能判断母线的接线形式	10			
		4	应使用钢笔或圆珠笔填写，字迹不得潦草和涂改，票面整洁	10			
		5	操作过程步骤完整	15			
职业素养	20	1	坚持出勤，遵守纪律	5			
		2	协作互助，解决难点	5			
		3	按照标准规范简述	5			
		4	词语严谨	5			
劳动素养	15	1	按时完成，认真填写记录	5			
		2	保持工位卫生、整洁、有序	5			
		3	小组分工合理	5			

续表

评价类型	赋分	序号	具体指标	分值	得分		
					自评	组评	师评
思政素养	10	1	完成思政素材学习	2			
		2	团结友善、团队合作（从文档撰写的规范性考量）	8			
总分				100			

表 5－2－2　总结反思

总结反思	
• 目标达成：知识□□□□□　能力□□□□□　素养□□□□□	
• 学习收获：	• 教师寄语： 签字：
• 问题反思：	

课后任务

1. 问答与讨论

（1）双母线接线适用于多大电压等级的电力系统？

（2）简述双母线带旁路接线各开关电器的工作状态。

（3）简述双母线接线的特点。

（4）简述 3/2 断路器双母线接线的类型。

（5）简述双母线带旁路接线的特点。

（6）简述 3/2 断路器双母线接线的配置原则。

2. 巩固与提高

通过对本任务的学习，掌握了双母线接线的 3 种形式以及各自的优缺点、适用范围，运行方式如图 5－2－4 所示。

（1）简述双母线带旁路接线各开关电器的工作状态。

（2）当 W_1 母线出现故障，且需要检修出线断路器 QF_1 时，怎样进行倒闸操作？写出倒闸操作步骤。

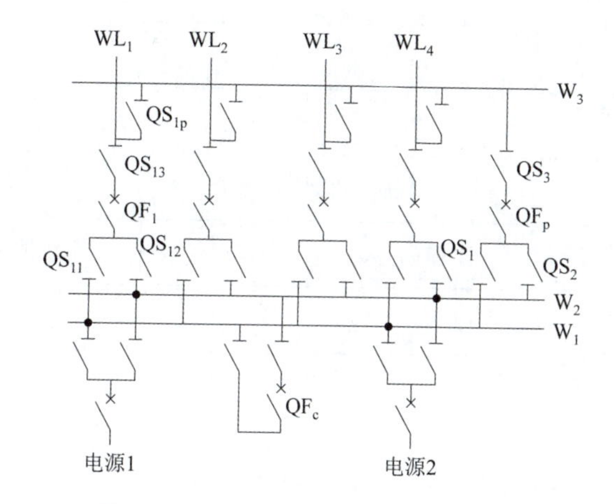

图 5－2－4　双母线带旁路接线示意图

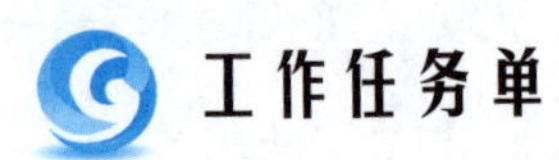

《发电厂变电所电气设备》工作任务单

工作任务			
小组名称		工作成员	
工作时间		完成总时长	
工作任务描述			
小组分工	姓名	工作任务	
任务执行结果记录			
序号	工作内容	完成情况	操作员
1			
2			
3			
4			
任务实施过程记录（附操作票）			
上级验收评定		验收人签名	

《发电厂变电所电气设备》
课后作业

内容：______________________________

班级：______________________________

姓名：______________________________

__________________系

作业要求

双母线分段带旁路接线与3/2断路器双母线接线的主要结构特点和供电可靠性的区别是什么？（举例说明）

1. 问答

2. 收获与感想

任务三　无母线电气主接线的运行

学习目标

知识目标：

- 掌握桥形接线的概念、类型以及特点。
- 了解桥形接线的发展。
- 掌握单元接线的结构和运行特点。
- 掌握角形接线的结构、运行特点及配置原则。

能力目标：

- 具备分析桥形接线类型的能力。
- 具备分析单元接线运行特点的能力。
- 具备分析角形接线运行特点的能力。

素养目标：

- 培养团队合作、爱岗敬业的精神。

任务要求

桥型接线 ppt

通过前两个任务的学习，知道了电气主接线分为有母线接线和无母线接线，而有母线接线又分为单母线接线和双母线接线，单母线、双母线接线的形式、运行方式、优缺点已学习，本任务的学习要求如下：

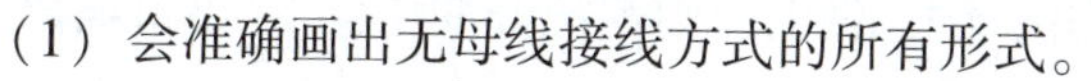

（1）会准确画出无母线接线方式的所有形式。

（2）会根据任务需要，选择合适的无母线接线形式。

（3）会根据给出的无母线一次主接线，简述操作任务。

桥型接线视频

实训设备

（1）SLBDZ－1 型变电站综合自动化实训系统。

（2）SL－XGN66－12 成套高压开关柜。

（3）伯努利仿真软件。

知识准备

一、桥形接线的运行

（一）构成

当变电所具有两台变压器和两条线路时，在线路－变压器单元接线的基础上，在其中间跨接一个连接“桥”，便构成桥形接线。

当只有两台变压器和两条输电线路时，采用桥形接线使用的断路器最少，如图5－3－1所示。桥形接线仅用三台断路器，正常运行中三台断路器均闭合。同时，根据连接桥在变压器中的位置，可分为内桥和外桥两种接线。

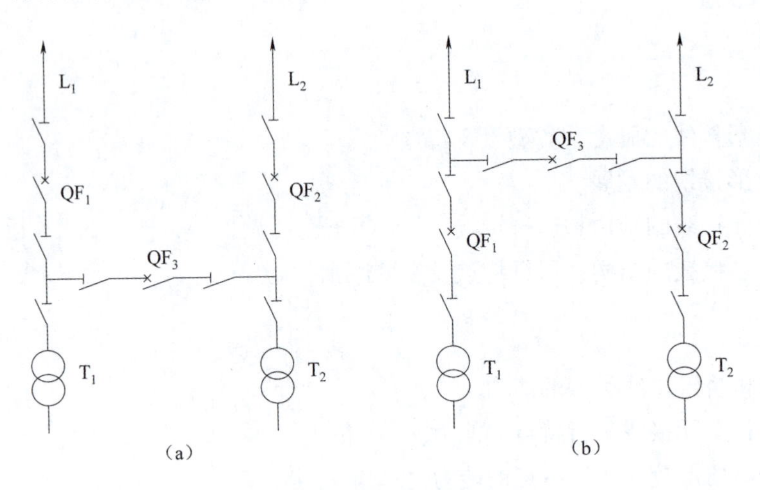

图5－3－1　桥形接线

(a) 内桥；(b) 外桥

1. 内桥接线

内桥接线如图5－3－1（a）所示，桥回路置于两台出线断路器内侧（靠变压器侧），线路经过断路器和隔离开关接至桥接点，构成独立单元；而变压器支路只经隔离开关与桥接点相连，是非独立单元。其特点可以总结为“内桥内不便”，即：

（1）正常运行时，变压器操作复杂。如变压器 T_1 检修或发生故障时，需断开断路器 QF_1、QF_3，使出线 L_1 供电受到影响。若需恢复 L_1 供电，则需拉开变压器 T_1 出口隔离开关后，再合上 QF_1、QF_3，因此将造成该线路的短时停电。

（2）线路操作方便。如任一线路故障，仅故障线路的断路器跳闸，两台变压器和另一条出线仍能正常工作。

综上所述，内桥接线适用于两回进线、两回出线，同时线路较长、故障可能性较大和变压器不需要经常切换运行方式的发电厂和变电所中。

2. 外桥接线

外桥接线如图5－3－1（b）所示，桥回路置于两台出线断路器外侧（远离变压器侧），变压器经过断路器和隔离开关接至桥接点，构成独立单元；而线路支路只经隔离开关与桥接点相连，是非独立单元。其特点可以总结为“外桥外不便”，即：

（1）出线回路投入或切除时，操作复杂。如线路检修或故障时，需断开两台断路器，此时该侧变压器便需停止运行。若需恢复变压器运行，则需进行一系列倒闸操作，但该变压器必然会短时停电。

（2）变压器操作方便。如变压器发生故障时，仅故障变压器支路的断路器自动跳闸，其余支路可继续工作，这刚好与内桥接线相反。

（二）优缺点

1. 桥形接线的主要优点

（1）4 条回路只用 3 台断路器，使用设备较少，占地面积少，节省投资。

（2）接线简单，运行灵活，操作简便，还可采用备用自投装置，继电保护回路也比较简单。

（3）扩建方便，当进出线回路数增多时，可方便地扩建为单母线接线或双母线接线方式。

2. 桥形接线的主要缺点

（1）内桥接线时，当变压器需要检修或故障时，操作步骤较多，继电保护装置也比较复杂。

（2）外桥接线时，当变压器断路器外侧的设备发生故障时，将会造成系统大面积停电。

（三）桥形接线的发展

桥形接线很容易发展为分段单母线或双母线接线。由于桥形接线使用的断路器少、布置简单、造价低，容易发展为分投单母线或双母线，在 35 ~ 220 kV 小容量发电厂、变电所配电装置中广泛应用，但可靠性不高。当有发展、扩建要求时，应在布置时预留设备位置。

（四）桥形接线的适用范围

（1）内桥接线适用于故障较多的长线路和变压器不需要经常切换的情况。

（2）外桥接线适用于线路较短，以及变压器按照经济运行的需要，要求经常切换的情况。

（3）适用于 35 ~ 220 kV 配电装置。

课堂任务： 如图 5－3－2 所示，当变压器 T_1 出现故障时，如何进行倒闸操作能够保证线路的供电可靠性？针对内桥和外桥，分别写出变压器检修停送电操作步骤。

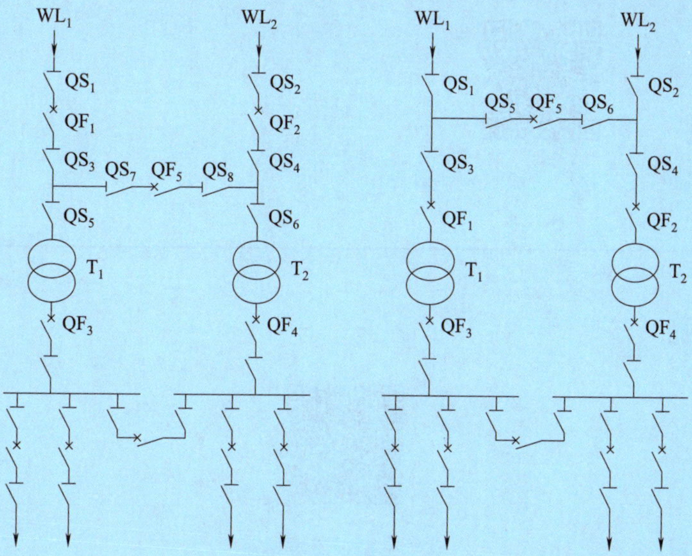

（a）　　（b）

图 5－3－2　桥形接线示意图

二、单元接线的运行

单元接线 ppt

单元接线视频

三、角形接线的运行

角形接线 ppt

角形接线视频

【思考感悟】

小组合作完成某电厂的主接线设计，要求按照主接线设计原则和要求，设计两种方案，按照经济性进行比较，选择最优方案，并画出最优方案的主接线图。在任务准备和实施过程中协调任务分工，相互沟通、配合，合理解决问题，养成相互尊重和团队协作精神。要以中国科学家的态度和精神，以一个设计团队的岗位角色代入，认真细心地完成设计任务，保证电力系统的安全性、可靠性。

社会主义核心价值观——敬业

谈一谈你的感想：

任务实施

电气主接线方案拟定

任务要求：从主接线设计原则和要求，设计至少两种方案，进行比较确定最优方案。

任务评价

任务评价表如表 5－3－1 所示，总结反思如表 5－3－2 所示。

表 5－3－1　任务评价表

评价类型	赋分	序号	具体指标	分值	得分		
					自评	组评	师评
职业能力	55	1	读懂任务	5			
		2	准确写出主接线设计原则和要求	5			
		3	根据任务设计两种主接线方案	10			
		4	在经济性方面进行比较，选出最优方案	10			
		5	画出最优方案主接线图	15			
		6	撰写过程中应使用钢笔或圆珠笔填写，字迹不得潦草和涂改，票面整洁	5			
		7	操作过程步骤完整	5			
职业素养	20	1	坚持出勤，遵守纪律	5			
		2	协作互助，解决难点	5			
		3	按照标准规范简述	5			
		4	词语严谨	5			
劳动素养	15	1	按时完成，认真记录	5			
		2	保持工位卫生、整洁、有序	5			
		3	小组分工合理	5			
思政素养	10	1	完成思政素材学习	2			
		2	爱岗敬业、团队合作（从文档撰写的规范性考量）	8			
总分				100			

表 5－3－2　总结反思

总结反思	
• 目标达成：知识□□□□□　能力□□□□□　素养□□□□□	
• 学习收获：	• 教师寄语： 签字：
• 问题反思：	

课后任务

1. 问答与讨论

（1）单元接线的方式有哪几种？

（2）试分析单元接线、角形接线、桥形接线的优缺点。

（3）画出单元接线中扩大单元接线图。

（4）内桥接线有什么特点？

（5）画出外桥接线图，并分析其特点。

（6）针对某电厂或变电所，如何拟定电气主接线方案？简述步骤。

2. 巩固与提高

通过对本任务的学习，已掌握了无母线接线的3种形式以及各自的优缺点、适用范围，试试按照开关电器停送电操作原则，写出图5－3－4（a）～（c）所示发电机检修停送电操作步骤。

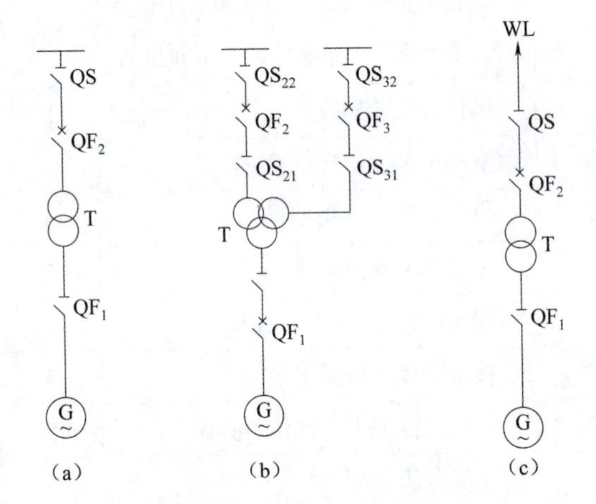

图5－3－4　单元接线示意图

工作任务单

《发电厂变电所电气设备》工作任务单

<table>
<tr><td>工作任务</td><td colspan="3"></td></tr>
<tr><td>小组名称</td><td></td><td>工作成员</td><td></td></tr>
<tr><td>工作时间</td><td></td><td>完成总时长</td><td></td></tr>
<tr><td colspan="4">工作任务描述</td></tr>
<tr><td colspan="4"></td></tr>
<tr><td rowspan="3">小组分工</td><td>姓名</td><td colspan="2">工作任务</td></tr>
<tr><td></td><td colspan="2"></td></tr>
<tr><td></td><td colspan="2"></td></tr>
<tr><td colspan="4">任务执行结果记录</td></tr>
<tr><td>序号</td><td>工作内容</td><td>完成情况</td><td>操作员</td></tr>
<tr><td>1</td><td></td><td></td><td></td></tr>
<tr><td>2</td><td></td><td></td><td></td></tr>
<tr><td>3</td><td></td><td></td><td></td></tr>
<tr><td>4</td><td></td><td></td><td></td></tr>
<tr><td colspan="4">任务实施过程记录（附操作票）</td></tr>
<tr><td colspan="4"></td></tr>
<tr><td>上级验收评定</td><td></td><td>验收人签名</td><td></td></tr>
</table>

课后任务单

《发电厂变电所电气设备》
课后作业

内容：____________________

班级：____________________

姓名：____________________

____________系

作业要求

以某火电厂电气一次主接线方案的设计，思考如何选定电气主接线中的电气设备型号（完成某一种电气设备的选择，写出型号，要求计算过程完整）。

1. 选择型号______________的计算过程

2. 收获与感想

任务四　发电厂、变电所电气主接线的倒闸操作

学习目标

知识目标：

- 了解倒闸操作的意义。
- 熟知电气设备的四种基本状态。
- 掌握电气主接线倒闸操作的操作原则。
- 掌握电气主接线倒闸操作的步骤及注意事项。
- 掌握操作票的撰写原则。

技能目标：

- 能够分析判断电气设备的各种工作状态。
- 具备电气主接线规范倒闸操作的能力。
- 具备团队合作能力。
- 具备较好的语言表达能力。
- 具备较好的组织协调能力。

素养目标：

- 培养安全意识、规范意识、爱岗敬业的精神。

任务要求

电气主接线倒闸操作概述视频

通过前三个任务的学习，知道了电气主接线的基本形式。本任务的学习要求如下：

（1）根据不同倒闸操作任务，按倒闸操作原则准确撰写倒闸操作票，能清晰地描述倒闸操作任务操作步骤。

（2）按倒闸操作票规范进行模拟屏倒闸操作。

实训设备

电气主接线倒闸操作概述 ppt

（1）SLBDZ－1 型变电站综合自动化实训系统。

（2）SL－XGN66－12 成套高压开关柜。

（3）伯努利仿真软件。

知识准备

一、电气主接线倒闸操作原则

电力系统中运行的电气设备，常常遇到检修、调试及消除缺陷的工作，这就需要改变电气设备的运行状态或改变电力系统的运行方式。

将电网中的电气设备（运行的，冷、热备用的，检修的）人为地进行有序的由一种状态转变到另一种状态的过程，称为倒闸。围绕这一状态转换过程而进行的一系列操作称为倒闸操作。

倒闸操作可以通过就地操作、遥控操作、程序操作完成。遥控操作、程序操作的设备应满足有关技术条件。

（一）电气设备的四种基本状态

1. 运行状态

运行状态（图 5-4-1）指电气设备的断路器和隔离开关都在合闸位置，将电源至受电端的电路接通（包括辅助设备如电压互感器、避雷器等）；所有的继电保护及自动装置均在投入位置（调度有要求的除外），控制及操作回路正常。

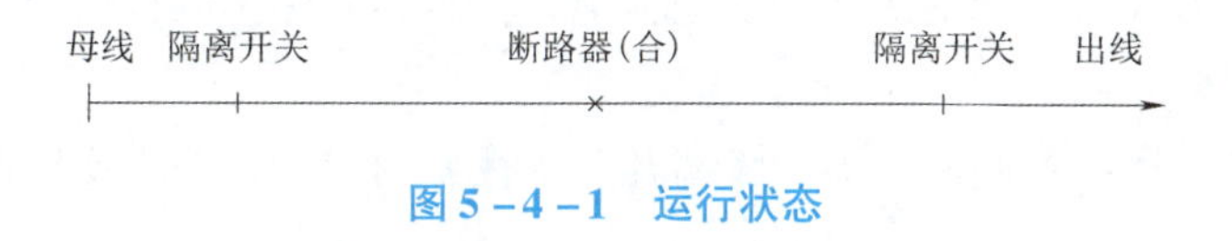

图 5-4-1　运行状态

2. 热备用状态

热备用状态（图 5-4-2）是指电气设备的隔离开关在合闸位置，只有断路器在分闸位置，其他同“运行状态”。电气设备处于热备用状态下，断路器一经合闸，就转变为运行状态，随时有来电的可能性，应视为带电设备。

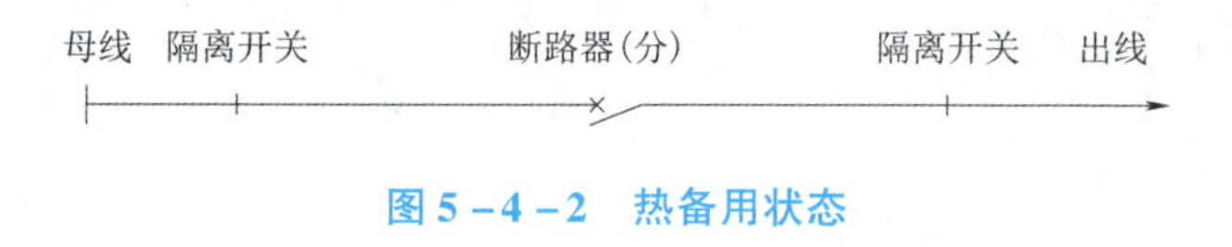

图 5-4-2　热备用状态

3. 冷备用状态

冷备用状态（图 5-4-3）是指电气设备的隔离开关及断路器都在分闸位置。此状态下，未履行工作许可手续及未布置安全措施，不允许进行电气检修工作，但可以进行机械作业。

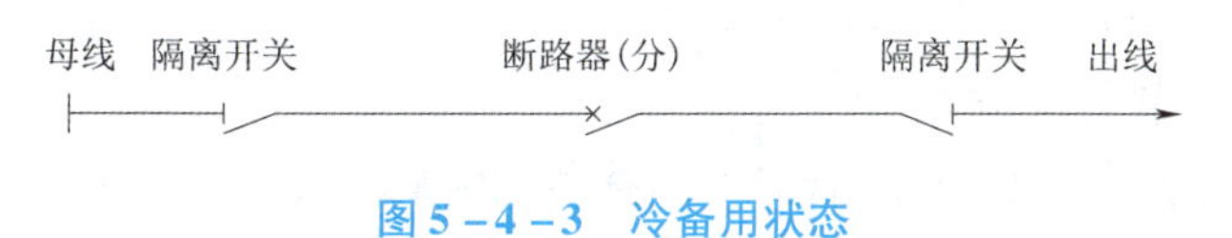

图 5-4-3　冷备用状态

4. 检修状态

检修状态（图5-4-4）是指电气设备的所有隔离开关和断路器都在分闸位置，电气值班员按照《电业安全工作规程》及工作票要求挂上接地线或合上接地闸刀，并已悬挂标识牌和设有遮拦。“检修状态”根据不同的设备，又分为“开关检修”“线路检修”等。

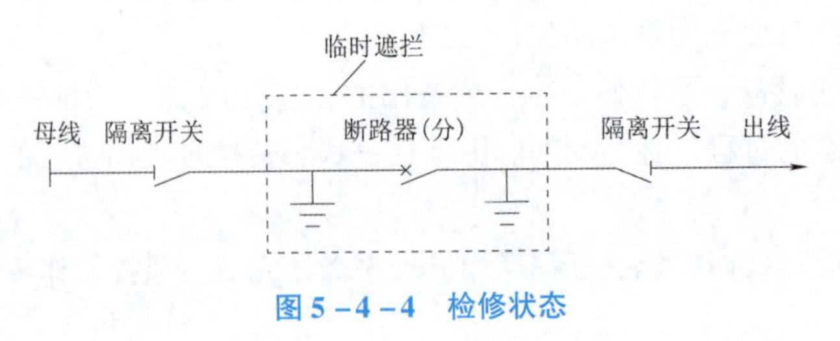

图5-4-4　检修状态

1）线路检修

线路检修指线路在冷备用状态的基础上，线路的接地闸刀合上或在线路闸刀线路侧装设接地线。

2）开关（断路器）检修

开关（断路器）检修指开关（断路器）两侧闸刀均拉开，取下开关操作回路熔丝，合上开关两侧接地闸刀或装设接地线。检修过程中，注意相关保护的投切与配合。

3）变压器检修

变压器检修指变压器各侧断路器和隔离开关都在分闸位置，并在变压器各侧挂上接地线（或合上接地闸刀）。

（二）倒闸操作的主要内容

【1+X证书考点】
3.1　倒闸操作
【全国职业院校技能大赛】
模块二　新型电力系统组网与运营调度

倒闸操作

典型倒闸操作过程

倒闸操作的主要内容有：

(1) 电力线路的停、送电操作。

(2) 电力变压器的停、送电操作。

(3) 发电机的启动、并列和解列操作；电网的合环与解环。

(4) 母线接线方式的改变（倒母线操作）。

(5) 中性点接地方式的改变。

(6) 继电保护自动装置使用状态的改变。

(7) 接地线的安装与拆除等。

上述绝大多数操作任务是靠拉/合某些断路器和隔离开关来完成的。

需要注意的是，为了保证操作任务的完成和检修人员的安全，操作中有时需取下、装上某些断路器的操作熔断器和合闸熔断器，这两种熔断器称为保护电器的设备。

（三）倒闸操作的基本原则

【1+X证书考点】

3.1.1　能遵循先拉开断路器、后拉开线路侧隔离开关，再拉开母线侧隔离开关的线路停电操作顺序，用规范术语填写变电线路停电操作票。

3.2.1　能遵循先拉开断路器、后拉出手车开关的停电操作原则以及先推入手车开关、后合上断路器的送电操作原则，用规范术语填写手车开关设备停、送电操作票。

3.3.1　能遵循单母线接线方式的母线停电时，先断开母线上各出线及其他元件断路器，最后分别按线路侧隔离开关、母线侧隔离开关依次拉开的停电操作原则（母线送电时的操作与此相反），用规范术语填写母线停、送电操作票。

【全国职业院校技能大赛】

模块二　新型电力系统组网与运营调度

任务三　电力系统运行与控制

一、变电站一次系统模拟操作

（1）在拉、合闸时，必须用断路器接通或断开负荷电流及短路电流，禁止用隔离开关切断负荷电流。

（2）送电时，应先合电源侧隔离开关，后合负荷侧隔离开关，再合断路器的操作顺序。停电时，应先检查断路器确在断开位置，然后再拉开负荷侧隔离开关，最后拉电源侧隔离开关。

（3）所有隔离开关在分合闸后应认真检查，分闸操作应检查隔离开关三相均已断开，并有足够的安全距离。合闸操作后，应逐相检查合闸到位、其触头接触良好。

（4）设备送电前，必须将有关继电保护合闸。无保护或不能自动跳闸的开关不能送电。

（5）油断路器不允许带电压手动合闸，运行中的小车开关不允许打开机械闭锁手动分闸。

（6）操作过程中，发现误合隔离刀闸时，不允许将误合的刀闸再拉开。发现误拉刀闸时，不允许将误拉的刀闸再重新合上。

（7）不得造成非同期合闸。

（8）单极隔离开关及跌落式开关的操作顺序规定如下：停电时先拉开中相，后拉开两边相，送电时顺序与此相反。

（9）变压器在充电状态下停、送电操作时，必须将其中性点接地隔离开关合上。

（10）变压器两侧（或三侧）开关的操作顺序规定如下：停电时先拉开负荷侧开关，后拉开电源侧开关；送电时顺序与此相反（即不能带负载切断电源）。

（11）在倒母线时，隔离开关的拉合步骤是：先逐一合上需要转换至一组母线上的隔离开关，然后逐一拉开在另一组母线上的运行隔离开关，这样可以避免因合某一隔离开关、拉另一隔离开关而造成的误操作事故。

（12）在回路中未设置断路器，需要用高压隔离开关和跌落开关拉、合电气设备时，应按照产品说明书和试验数据确定的操作范围进行操作。无资料时，可参照下列规定（指系统运行正常下的操作）：

①可以分、合无故障的电压互感器和避雷器。

②可以分、合 220 kV 及以下母线的充电电流。

③拉、合经开关或刀闸闭合的旁路电流。

④拉、合变压器中性点的接地开关，当变压器中性点上接有消弧线圈时，只有系统没有接地故障时才可进行。

⑤拉、合励磁电流不超过 2 A 的空载变压器及电容电流不超过 5 A 的空载线路（10.5 kV 以下）。

⑥拉、合 10 kV 以下，70 A 以下的环路均衡电流。

⑦利用等电位原理，可以拉、合无阻抗的并联支路（断路器一定要在合闸位置，并将断路器直流操作电源保险取下，才可进行，否则，万一在操作过程中断路器误跳闸，将会使隔离开关两端电压不相等，从而导致带负荷拉、合隔离开关事故）。

思考：倒闸操作送电时，是先送断路器还是隔离开关？是先送电源侧隔离开关还是负荷侧隔离开关？

（四）倒闸操作的组织措施及技术措施

倒闸操作的组织措施及技术措施

二、电气主接线倒闸操作步骤、注意事项

（一）操作步骤

【全国职业院校技能大赛】
模块二　新型电力系统组网与运营调度
任务三　电力系统运行与控制
一、变电站一次系统模拟操作
2. 倒闸操作流程

为了保证倒闸操作的正确性，操作时必须按照一定的顺序进行。

（1）预发命令和接收任务、明确操作目的。

（2）填写操作票。

【1+X 证书考点】

3.1.1　能遵循先拉开断路器，后拉开线路侧隔离开关，再拉开母线侧隔离开关的线路停电操作顺序，用规范术语填写变电线路停电操作票。

3.1.2　能遵循先拉开线路接地开关或拆除接地线，然后合上母线侧隔离开关，再合上线路侧隔离开关，最后合上断路器的线路送电操作顺序，用规范术语填写变电线路送电操作票。

3.2.1　能遵循先拉开断路器、后拉出手车开关的停电操作原则以及先推入手车开关、后合上断路器的送电操作原则，用规范术语填写手车开关设备停、送电操作票。

3.3.1　能遵循单母线接线方式的母线停电时，先断开母线上各出线及其他元件断路器，最后分别按线路侧隔离开关、母线侧隔离开关依次拉开的停电操作原则（母线送电时操作与此相反），用规范术语填写母线停、送电操作票。

（3）审核操作票。

（4）考问和预想。

监护人与操作人将填写好的操作票到模拟图上进行核对，提出操作中可能碰到的问题（如设备操作不到位、拒动、连锁发生问题等），做好必要的思想准备，查找一些主观上的因素（如操作技能、设备性能、设备的具体位置等的掌握程度）。

（5）接受命令。

（6）模拟操作。

（7）操作前准备。

①检查操作所需使用的有关钥匙、红绿牌，并由监护人掌管，操作人携带好工具、安全用具等。

②对操作中所需使用的安全用具进行检查，检查试验周期及电压等级是否合格且符合规定。另外，还应检查外观有无损坏，如手套是否漏气、验电器试验声光是否正常。

③确认操作录音设备良好。

（8）核对设备并唱票、复诵。

①操作人携带好必要的工器具、安全用具等走在前面，监护人手持操作票及有关钥匙等走在后面。

②监护人、操作人到达具体设备操作地点后，首先根据操作任务进行操作前的站位核对，核对设备名称、编号、间隔位置及设备实际状况是否与操作任务相符。

③核对无误后，监护人根据操作步骤，手指设备名称编号高声发令，操作人听清监护人指令后，手指设备名称牌核对名称编号无误后高声复诵，监护人再次核对正确无误后，即发出“对，执行”的命令。

（9）实施操作。

①在操作过程中，必须按操作顺序逐项操作、逐项打勾，不得漏项操作，严禁跳项操作。

②操作人得到监护人许可操作的指令后，监护人将钥匙交给操作人，操作人方可开锁将设备一次操作到位，然后重新将锁锁好后，将钥匙交回监护人手中。监护人应严格监护操作人的整个操作动作。每项操作完毕后，监护人须及时在该项操作步骤前的空格内打勾。

③每项操作结束后，都应按规定的项目进行检查，如检查一次设备操作是否到位，三相位置是否一致，操作后是否留下缺陷，二次回路电流端子投入或退出是否一致、与一次方式是否相符，连接片是否拧紧，灯光、信号指示是否正常，电流、电压指示是否正常等。

④没有监护人的指令，操作人不得擅自操作。监护人不得放弃监护工作，而自行操作设备。

（10）监护人逐项勾票（勾项）。

①操作全部结束后，对所操作的设备进行一次全面检查，以确认操作完整，无遗漏，设备处于正常状态。

②在检查操作票全部操作项目结束后，再次与一次系统模拟图核对运行方式，检查被操作设备的状态是否已达到操作的目的。

③监护人在倒闸操作票结束时间栏内填写操作结束时间。

（11）做好记录，锁票。

①检查完毕后，监护人应立即向调度员或集控中心站值班员、发电厂值长汇报：××时××分已完成××操作任务，得到认可后，在操作顺序最后一项的下一行顶格盖“已执行”章，即告本张操作票操作已全部执行结束。

②操作票操作结束，由操作人负责做好运行日志、操作任务等相关的运行记录，并按规定保存。

（12）复查、评价、总结。

操作工作全部结束后，监护人、操作人应对操作的全过程进行审核评价，总结操作中的经验和不足，不断提高操作水平。

（二）填写操作票及调度命令术语

（1）操作 QF、QS 时使用“拉开”“合上”，填写在操作项目之前。例如：拉开#2 变压器高压侧 201 开关。

（2）检查 QF、QS 位置时使用“检查在开位”“检查在合位”。例如：检查#2 变压器高压侧 201 开关在开位。

（3）验电使用“验电确无电压”。例如：在#2 变压器高压侧 201 开关至刀闸间三相验电确无电压。

（4）装设、拆除接地线使用“装设”“拆除”。例如：在#2 变压器高压侧 201 开关母线刀闸侧装设 1 号接地线。

（5）检查接地线拆除使用“检查确已拆除”。

（6）检查负荷分配使用“指示正确”。例如：检查×电压表指示正确××伏。

（7）取下、装上控制回路和 TV 的保险使用“拉开”“取下”“合上”“装上”。对于用转换开关切换，使用“切至”。

（8）启、停某种继保跳闸压板使用“投入、退出”。例如：投入#2 变压器高压侧 201 开关的速断出口保护压板 1LP；退出#2 变压器高压侧 201 开关的过流保护压板 2LP。

设备检修后，合闸送电前，检查送电范围内多组接地线是否拆除，可列一总的检查项目，写明全部接地线编号，并写明“共 N”组，可不写设备名称和装设地点。每检查完一组接地线，在其接电线编号上打“√”。例如：检查 2011 号、2012 号、2013 号共三组接地线确已拆除。

（三）倒闸操作注意事项

【1+X 证书考点】

3.1.3　能够使用正确电压等级的验电器进行设备验电。

3.1.6　能够正确使用防误闭锁装置。

（1）倒闸操作时，不允许将设备的电气和机械防误闭锁装置解除，特殊情况下如需解除，必须经值长或值班负责人同意。

（2）操作时，应戴绝缘手套和穿绝缘靴。

（3）雷电天气时，禁止倒闸操作。雨天操作室外高压设备时，绝缘杆应有防雨罩。

（4）装卸高压熔断器时，应戴护目镜和绝缘手套，必要时使用绝缘夹钳，并站在绝缘垫或绝缘台上。

（5）装设接地线或合接地刀闸前，应先验电。

（6）电气设备停电后，即使是事故停电，在未拉开有关隔离开关和做好安全措施前，不得触及设备或进入遮拦，以防突然来电。

<table>
<tr>
<td>【思考感悟】
按照倒闸操作步骤、基本原则及操作票撰写原则，撰写倒闸操作票。如不按步骤、原则进行撰写操作票，最终可能会发生误操作导致电力事故。下面阅读“国家能源局公布的三起安全生产监管典型执法案例”，知道在电力安全生产的重要性，提升安全意识。

国家能源局公布的三起安全生产监管典型执法案例</td>
<td>谈一谈你的感想：</td>
</tr>
</table>

案例：因违反操作规程导致的安全事故

根据停电计划安排，某供电公司于11月9日开展110 kV某变电站35 kV Ⅱ段母线及母线PT、避雷器等一次设备例行检修。变电运维中心曹溪运维班根据工作计划，安排监护人苏某（女）、操作人陈某某（男）到现场执行110 kV某变电站35 kV Ⅱ段母线等设备转检修的操作任务，计划操作时间为11月9日6时至11月9日8时。在执行第6项“将35 kV Ⅱ段母线PT、避雷器36M4手车刀闸由试验位置拉出至柜外”操作任务时，操作人员陈某某拉住35 kW Ⅱ段母线PT、避雷器36M4刀闸手车把手，顺着导轨操作至柜外，监护人苏某在操作人陈某某右侧监护并协助扶住手车，当手车前轮滑出导轨的瞬间发生倾倒，导致操作人陈某某被手车压倒在地，现场的运维和检修人员立即对伤者进行施救，并送医院进行抢救，经抢救无效死亡。

事故发生的间接原因

电气有限公司生产的某110 kV某变电站35 kV Ⅱ段母线电压互感器手车（KYNIJ－40.5系列，型号为3PT－40.5/630 A）设计重心偏高、偏前，没有操作细节要求和相关风险提示。

暴露问题

①设备存在安全隐患，未及时发现、整改。

②风险管控落实不到位。

③生产作业组织不到位。

④现场运行规程指导作用不足。

⑤安全教育培训不到位。员工安全自我防护意识教育、技能培训不到位。

事故防范和整改措施

（一）强化责任落实，抓细抓实抓好安全生产工作

认真学习习近平总书记关于安全生产的重要论述、指示批示精神，深刻认识安全生产的

极端重要性，厚植安全第一理念，始终把安全工作摆在首位，深刻吸取事故教训，克服侥幸心理、麻痹思想，压紧压实责任链条。

（二）强化倒闸操作管理，严格操作风险管控

（1）优化操作安排。

（2）准确辨识操作风险。

（3）规范开展倒闸操作。

（三）开展秋检冬训专项行动，提升安全意识和技能

（1）开展开关柜倒闸操作专项培训。

（2）加强运维人员实操能力评估。

（3）加强新员工安全培训。

（4）提升教育培训质效。

说明： 从工、农业用电到居家用电，我们都不能离开电。但是要知道，用电不能不拘小节，否则就容易酿成大祸。

任务实施

图5－4－5所示为某火力发电厂升压站电气主接线图。

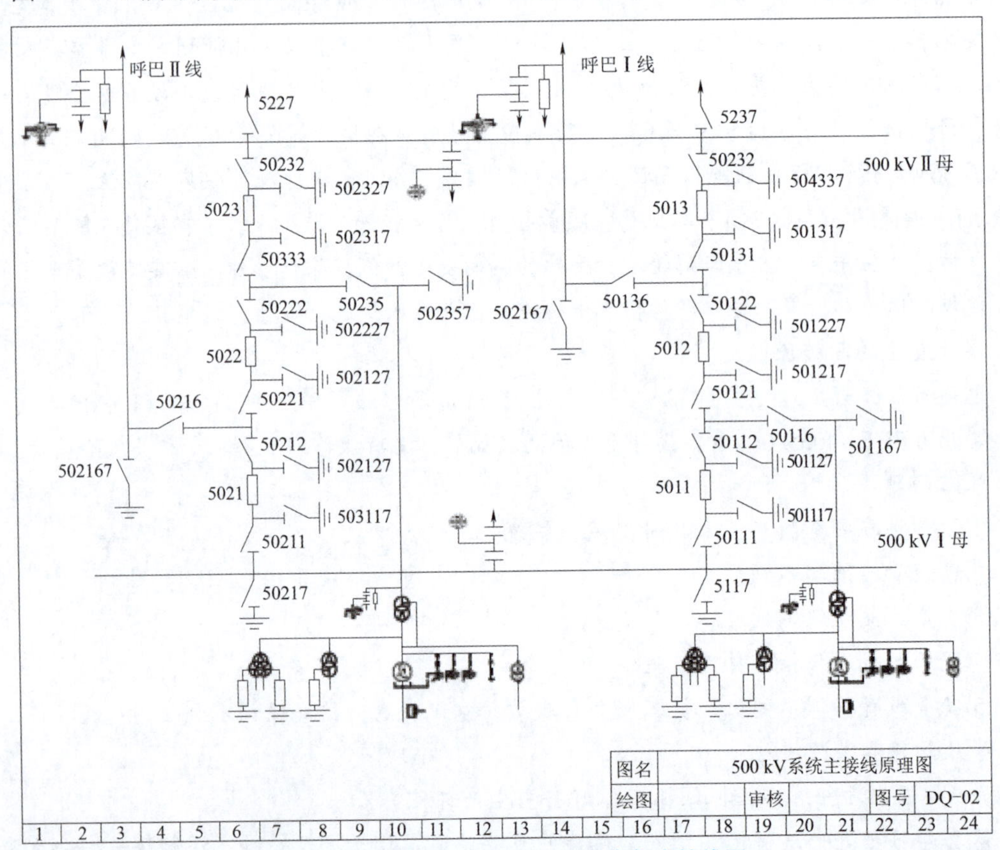

图5－4－5　某火力发电厂升压站电气主接线图

（1）明确倒闸操作任务：500 kV Ⅰ母线送电（冷备用转运行）。

（2）撰写倒闸操作票。

××发电厂电气倒闸操作票

值：　　　　　　　　　　　　　　　　　　　　No：

命令操作时间：　年　月　日　时　分				操作终了时间：　年　月　日　时　分
操作任务：			500 kV 升压站Ⅰ母线送电	
状态转换			由冷备用状态控制转换为运行状态	
模拟	操作	顺序	操作项目	时间
		1		
		2		
		3		
		4		
		5		
		6		
		7		
		8		
		9		
		10		
		11		
		12		
		13		
		14		
		15		
		16		
		17		
		18		
		19		
		20		
		21		
		22		
		23		
		24		

操作人：________　监护人：________　值班负责人：________　值长：________

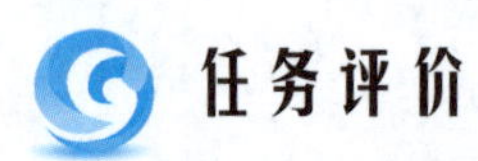

任务评价

任务评价表如表 5－4－1 所示，总结反思如表 5－4－2 所示。

表 5－4－1　任务评价表

评价类型	赋分	序号	具体指标	分值	得分		
					自评	组评	师评
职业能力	55	1	读懂操作任务	5			
		2	操作票顺序正确	10			
		3	操作票用词准确，要有统一确切的调度术语及操作术语	10			
		4	操作票应使用钢笔或圆珠笔填写，字迹不得潦草和涂改，票面整洁	10			
		5	操作票步骤完整	10			
		6	操作人审核操作票，监护人复审签字	10			
职业素养	20	1	坚持出勤，遵守纪律	5			
		2	协作互助，解决难点	5			
		3	按照标准规范操作	5			
		4	持续改进优化	5			
劳动素养	15	1	按时完成，认真填写记录	5			
		2	保持工位卫生、整洁、有序	5			
		3	小组分工合理	5			
思政素养	10	1	完成思政素材学习	4			
		2	规范意识（从文档撰写的规范性考量）	6			
总分				100			

表 5－4－2　总结反思

总结反思	
• 目标达成：知识□□□□□　能力□□□□□　素养□□□□□	
• 学习收获：	• 教师寄语：
• 问题反思：	签字：

课后任务

1. 问答与讨论

（1）电气设备的四种基本状态是什么？各自有什么特点？

（2）倒闸操作的主要内容有哪些？

（3）简述倒闸操作的基本原则。

（4）什么是“两票三制”？

（5）电气主接线倒闸操作有什么操作步骤？

2. 巩固与提高

通过对本任务的学习，掌握了要完成倒闸操作的步骤，依据倒闸操作原则和操作票撰写规范，撰写倒闸操作票。要求能够读懂变电站综合自动化技术实训室的模拟屏主接线图，小组讨论确定一条线路，撰写规范的操作票，操作人和监护人做好分工合作。小组自行查阅因倒闸操作不规范引发的事故案例，阐述事故经过，分析产生事故原因、暴露的问题、预防措施、处罚情况、心得体会，案例撰写见任务模板。

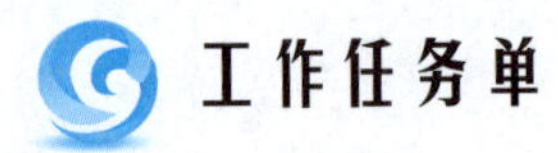

《发电厂变电所电气设备》工作任务单

<table>
<tr><td>工作任务</td><td colspan="3"></td></tr>
<tr><td>小组名称</td><td></td><td>工作成员</td><td></td></tr>
<tr><td>工作时间</td><td></td><td>完成总时长</td><td></td></tr>
<tr><td colspan="4">工作任务描述</td></tr>
<tr><td colspan="4"></td></tr>
<tr><td rowspan="3">小组分工</td><td>姓名</td><td colspan="2">工作任务</td></tr>
<tr><td></td><td colspan="2"></td></tr>
<tr><td></td><td colspan="2"></td></tr>
<tr><td colspan="4">任务执行结果记录</td></tr>
<tr><td>序号</td><td>工作内容</td><td>完成情况</td><td>操作员</td></tr>
<tr><td>1</td><td></td><td></td><td></td></tr>
<tr><td>2</td><td></td><td></td><td></td></tr>
<tr><td>3</td><td></td><td></td><td></td></tr>
<tr><td>4</td><td></td><td></td><td></td></tr>
<tr><td colspan="4">任务实施过程记录（附操作票）</td></tr>
<tr><td colspan="4"></td></tr>
<tr><td>上级验收评定</td><td></td><td>验收人签名</td><td></td></tr>
</table>

《发电厂变电所电气设备》
课后作业

内容：________________________

班级：________________________

姓名：________________________

________________系

作业要求

关于倒闸不规范操作事故案例：

1. 事故经过

2. 产生原因

3. 暴露问题

4. 预防措施

5. 处罚情况

6. 心得体会

任务五　电力线路停送电倒闸操作

学习目标

知识目标：

- 熟知电力线路送电倒闸操作步骤、原则、操作票填写原则。
- 能够读懂送电倒闸操作任务。
- 根据任务撰写准确的倒闸操作票。

技能目标：

- 能够规范进行模拟屏操作。
- 能够分析判断电气设备的各种工作状态。
- 具备电气主接线规范倒闸操作的能力。
- 具备较好的组织协调能力。
- 具有较好的团队合作能力。

思政目标：

- 遵守 8S 管理制度。

任务要求

通过前四个任务的学习，知道了电气主接线的基本形式和根据电气主接线进行倒闸操作的原则和步骤。本任务的学习要求如下：

（1）根据倒闸操作停送电任务，按倒闸操作原则准确撰写倒闸操作票。

电力线路送电倒闸操作视频

（2）按倒闸操作票规范进行模拟倒闸操作。

实训设备

（1）SLBDZ－1 型变电站综合自动化实训系统。

（2）SL－XGN66－12 成套高压开关柜。

（3）伯努利仿真软件。

电力线路送电倒闸操作 ppt

知识准备

一、电力线路停送电操作前的准备工作

在变、配电系统停送电之前，通常需要进行现场检查与准备，认真检查工作现场是否清理完毕，停送电操作所需的安全用具是否备齐，然后穿戴好合格的绝缘手套与绝缘靴，在专

人的监护下准备进行停送电。具体应做以下准备工作。

（一）送电前准备工作

（1）现场检查与准备：认真检查工作现场是否清理完毕，作业人员是否均撤离现场，送电操作所需的安全用具是否备齐；了解送电的目的，对重要用电设备，还应通知用电单位准备受电。

（2）送电准备：依据送电工作单或指令单，由副值班员填写送电操作单，正值班员审查，并按照停电操作单的内容，核对应拆除的临时接地线数量，以及收回的工作单与停电期间发出的工作单是否相符。

（3）穿戴好合格的绝缘手套与绝缘靴，在专人的监护下准备进行送电。

（二）停电前准备工作

（1）施工前准备：工作负责人与调度部门联系施工工作，提前办理停电申请和工作票及相关手续。工作票由工作负责人负责办理。

（2）对施工人员进行安全考试、技术交底：施工前对全体现场人员进行安全考试，经考试合格后，由现场技术人员进行技术交底，明确工作范围，熟悉现场工作环境。

（3）材料供应：由材料员对所有材料进行保管；在施工现场设置材料站，由专职材料员负责。

（4）施工机械安排：施工前对所使用的工器具进行一次详细的检查，不合格或有疑问的工器具不使用。

（5）本次停电的工作负责人在停电前带领各施工点负责人到现场确定各重要工序的施工方法，包括立塔、拆线、拆杆、导线和地线架设、光缆架设。

（6）停电前，联系监理部门和业主，会同供电局生技部、输电部、变电部，讨论决定停电施工以及变电设备配套的相关配合问题。

（7）停电前，联系当地政府部门，会同业主做好现行范围内的索赔工作，特别是测量需砍伐树木的数量，确保停电当日不发生人为阻碍施工。

（三）停送电安全操作规程

（1）设备的停送电应遵照调度室值班负责人及值班调度的指挥、电话命令或口头命令，应复读无误并记在记录本上。

（2）停送电操作应执行工作票制度，由一人操作，另一人监护，每操作完一项，应在操作票上划“√”标记清楚。

（3）重要的倒闸操作应在值班负责人的指挥下或由具有一定经验的指挥者指挥操作。

（4）正常停电的操作，应按照先断油并关负荷侧隔离开关，再关母线隔离开关的顺序依次操作。同时，要注意联锁装置和信号灯是否正常，绝不允许先拉隔离开关。

（5）停送电操作中，对操作有疑问时，应立即停止操作，并向有关方面询问清楚后再进行操作。

（6）装设接地线必须先接地端，后接导体端，并且必须接触良好。拆接地线的顺序与此相反。装拆接地线必须使用绝缘棒和戴绝缘手套。

（7）发生触电事故，设备仪表损坏或发生火灾时，应立即设法断开电源并积极抢救，并迅速上报上级及时处理。

（8）送电操作人员必须穿戴好绝缘手套和防护眼镜，穿好绝缘靴。

【1+X 证书考点】

3.1　变电线路停、送电操作

3.1.3　能够使用正确电压等级的验电器进行设备验电。

二、电力线路停送电操作原则

对于电厂、变电站等厂站设备，出线线路停送电的顺序均遵从：

（1）停电原则：断开线路开关后，先拉开线路侧刀闸，再拉开母线侧刀闸。

（2）送电原则：检查该线路所有接地刀闸均在分闸位置，先合上母线侧刀闸，再合上线路侧刀闸，最后再合上线路开关。

（3）合、拉刀闸及手车开关停、送电时，必须检查开关在断开状态。

（4）严禁带负荷拉合刀闸，所装电气和机械（防误）闭锁装置不得随意退出运行。

（5）停电时先断开关，然后拉开负荷侧刀闸再拉开母线侧刀闸，送电操作顺序与停电相反。

（6）操作过程中，发现误拉（合）刀闸时，不准重新合上（拉开），只有在采取了安全措施后，才允许将误拉（误合）的刀闸合上（拉开）。

（7）开关操作电源停、送电原则：刀闸操作前，先送开关操作电源；刀闸操作结束后，再断开关操作电源（线路停电操作）。

三、电力线路停送电操作步骤

为了保证倒闸操作的正确性，操作时，必须按照一定的顺序进行。

（1）预发命令和接收任务、明确操作目的。

（2）填写操作票。

倒闸操作票的格式按电力部门颁发的统一标准填写。标准见表 5-5-1。

表 5-5-1　倒闸操作票

编号：××××××××（学号）

110 kV 变电站		操作开始时间：××××年×月×日×时×分 操作终结时间：××××年×月×日×时×分
操作任务：仿甲线对 110 kV 1#母线、1#主变、35 kV 1#母线、仿线 E 和仿线 F 送电倒闸操作		
√	顺序	操作项目
	1	拉开接地倒闸 QS11167
	2	拉开接地倒闸 QS1117
	3	确认 QS11167、QS1117 处于开位
	4	合上隔离开关 QS1116

续表

√	顺序	操作项目
	5	合上隔离开关 QS1111
	6	合上隔离开关 QS119
	7	合上断路器 QF111
	8	确认 QS1116、QS1111、QS119、QF111 处于合位
	9	合上隔离开关 QS1011
	10	合上隔离开关 QS1016
	11	合上接地保护 QS1010
	12	合上接地保护 QS301
	13	合上断路器 QF101
	14	确认 QS1011、QS1016、QS1010、QS301、QF101 处于合位
	15	合上隔离开关 QS316
	16	合上隔离开关 QS311
	17	合上隔离开关 QS319
	18	合上断路器 QF31
	19	确认 QS316、QS311、QS319、QF31 处于合位
	20	合上隔离开关 QS371
	21	合上隔离开关 QS376
	22	合上断路器 QF37
	23	确认 QS371、QS376、QF37 处于合位
	24	合上隔离开关 QS361
	25	合上隔离开关 QS366
	26	合上断路器 QF36
	27	确认 QS361、QS366、QF36 处于合位

操作人：　　　　　　　　监护人：　　　　　　　　值班负责人：

（3）审核操作票。

（4）考问和预想。

监护人与操作人将填写好的操作票到模拟图上进行核对，提出操作中可能碰到的问题（如设备操作不到位、拒动、连锁发生问题等），做好必要的思想准备，查找一些主观上的因素（如操作技能、设备性能、设备的具体位置等的掌握程度）。

（5）接受命令。

（6）模拟操作。

【1+X 证书考点】

3.1.5　能根据操作票执行变电线路停、送电倒闸操作。

3.1.6　能够正确使用防误闭锁装置。

（7）操作前准备。

【1+X 证书考点】

3.1.3　能够使用正确电压等级的验电器进行设备验电。

（8）核对设备并唱票、复诵。

（9）实施操作。

（10）监护人逐项勾票（勾项）。

（11）做好记录，锁票。

（12）复查、评价、总结。

四、电力线路停送电操作注意事项

电力线路停电倒闸操作 ppt

电力线路停电倒闸操作视频

<table>
<tr>
<td>【思考感悟】
按照倒闸操作步骤、基本原则，以及操作票撰写原则，撰写倒闸操作票。如不按规范操作，造成电力事故，通过下面的事故案例了解事故发生原因、过程、后果等。阅读国家能源局关于进一步加强电力市场管理委员会规范运作的指导意见。

中国能源新闻</td>
<td>谈一谈你的感想：</td>
</tr>
</table>

案例：

2017 年 4 月 19 日，大港油田电力公司新世纪 110 kV 变电站例行检修工作结束后，变电站值班员在恢复送电倒闸操作过程中，发生一起触电亡人事故，造成 1 人死亡，如图 5-5-1 所示。

一、事故单位基本情况

大港油田电力公司隶属于中国石油大港油田公司，是一个集供电、电力设备安装、电力

图 5-5-1　触电事故现场

设施检修测试和多种经营为一体的综合性企业。新世纪 110 kV 变电站隶属于电力公司港中变电分公司，担负着大港油田港西地区生产生活供电任务。该站于 2001 年 9 月建成，2006 年 6 月正式投入运行，有 2 条 110 kV 进线，5 条 35 kV 出线，11 条 6 kV 出线，2 台主变。内设主控室和 6 kV 高压室。高压室主要电气装置包括 30 个 6 kV 高压开关柜，南北对向分布。站内共有 6 名员工，分 3 班每班 2 人倒班工作。

二、事故及救援经过

2017 年 4 月 19 日，电力公司所属检修分公司负责对新世纪 110 kV 变电站的 1#站用变、3013 开关和 3015 开关进行检修。当天站内值班员为正值班员张某华、副值班员张某某。按照当天检修计划，检修人员完成 1#站用变和 3013 开关检修任务后，进行 3015 开关检修。

事故发生后，张某某立即向港中变电分公司领导进行了汇报，拨打 120 急救电话，通知属地公安部门。11:25 左右，电力公司各级领导先后赶到事故现场，电力公司生产、安全、保卫等部门也陆续赶到现场，按事故报告规定向大港油田公司报告。公司副总经理、安全总监接到报告后，带领质量安全环保处、生产运行处人员察看了现场，并按规定向地方政府和勘探与生产公司进行了事故报告。

三、事故原因分析

（一）直接原因

值班员违规进入高压开关柜，遭受 6 kV 高压电击。

（二）间接原因

（1）本地信号传输系统异常，刀闸位置信号显示有误。

（2）超出岗位职责，违章进行故障处理。

（3）3015 开关柜型号老旧，闭锁机构磨损，防护性能下降。在当事人违规强行操作下闭锁失效，柜门被打开。

（三）管理原因

（1）《变电站运行规程》条款不完善。《变电站运行规程》“4.2 倒闸操作人员工作的基本要求”中，缺少运行人员“针对信号异常情况的确认”规定。

（2）未严格履行工作职责，正值班员违章操作。

（3）现场管理存在欠缺。

（4）检修工作组织协调有漏洞。

（5）安全教育不到位、员工安全意识淡薄。

四、防范措施

（1）完善规章制度。

（2）全面排查治理习惯性违章。按照管理办法、标准和《电力安全工作规程》中的要求排查。

（3）强化电力制度执行情况的监督考核。加强员工对《电力安全工作规程》《变电站倒闸操作规程》《变电站运行规程》等规章制度的掌握。

（4）深入开展作业风险排查防控工作。

（5）组织员工开展事故反思活动。

任务实施

操作任务：仿乙线经 110 kV 2#母线、2#主变、35 kV 2#母线给仿 E 线送电，如图 5－5－2 所示。

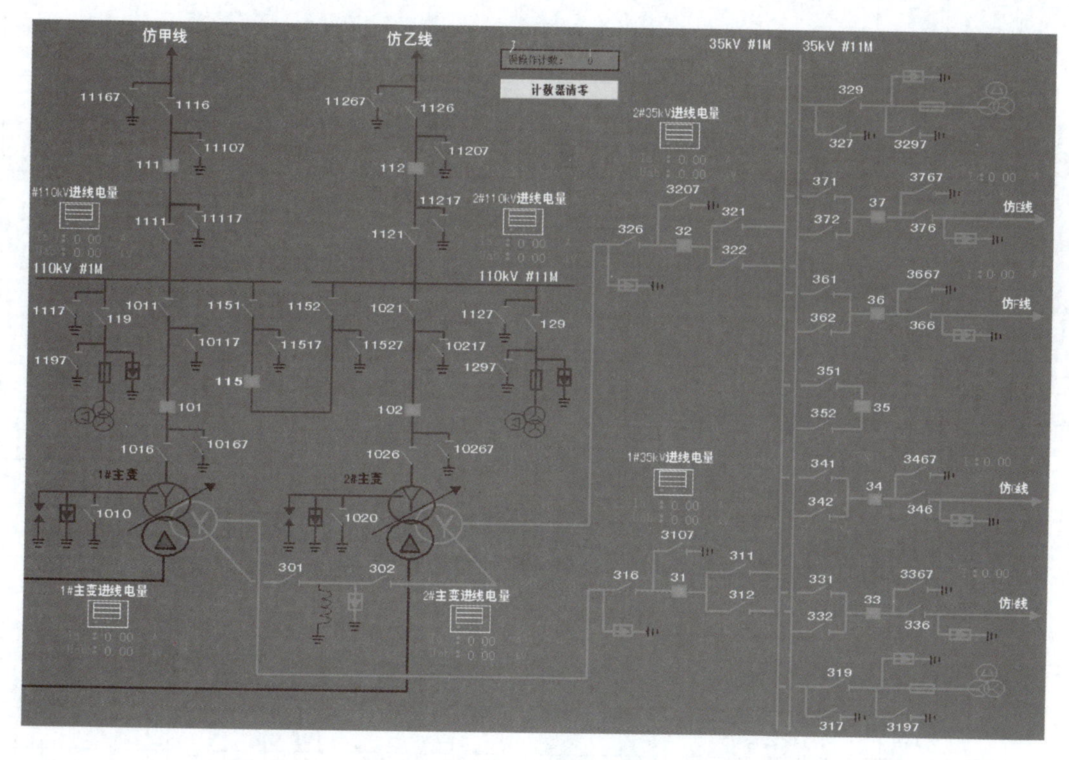

图 5－5－2　电气主接线图

（1）明确倒闸操作任务。

（2）撰写倒闸操作票。

（3）模拟屏倒闸操作。

××公司电气倒闸操作票

值：________ No：________

<table>
<tr><td colspan="3">命令操作时间：　年　月　日　时　分</td><td colspan="2">操作终了时间：　年　月　日　时　分</td></tr>
<tr><td colspan="3">操作任务</td><td colspan="2">仿乙线经 110 kV 2#母线、2#主变、35 kV 2#母线给仿 E 线送电</td></tr>
<tr><td colspan="3">状态转换</td><td colspan="2"></td></tr>
<tr><td>模拟</td><td>操作</td><td>顺序</td><td>操作项目</td><td>时间</td></tr>
<tr><td></td><td></td><td>1</td><td></td><td></td></tr>
<tr><td></td><td></td><td>2</td><td></td><td></td></tr>
<tr><td></td><td></td><td>3</td><td></td><td></td></tr>
<tr><td></td><td></td><td>4</td><td></td><td></td></tr>
<tr><td></td><td></td><td>5</td><td></td><td></td></tr>
<tr><td></td><td></td><td>6</td><td></td><td></td></tr>
<tr><td></td><td></td><td>7</td><td></td><td></td></tr>
<tr><td></td><td></td><td>8</td><td></td><td></td></tr>
<tr><td></td><td></td><td>9</td><td></td><td></td></tr>
<tr><td></td><td></td><td>10</td><td></td><td></td></tr>
<tr><td></td><td></td><td>11</td><td></td><td></td></tr>
<tr><td></td><td></td><td>12</td><td></td><td></td></tr>
<tr><td></td><td></td><td>13</td><td></td><td></td></tr>
<tr><td></td><td></td><td>14</td><td></td><td></td></tr>
<tr><td></td><td></td><td>15</td><td></td><td></td></tr>
<tr><td></td><td></td><td>16</td><td></td><td></td></tr>
<tr><td></td><td></td><td>17</td><td></td><td></td></tr>
<tr><td></td><td></td><td>18</td><td></td><td></td></tr>
<tr><td></td><td></td><td>19</td><td></td><td></td></tr>
<tr><td></td><td></td><td>20</td><td></td><td></td></tr>
<tr><td></td><td></td><td>21</td><td></td><td></td></tr>
<tr><td></td><td></td><td>22</td><td></td><td></td></tr>
<tr><td></td><td></td><td>23</td><td></td><td></td></tr>
<tr><td></td><td></td><td>24</td><td></td><td></td></tr>
</table>

操作人：________ 监护人：________ 值班负责人：________ 值长：________

任务评价

任务评价表如表5－5－2所示，总结反思如表5－5－3所示。

表5－5－2　任务评价表

评价类型	赋分	序号	具体指标	分值	得分		
					自评	组评	师评
职业能力	55	1	读懂操作任务	5			
		2	操作票顺序正确	5			
		3	操作票用词准确，要有统一确切的调度术语及操作术语	10			
		4	操作票应使用钢笔或圆珠笔填写，字迹不得潦草和涂改，票面整洁	10			
		5	操作票步骤完整	10			
		6	操作人审核操作票，监护人复审签字	5			
		7	按规范进行模拟屏模拟操作	10			
职业素养	20	1	坚持出勤，遵守纪律	5			
		2	协作互助，解决难点	5			
		3	按照标准规范操作	5			
		4	持续改进优化	5			
劳动素养	15	1	按时完成，认真填写记录	5			
		2	保持工位卫生、整洁、有序	5			
		3	小组分工合理	5			
思政素养	10	1	完成思政素材学习	4			
		2	8S管理制度（从文档撰写的规范性考量）	6			
总分				100			

表5－5－3　总结反思

总结反思	
• 目标达成：知识□□□□□　能力□□□□□　素养□□□□□	
• 学习收获：	• 教师寄语： 签字：
• 问题反思：	

课后任务

操作任务：主接线图如图5－5－3所示，仿甲线经110 kV 1#母线、1#主变、30 kV 1#母线给仿F供电。

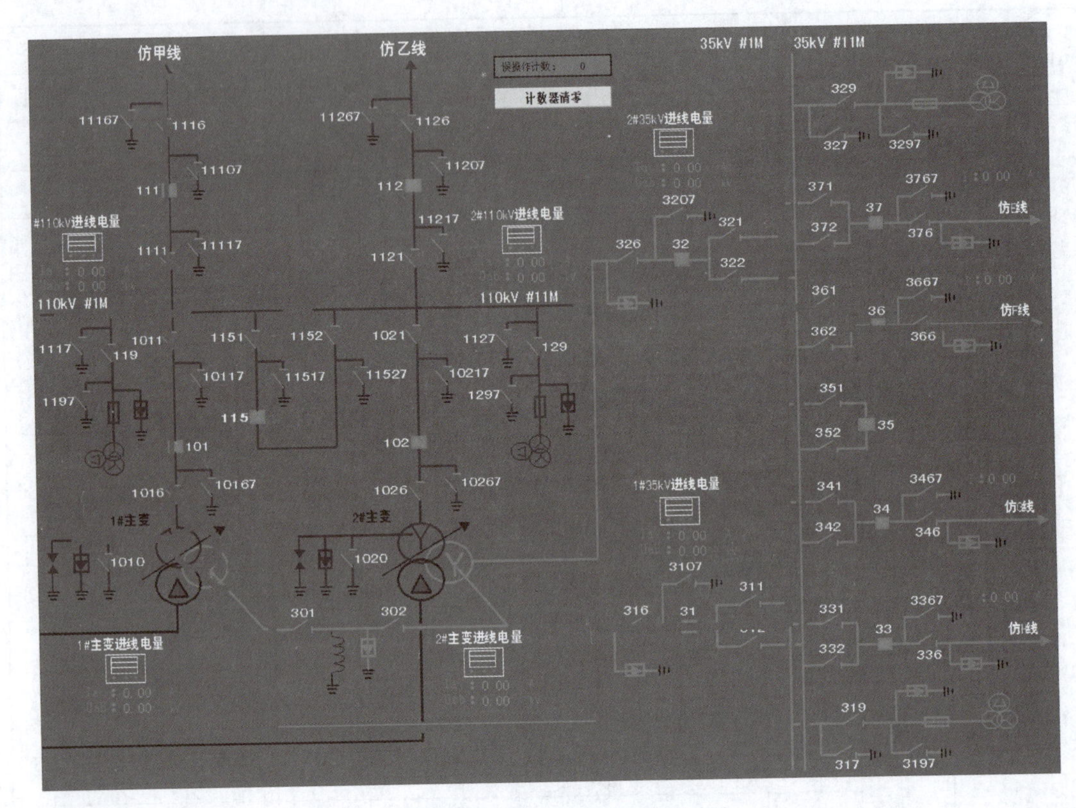

图5－5－3　电气主接线图

工作任务单

《发电厂变电所电气设备》工作任务单

<table>
<tr><td>工作任务</td><td colspan="4"></td></tr>
<tr><td>小组名称</td><td colspan="2"></td><td>工作成员</td><td></td></tr>
<tr><td>工作时间</td><td colspan="2"></td><td>完成总时长</td><td></td></tr>
<tr><td colspan="5">工作任务描述</td></tr>
<tr><td colspan="5"></td></tr>
<tr><td rowspan="3">小组分工</td><td>姓名</td><td colspan="3">工作任务</td></tr>
<tr><td></td><td colspan="3"></td></tr>
<tr><td></td><td colspan="3"></td></tr>
<tr><td colspan="5">任务执行结果记录</td></tr>
<tr><td>序号</td><td colspan="2">工作内容</td><td>完成情况</td><td>操作员</td></tr>
<tr><td>1</td><td colspan="2"></td><td></td><td></td></tr>
<tr><td>2</td><td colspan="2"></td><td></td><td></td></tr>
<tr><td>3</td><td colspan="2"></td><td></td><td></td></tr>
<tr><td>4</td><td colspan="2"></td><td></td><td></td></tr>
<tr><td colspan="5">任务实施过程记录（附操作票）</td></tr>
<tr><td colspan="5"></td></tr>
<tr><td>上级验收评定</td><td colspan="2"></td><td>验收人签名</td><td></td></tr>
</table>

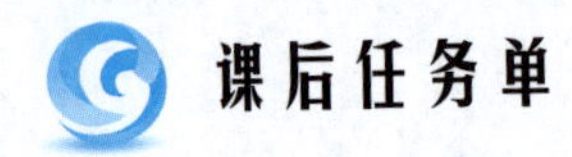

《发电厂变电所电气设备》
课后作业

内容：____________________

班级：____________________

姓名：____________________

__________系

作业要求

操作任务：如图5－5－3所示电气主接线，仿甲线经110 kV 1#母线、1#主变、30 kV 1#母线给仿F供电，转停电倒闸操作。（操作票可另附，操作视频上传教学平台。）

××公司电气倒闸操作票

值：________　　　　　　　　　　　　　　　　No：________

命令操作时间：　年　月　日　时　分			操作终了时间：　年　月　日　时　分	
操作任务：			仿甲线经110 kV 1#母线、1#主变、30 kV 1#母线给仿F供电，转停电倒闸操作	
状态转换				
模拟	操作	顺序	操作项目	时间
		1		
		2		
		3		
		4		
		5		
		6		
		7		
		8		
		9		
		10		
		11		
		12		
		13		
		14		
		15		
		16		
		17		
		18		
		19		
		20		
		21		

操作人：________　监护人：________　值班负责人：________　值长：________

任务六 变压器检修倒闸操作

学习目标

知识目标：

- 熟知变压器运行转检修倒闸操作步骤、原则及操作票填写原则。
- 熟知变压器检修转运行倒闸操作步骤、原则及操作票填写原则。
- 能够读懂倒闸操作任务。
- 根据任务撰写准确的倒闸操作票。

技能目标：

- 能够规范进行模拟屏操作。
- 能够分析判断电气设备的各种工作状态。
- 具备较好的组织协调能力。
- 具有较好的团队合作能力。

素养目标：

- 培养工匠精神。

拓展阅读
融入点：小组完成变压器检修倒闸操作任务 职业素养：工匠精神
通过观看王进的视频，特高压是当今世界电压等级最高、容量最大、输送距离最远的输变电工程。特高压技术是由我国自主研发的技术，带电检修则是其中一项重要技术，王进是一位行走在特高压线路上的带电检修工，他凭借自身的意志、责任心、专业技术、体能、耐性，保障了千家万户的可靠用电，体现了国家电网公司的大任担当，我们要学习他不忘初心、牢记使命的政治品格，学习他扎根基层、埋头苦干的敬业精神，学习他精益求精、执着专注的工匠精神，学习他锐意进取、敢为人先的创新精神。
参考资料：  大国工匠——王进

任务要求

变压器运行转检修
倒闸操作 ppt

通过前五个任务的学习，了解了电气主接线的基本形式、根据电气主接线进行倒闸操作的原则和步骤，以及停送电倒闸操作。本任务的学习要求如下：

（1）根据变压器倒闸操作任务，按倒闸操作原则准确撰写倒闸操作票。

（2）按倒闸操作票规范进行模拟倒闸操作。

实训设备

变压器运行转检修
倒闸操作视频

（1）SLBDZ－1 型变电站综合自动化实训系统。

（2）SL－XGN66－12 成套高压开关柜。

（3）伯努利仿真软件。

知识准备

一、电力变压器启用前的准备工作

变压器投入运行前，应检查是否具备充电条件，应进行下列准备工作。

（1）变压器投运前，应检查的项目如下：

①一次回路中所有的短路线、接地线均应拆除，接地隔离开关确定在拉开位置，常设遮栏和标示牌应按规定妥善设置。

②储油柜、油箱及充油套管内油位的高度应正常，油色透明，稍带黄色。

③检查气体继电器 Q 内应充满油，内部无气体存在；其外壳、储油柜、气体继电器及接缝处等部位应无漏油、渗油现象。预防气体继电器等非电量保护装置接点回路误短接等造成误动或拒动的各项措施落实，如二次接线盒设有防潮措施、各部位接线良好、绝缘正常等。

④检查防爆管（或安全通道）的隔膜应完好无损。储油柜、散热器及气体继电器与储油柜间的连接阀门等各阀门均打开。

⑤检查变压器的呼吸器畅通，吸潮剂硅胶不湿，充氮变压器的氮气袋内充有氮气。

⑥检查变压器瓷套管、绝缘子、避雷器等外部应清洁、无裂纹和放电现象。引线接头接触良好，无过热现象。

⑦变压器顶部无遗留物，封闭母线完整，温度计完好，消防设备俱全。

⑧变压器投入运行前必须多次排除套管升高座、油管道中的死区、冷却器顶部等处的残存气体。强油循环变压器在投运前，要启动全部冷却设备使油循环，停泵排除残留气体后，带电运行。更换或检修各类冷却器后，不得在变压器带电情况下将新装和检修过的冷却器直接投入，防止安装和检修过程中在冷却器或油管路中残留的空气进入变压器。

⑨对室内变压器，检查变压器室的门、窗应完好，通风设备正常运行，屋顶无渗水、漏

水现象，空气温度应适宜。

⑩如变压器为电缆进（或出）线，检查电缆头有无溢胶、漏油、放电、发热等现象。

（2）核对分接开关位置正确，应符合运行要求。对有载调压变压器，调压开关应操作灵活，操作箱分头位置指示和返回屏分接头位置指示应一致。

（3）二次回路检查。继电保护装置定值、二次回路完整并试验正常，投、退连接片等符合运行要求。

（4）测量绝缘电阻。有关测量绝缘电阻的要求及安全注意事项应按相关的运行规程执行。对发电机—变压器组不可分开的接线，应与发电机一并测量。测量前，为避免高压侧感应电压的影响，应先将变压器高压侧接地放电，测量结果不符合要求时，应认真分析原因。

（5）对强油循环的油浸变压器，应检查冷却系统必须有两个相互独立的电源，并自动切换试验正常；信号装置齐全可靠。检查冷却器电源投入、油泵和冷却器风扇的运转是否正常，各冷却器的阀门应全部开启，潜油泵、风扇电机正常，冷却装置运转正常。强迫油循环风冷或水冷装置，检查油和水的压力、压差、流量应符合规定，冷油器出水不应有油。变压器冷却装置控制箱内信号及各电气元件应接线无松动、无异常及过热现象，控制开关把手位置应符合运行方式的规定。

二、电力变压器的分合闸原则

变压器的空载电流较大，并且为纯感性电流，大容量变压器空载电流。因此，变压器的合、分闸原则是：

（1）用隔离开关切断变压器空载电流所产生的电弧，有时因远远超过隔离开关的自然断弧能力而拉不开，严重时引起弧光短路，因此，要尽量用断路器接通或切断变压器一次回路。

（2）当变压器一次回路无断路器时，允许用隔离开关拉、合空载电流不超过 2 A 的变压器，当切断 20 kV 及以上的变压器空载电流时，必须用带有消弧角和机械传动装置并装在室外的三联隔离开关。

（3）变压器装有断路器时，分、合必须使用断路器，即使是空载变压器，也不许用隔离开关分、合。

（4）变压器未装断路器时，可以用隔离开关接通或断开下列变压器容量。

（5）变压器断路器停、送电操作一般按下列顺序进行，停电时先停负荷侧后停电源侧，送电与停电顺序相反，这是因为多电源的系统，按此顺序停电可以防止变压器反充电；另外，停电时先停电源侧，此时如遇变压器故障，有可能会造成保护误动作或拒动，延长故障切除时间，使故障范围扩大。从电源侧逐级送电，如故障，也便于分析判断处理。

（6）在用无载调压分接开关进行调压时，应先将变压器停电并与电网进行有效隔离，才可以改变变压器的分接头位置，并应注意分接头位置正确性；在切换分接开关后，必须用欧姆表测量接触电阻值合格。

（7）送电前，应将变压器中性点接地，检查三相分接头位置应一致。

（8）对于强油循环冷却的变压器，不开潜油泵不准投入运行，变压器送电后，即使是空载运行状态，也应按厂家规定启动一定数量的潜油泵，保持油路正常循环。

（9）当变压器一次回路接有隔离刀闸和断路器时，送电时，应先合隔离刀闸，后合断路器，停电与送电顺序相反。

三、电力变压器停、送电操作的要求及原则

（1）调度管辖范围内的操作一般根据调度命令执行，除事故等特殊情况外，可先操作后通报。

（2）要了解调度术语，设备运行、备用、退出备用、检修等相关操作，以及操作的目的。

（3）新安装调试的变压器应履行设备安装调试合格交接手续，正式投入运行前，应根据调度命令对变压器进行冲击试验5次。

（4）主变停、送电操作时，必须先合上中性点接地刀闸，操作完毕后，再断开中性点接地刀闸。

（5）高压的操作必须履行操作票制度，通过“五防”模拟，一人操作，一人监护。

（6）注意操作的顺序，尤其是先停电容器。

（7）注意相关保护的投切。

四、电力变压器的停、送电操作步骤及注意事项

（一）电力变压器的停、送电操作步骤

为了保证倒闸操作的正确性，操作时必须按照一定的顺序进行。

（1）预发命令和接收任务、明确操作目的。

（2）填写操作票。

（3）审核操作票。

（4）考问和预想。

监护人与操作人将填写好的操作票到模拟图上进行核对，提出操作中可能碰到的问题（如设备操作不到位、拒动、连锁发生问题等），做好必要的思想准备，查找一些主观上的因素（如操作技能、设备性能、设备的具体位置等的掌握程度）。

（5）接受命令。

（6）模拟操作。

【1+X证书考点】

3.1.5　能根据操作票执行变电线路停、送电倒闸操作。

3.1.6　能够正确使用防误闭锁装置。

（7）操作前准备。

【1+X证书考点】

3.1.3　能够使用正确电压等级的验电器进行设备验电。

（8）核对设备并唱票、复诵。

（9）实施操作。

（10）监护人逐项勾票（勾项）。

（11）作好记录，锁票。

（12）复查、评价、总结。

（二）电力变压器的停、送电操作注意事项

（1）变压器的投入或停用必须经断路器进行，不允许经隔离开关拉合任何空载变压器。

（2）变压器充电应从有保护的电源侧进行，先合电源侧断路器，后合负荷侧断路器；停电操作时，先断负荷侧断路器，后断电源侧断路器。

（3）变压器新安装以及检修中进行过程中有可能使相序变动，在投运前，必须经过核相，确认其相序正确。

（4）变压器新安装以及大修更换线圈后，应在额定电压下做冲击试验3～5次。冲击试验间隔5 min，正常后方可带负荷。

（5）新装、大修、事故检修或换油后的变压器，在施加电压前静止时间：110 kV及以下不小于24 h，220 kV及以上不小于48 h。若有特殊情况不能满足上述规定时，须经公司总工程师批准。

（6）装有储油柜的变压器，带电前应排尽套管升高座、散热器及净油器等上部的残留空气。对强油循环变压器，应提前开启油泵，使油循环一定时间后将气排尽。

变压器检修转运行倒闸操作ppt

变压器检修转运行倒闸操作视频

任务实施

电力变压器运行转检修倒闸操作任务

初始状态：仿乙线经过110 kV 2#母线、2#主变、35 kV 2#母线给仿线E送电，如图5－6－1所示。

操作任务：2#主变由运行转态转检修（保证用户不停电）。

（1）明确倒闸操作任务。

（2）撰写倒闸操作票。

（3）模拟屏倒闸操作。

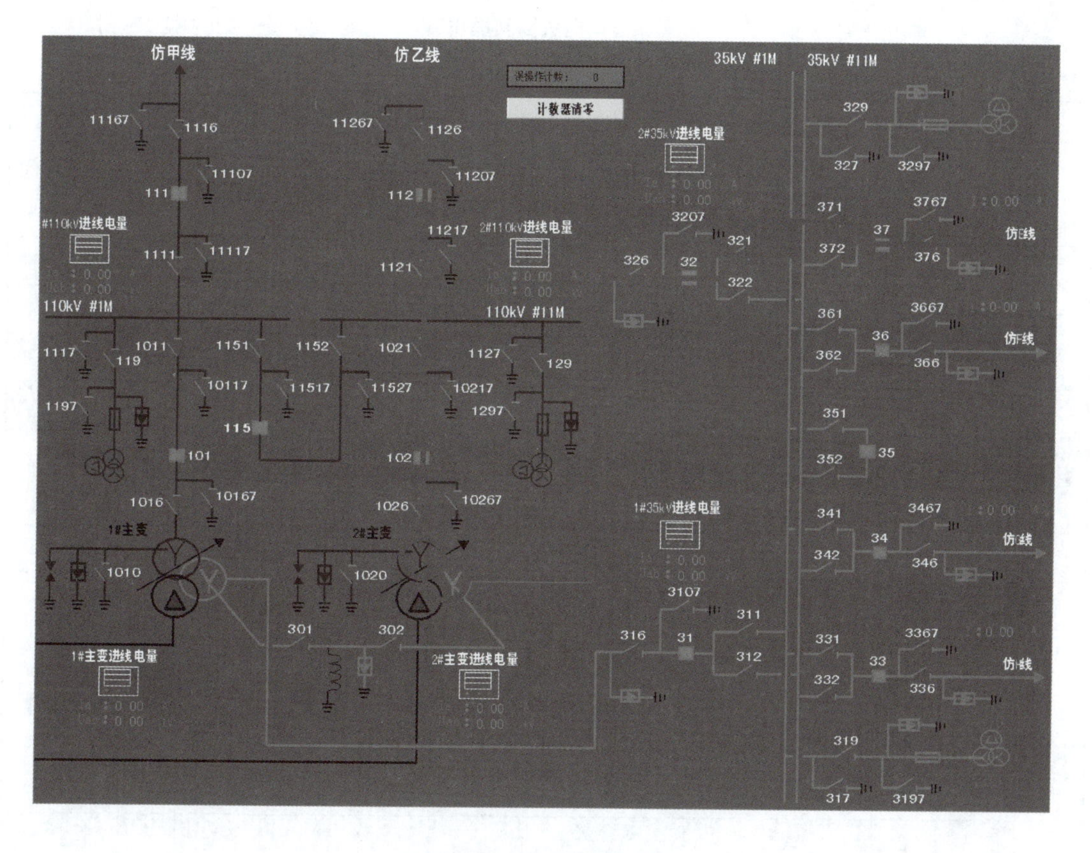

图 5-6-1　电气主接线图

× ×公司电气倒闸操作票

值：________ No：________

<table>
<tr><td colspan="4">命令操作时间：　年　月　日　时　分</td><td colspan="2">操作终了时间：　年　月　日　时　分</td></tr>
<tr><td colspan="3">操作任务：</td><td colspan="3">仿乙线经过 110 kV 2#母线、2#主变、35 kV 2#母线给仿线 E 送电。2#主变由运行状态转检修（保证用户不停电）</td></tr>
<tr><td colspan="3">状态转换</td><td colspan="3"></td></tr>
<tr><td>模拟</td><td>操作</td><td>顺序</td><td colspan="2">操作项目</td><td>时间</td></tr>
<tr><td></td><td></td><td>1</td><td colspan="2"></td><td></td></tr>
<tr><td></td><td></td><td>2</td><td colspan="2"></td><td></td></tr>
<tr><td></td><td></td><td>3</td><td colspan="2"></td><td></td></tr>
<tr><td></td><td></td><td>4</td><td colspan="2"></td><td></td></tr>
<tr><td></td><td></td><td>5</td><td colspan="2"></td><td></td></tr>
<tr><td></td><td></td><td>6</td><td colspan="2"></td><td></td></tr>
<tr><td></td><td></td><td>7</td><td colspan="2"></td><td></td></tr>
<tr><td></td><td></td><td>8</td><td colspan="2"></td><td></td></tr>
<tr><td></td><td></td><td>9</td><td colspan="2"></td><td></td></tr>
<tr><td></td><td></td><td>10</td><td colspan="2"></td><td></td></tr>
<tr><td></td><td></td><td>11</td><td colspan="2"></td><td></td></tr>
<tr><td></td><td></td><td>12</td><td colspan="2"></td><td></td></tr>
<tr><td></td><td></td><td>13</td><td colspan="2"></td><td></td></tr>
<tr><td></td><td></td><td>14</td><td colspan="2"></td><td></td></tr>
<tr><td></td><td></td><td>15</td><td colspan="2"></td><td></td></tr>
<tr><td></td><td></td><td>16</td><td colspan="2"></td><td></td></tr>
<tr><td></td><td></td><td>17</td><td colspan="2"></td><td></td></tr>
<tr><td></td><td></td><td>18</td><td colspan="2"></td><td></td></tr>
<tr><td></td><td></td><td>19</td><td colspan="2"></td><td></td></tr>
<tr><td></td><td></td><td>20</td><td colspan="2"></td><td></td></tr>
<tr><td></td><td></td><td>21</td><td colspan="2"></td><td></td></tr>
<tr><td></td><td></td><td>22</td><td colspan="2"></td><td></td></tr>
<tr><td></td><td></td><td>23</td><td colspan="2"></td><td></td></tr>
</table>

操作人：________ 监护人：________ 值班负责人：________ 值长：________

任务评价

任务评价表如表5－6－1所示，总结反思如表5－6－2所示。

表5－6－1　任务评价表

评价类型	赋分	序号	具体指标	分值	得分		
					自评	组评	师评
职业能力	60	1	读懂操作任务	5			
		2	操作票顺序正确	10			
		3	操作票用词准确，要有统一确切的调度术语及操作术语	10			
		4	操作票应使用钢笔或圆珠笔填写，字迹不得潦草和涂改，票面整洁	10			
		5	操作票步骤完整	10			
		6	操作人审核操作票，监护人复审签字	5			
		7	按规范进行模拟屏模拟操作	5			
职业素养	20	1	坚持出勤，遵守纪律	5			
		2	协作互助，解决难点	5			
		3	按照标准规范操作	5			
		4	持续改进优化	5			
劳动素养	15	1	按时完成，认真填写记录	5			
		2	保持工位卫生、整洁、有序	5			
		3	小组分工合理	5			
思政素养	10	1	完成思政素材学习	4			
		2	工匠精神、规范意识、安全意识（从文档撰写的规范性考量）	6			
总分				100			

表5－6－2　总结反思

总结反思	
• 目标达成：知识□□□□□　　能力□□□□□　　素养□□□□□	
• 学习收获：	• 教师寄语： 签字：
• 问题反思：	

课后任务

初始状态：仿甲线经 110 kV 1#母线、1#主变、30 kV 1#母线给仿 F 供电，如图 5－6－2 所示。

操作任务：1#变压器运行转检修倒闸操作（保证用户不停电）。

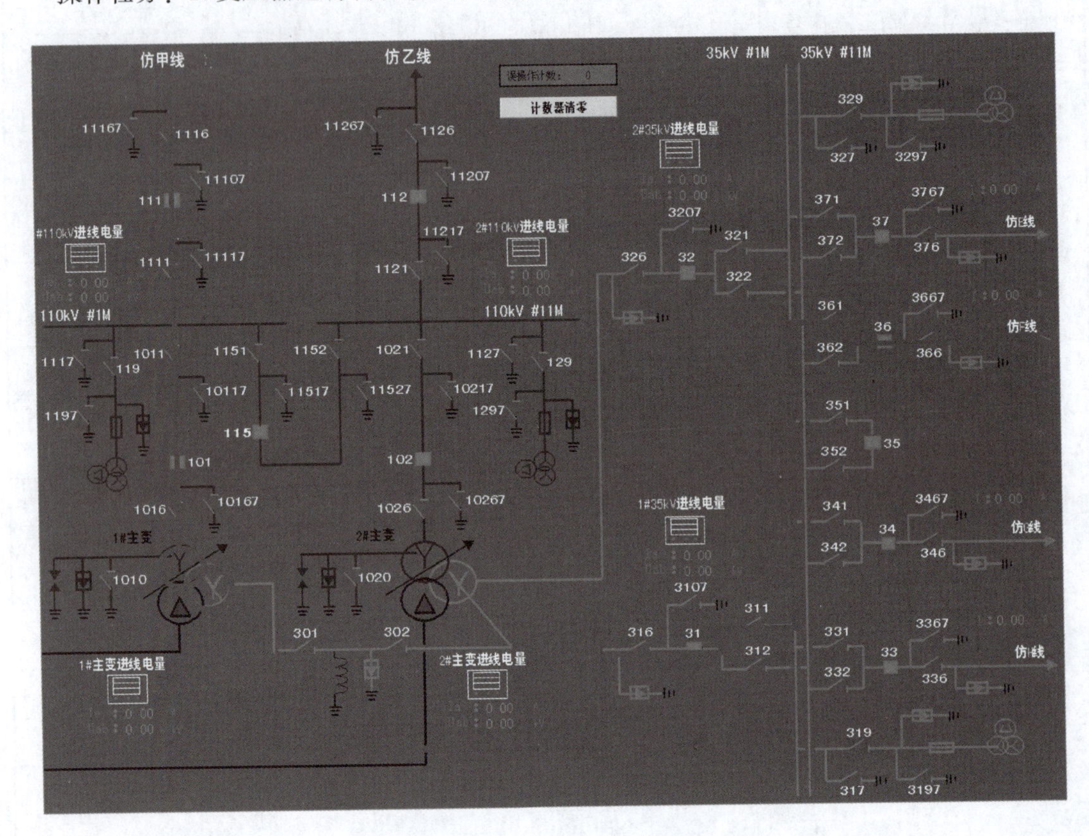

图 5－6－2　电气主接线图

工作任务单

《发电厂变电所电气设备》工作任务单

<table>
<tr><td>工作任务</td><td colspan="3"></td></tr>
<tr><td>小组名称</td><td></td><td>工作成员</td><td></td></tr>
<tr><td>工作时间</td><td></td><td>完成总时长</td><td></td></tr>
<tr><td colspan="4">工作任务描述</td></tr>
<tr><td colspan="4"></td></tr>
<tr><td rowspan="3">小组分工</td><td>姓名</td><td colspan="2">工作任务</td></tr>
<tr><td></td><td colspan="2"></td></tr>
<tr><td></td><td colspan="2"></td></tr>
<tr><td colspan="4">任务执行结果记录</td></tr>
<tr><td>序号</td><td>工作内容</td><td>完成情况</td><td>操作员</td></tr>
<tr><td>1</td><td></td><td></td><td></td></tr>
<tr><td>2</td><td></td><td></td><td></td></tr>
<tr><td>3</td><td></td><td></td><td></td></tr>
<tr><td>4</td><td></td><td></td><td></td></tr>
<tr><td colspan="4">任务实施过程记录（附操作票）</td></tr>
<tr><td colspan="4"></td></tr>
<tr><td>上级验收评定</td><td></td><td>验收人签名</td><td></td></tr>
</table>

《发电厂变电所电气设备》
课后作业

内容：________________________

班级：________________________

姓名：________________________

________________系

作业要求

××公司电气倒闸操作票

值：________ No：________

<table>
<tr><td colspan="4">命令操作时间：　　年　月　日　时　分</td><td colspan="2">操作终了时间：　　年　月　日　时　分</td></tr>
<tr><td colspan="3">操作任务：</td><td colspan="3">初始状态：仿甲线经 110 kV 1#母线、1#主变、30 kV 1#母线给仿 F 供电。1#变压器运行转检修（保证用户不停电）
操作任务：1#变压器由检修转运行倒闸操作（操作票可另附，操作视频上传教学平台）</td></tr>
<tr><td colspan="3">状态转换</td><td colspan="3"></td></tr>
<tr><td>模拟</td><td>操作</td><td>顺序</td><td colspan="2">操作项目</td><td>时间</td></tr>
<tr><td></td><td></td><td>1</td><td colspan="2"></td><td></td></tr>
<tr><td></td><td></td><td>2</td><td colspan="2"></td><td></td></tr>
<tr><td></td><td></td><td>3</td><td colspan="2"></td><td></td></tr>
<tr><td></td><td></td><td>4</td><td colspan="2"></td><td></td></tr>
<tr><td></td><td></td><td>5</td><td colspan="2"></td><td></td></tr>
<tr><td></td><td></td><td>6</td><td colspan="2"></td><td></td></tr>
<tr><td></td><td></td><td>7</td><td colspan="2"></td><td></td></tr>
<tr><td></td><td></td><td>8</td><td colspan="2"></td><td></td></tr>
<tr><td></td><td></td><td>9</td><td colspan="2"></td><td></td></tr>
<tr><td></td><td></td><td>10</td><td colspan="2"></td><td></td></tr>
<tr><td></td><td></td><td>11</td><td colspan="2"></td><td></td></tr>
<tr><td></td><td></td><td>12</td><td colspan="2"></td><td></td></tr>
<tr><td></td><td></td><td>13</td><td colspan="2"></td><td></td></tr>
<tr><td></td><td></td><td>14</td><td colspan="2"></td><td></td></tr>
<tr><td></td><td></td><td>15</td><td colspan="2"></td><td></td></tr>
<tr><td></td><td></td><td>16</td><td colspan="2"></td><td></td></tr>
<tr><td></td><td></td><td>17</td><td colspan="2"></td><td></td></tr>
<tr><td></td><td></td><td>18</td><td colspan="2"></td><td></td></tr>
<tr><td></td><td></td><td>19</td><td colspan="2"></td><td></td></tr>
</table>

操作人：________ 监护人：________ 值班负责人：________ 值长：________